河南省职业教育品牌示范院校建设项目成果

矿井通风技术

主　编　于　威　汤其建
副主编　韩文静　张学武
李增泉　毛晓东

黄河水利出版社
·郑州·

内容提要

本书是河南省职业教育品牌示范院校建设项目成果。全书共分九个学习情境,包括矿井环境、风流的能量与能量方程、矿井通风阻力、矿井通风动力、通风网络中风量的分配、矿井风量调节、矿井通风系统、掘进通风及矿井通风设计等。

本书可作为高职高专矿山通风、煤矿开采技术、矿山机电等涉矿类专业教材使用,还可供从事煤矿工程和矿山管理工作的技术人员参考使用。

图书在版编目(CIP)数据

矿井通风技术/于威,汤其建主编.—郑州:黄河水利出版社,2016.6

河南省职业教育品牌示范院校建设项目成果

ISBN 978-7-5509-1411-7

Ⅰ.①矿… Ⅱ.①于… ②汤… Ⅲ.①矿山通风-高等职业教育-教材 Ⅳ.①TD72

中国版本图书馆 CIP 数据核字(2016)第 082754 号

组稿编辑:陶金志　电话:0371-66025273　E-mail:838739632@qq.com

出 版 社:黄河水利出版社

地址:河南省郑州市顺河路黄委会综合楼 14 层　　邮政编码:450003

发行单位:黄河水利出版社

发行部电话:0371-66026940、66020550、66028024、66022620(传真)

E-mail:hhslcbs@126.com

承印单位:河南省瑞光印务股份有限公司

开本:787 mm×1 092 mm　1/16

印张:11.25

字数:274 千字　　印数:1—1 000

版次:2016 年 6 月第 1 版　　印次:2016 年 6 月第 1 次印刷

定价:27.00 元

前 言

我国绝大部分煤矿是井工开采,井下作业空间狭小,光线不足,工作地点经常变动,瓦斯、炮烟、粉尘、高温、高湿等许多特殊的自然灾害和对人体不利的气候环境严重影响着矿工的身体健康和生命安全,威胁着煤矿的安全生产。矿井通风正是从技术方面保证煤矿安全生产,为矿井创造良好生产环境。

我国煤矿安全生产的指导方针是安全第一,预防为主,综合治理。这是在总结我国煤炭生产建设多年经验和教训的基础上确定的,也是由煤矿生产的自然规律及其特殊条件决定的。矿井通风的主要任务是向井下连续输送新鲜空气,供给人员呼吸;稀释并排除井下有毒有害气体和矿尘;创造良好的井下气候条件;保障一线员工的身体健康和生命安全。同时,合理的矿井通风不仅是预防瓦斯、粉尘、火灾等事故和治理高温热害、创造舒适气候环境的基本措施,也是控制、消灭灾害的重要手段。

矿井通风的发展趋势主要表现在以下几方面:一是在深入研究井下风流稳态流动的同时,注重非稳定流动理论及采空区渗流理论等方面的研究,为矿井防火、防瓦斯和控制灾变时期的风流提供理论依据;二是新型自动化通风参数测定仪表的研制和计算机通风管理技术将进一步得到推广应用;三是通风设备将向大型化、高效率和自动控制的方向发展;四是深、热矿井通风理论及其环境改善技术的研究将更加深入。这些通风理论的突破及新技术、新工艺、新设备的应用,将进一步改善煤矿井下环境,使矿井通风更加稳定可靠,更加有效地保证矿井安全生产。

矿井通风课程是煤炭类专业的主要专业课程之一,根据专业要求和人才培养目标,本课程的基本内容包括矿井环境、风流的能量与能量方程、矿井通风阻力、矿井通风动力、通风网络中风量的分配、矿井风量调节、矿井通风系统、掘进通风、矿井通风设计等。

本书由于威、汤其建担任主编,由韩文静、张学武、李增泉、毛晓东担任副主编,参加编写的人员有杨亚茹、黄鑫。具体分工如下:前言、学习情境一及附录由汤其建和毛晓东共同编写,学习情境二、七、八、九由于威编写,学习情境三、四由张学武、李增泉编写,学习情境五、六由韩文静、杨亚茹、黄鑫编写。全书由于威统稿。

由于编者水平有限,加上时间仓促,书中若有错误和不妥之处,恳请读者批评指正。

作 者

2016 年 2 月

目　录

XMCG

学习情境一　矿井环境

矿井空气的质量和数量是反映矿井通风效果的主要指标，直接关系到矿井环境的好坏。矿井通风的主要任务就是把地面新鲜空气源源不断地送入井下，供给人员呼吸，排除各种有害气体和矿尘，创造一个良好的矿内气候条件，从而保障井下人员的身体健康和安全生产。因此，本学习情境从矿井空气的质量和数量两个方面进行阐述，具体包括地面空气与井下空气主要成分，井下常见的有害气体，有害气体的安全标准及测定方法，矿井的气候条件，风速、风量测定等，为进一步学习矿井通风理论奠定基础。

任务一　认识矿井空气的成分

地面空气又称为大气，由干空气和其中所含的水蒸气组成。水蒸气的比例随地区和季节变化较大。不含水蒸气的空气称为干空气，其化学组成成分相对稳定。它的组成成分和体积百分比分别为氧气 20.96%、氮气 79% 和二氧化碳 0.04%。

地面空气从井筒进入井下就成了矿井空气。由于受井下各种自然因素和人为生产因素的影响，与地面空气相比，矿井空气成分和物理状态都将发生一系列变化。成分方面的变化主要包括氧气含量减少、有毒有害气体含量增加、粉尘浓度增大等。物理状态方面的变化包括温度、湿度、压力等。

在矿井通风中，习惯上把进入采掘工作面等用风地点之前，空气成分或状态变化不大的风流叫作新鲜风流，简称新风，如进风井筒、水平进风大巷、采区进风上山等处；经过用风地点后，空气成分或状态变化较大的风流叫作污风风流，简称污风或乏风，如采掘工作面回风巷、矿井回风大巷、回风井筒等处。

尽管矿井中的空气成分有了一定的变化，但主要成分仍同地面一样，由氧气、氮气和二氧化碳等组成。

一、矿井空气的主要成分及其基本性质

（一）氧气（O_2）

氧气是维持人体正常生理机能所需要的气体，人体维持正常生命过程所需的氧气量取决于人的体质、精神状态和劳动强度等。人体输氧量与劳动强度的关系如表 1-1 所示。

表 1-1　人体输氧量与劳动强度的关系

劳动强度	呼吸空气量（L/min）	氧气消耗量（L/min）
休息	6 ~ 15	0.2 ~ 0.4
轻劳动	20 ~ 25	0.6 ~ 1.0
中度劳动	30 ~ 40	1.2 ~ 2.6
重劳动	40 ~ 60	1.8 ~ 2.4
极重劳动	40 ~ 80	2.5 ~ 3.1

地面空气进入井下后，氧气浓度要有所降低，氧气浓度降低的主要原因有：人员呼吸；煤岩、坑木和其他有机物的缓慢氧化；爆破工作；井下火灾和瓦斯、煤尘爆炸；煤岩和生产中产生的其他有害气体等。

在正常通风的井巷和工作面中，氧气浓度与地面相比一般变化不大，不会对人体造成太大影响。但在井下盲巷、通风不良的巷道中或发生火灾、爆炸事故后，应特别注意对氧气浓度的检查，以防发生窒息事故。

（二）二氧化碳（CO_2）

二氧化碳不助燃，也不能供人呼吸，略带酸臭味。二氧化碳比空气重（其比重为1.52），在风速较小的巷道底板附近浓度较大；在风速较大的巷道中，一般能与空气均匀地混合。

矿井空气中二氧化碳的主要来源是：煤和有机物的氧化；人员呼吸；碳酸性岩石分解；炸药爆破；煤炭自燃；瓦斯、煤尘爆炸等。

二氧化碳窒息同缺氧窒息一样，都是造成矿井人员伤亡的重要原因之一。

（三）氮气（N_2）

氮气是无色、无味、无臭的惰性气体，相对密度为0.97，微溶于水，不助燃，无毒，不能供人呼吸。

氮气在正常情况下对人体无害，但当空气中的氮气浓度增加时，会相应降低氧气浓度，人会因缺氧而窒息。在井下废弃旧巷或封闭的采空区中，有可能积存氮气。矿井中的氮气主要来源有：井下爆破；有机物的腐烂；天然生成的氮气从煤岩中涌出等。

二、矿井空气主要成分的质量（浓度）标准

《煤矿安全规程》（简称《规程》，余同）对矿井空气中的氧气和二氧化碳的浓度标准的规定如下：

采掘工作面进风流中，按体积计算，氧气浓度不低于20%；二氧化碳浓度不超过0.5%。

矿井总回风巷或一翼回风巷风流中，二氧化碳超过0.75%时，必须立即查明原因，进行处理。

采区回风巷、采掘工作面回风巷风流中二氧化碳超过1.5%时，采掘工作面风流中二氧化碳浓度达到1.5%时，都必须停止工作，撤出人员，进行处理。

三、矿井空气中的有害气体及危害防治

矿井空气中常见的有害气体除二氧化碳、甲烷、氮气外，主要还有一氧化碳（CO）、硫化氢（H_2S）、二氧化硫（SO_2）、二氧化氮（NO_2）、氨气（NH_3）、氢气（H_2）等。

（一）矿井空气中的有害气体及其基本性质

1. 一氧化碳（CO）

一氧化碳是无色、无味、无臭的气体，相对密度为0.97，微溶于水，能燃烧，当体积浓度达到13%～75%时遇火源有爆炸性。

一氧化碳有剧毒。人体血液中的血红素与一氧化碳的亲和力比它与氧气的亲和力大250～300倍。因此，当人体吸入含有一氧化碳的空气时，一氧化碳首先与血红素相结合，阻碍了氧气的正常结合，从而造成人体血液缺氧，引起窒息和中毒。一氧化碳的中毒程度与中毒浓度、中毒时间、呼吸频率和深度及人的体质有关。一氧化碳的中毒程度与浓度的关系如

表 1-2 所示。

表 1-2　一氧化碳的中毒程度与浓度的关系

一氧化碳浓度(体积)(%)	主要症状
0.016	数小时后有头痛、心跳加快、耳鸣等轻微中毒症状
0.048	1 h 可引起轻微中毒症状
0.128	0.5 ~1 h 引起意识迟钝、丧失行动能力等严重中毒症状
0.40	短时间失去知觉、抽筋、假死。30 min 内即可死亡

一氧化碳中毒除上述症状外,最显著的特征是中毒者黏膜和皮肤呈樱桃红色。

矿井中一氧化碳的主要来源有爆破工作、矿井火灾、瓦斯及煤尘爆炸等。据统计,在煤矿发生的瓦斯爆炸、煤尘爆炸及火灾事故中,70% ~75% 的死亡人员都是因一氧化碳中毒所致。

2. 硫化氢(H_2S)

硫化氢是无色、微甜、略带臭鸡蛋味的气体,相对密度为 1.19,易溶于水,当浓度达 4.3% ~46% 时具有爆炸性。

硫化氢有剧毒。它不但能使人体血液缺氧中毒,同时对眼睛及呼吸道的黏膜具有强烈的刺激作用,能引起鼻炎、气管炎和肺水肿。当空气中硫化氢浓度达到 0.000 1% 时可嗅到臭味,但当浓度较高(0.005% ~0.01%)时,因嗅觉神经中毒麻痹,臭味"减弱"或"消失",反而嗅不到。硫化氢的中毒程度与浓度的关系如表 1-3 所示。

表 1-3　硫化氢的中毒程度与浓度的关系

硫化氢浓度(体积)(%)	主要症状
0.000 1	可嗅到强烈臭鸡蛋味,令人不舒服
0.01	流唾液和清鼻涕、瞳孔放大、呼吸困难
0.05	0.5 ~1 h 严重中毒,失去知觉、抽筋、瞳孔变大,甚至死亡
0.1	短时间内死亡

矿井中硫化氢的主要来源有:坑木等有机物腐烂;含硫矿物的水化;从老空区和旧巷积水中涌出。1971 年,我国某矿一上山掘进工作面曾发生一起老空区透水事故,人员撤出后,矿调度室主任和一名技术员去现场了解透水情况,被涌出的硫化氢熏倒致死。有些矿区的煤层中也有硫化氢涌出。

3. 二氧化硫(SO_2)

二氧化硫是无色、有强烈硫黄气味及酸味的气体,当空气中二氧化硫浓度达到 0.000 5% 时即可嗅到刺激气味。它易溶于水,相对密度为 2.32,是井下有害气体中密度最大的气体,常常积聚在井下巷道的底部。

二氧化硫有剧毒。空气中的二氧化硫遇水后生成硫酸,对眼睛有刺激作用,矿工们将其称为"瞎眼气体"。此外,它还能对呼吸道的黏膜产生强烈的刺激作用,引起喉炎和肺水肿。二氧化硫的中毒程度与浓度的关系如表 1-4 所示。

表 1-4　二氧化硫的中毒程度与浓度的关系

二氧化硫浓度(体积)(%)	主要症状
0.000 5	嗅到刺激性气味
0.002	头痛、眼睛红肿、流泪、喉痛
0.05	引起急性支气管炎和肺水肿,短时间内有生命危险

矿井中二氧化硫的主要来源有:含硫矿物的氧化与燃烧;在含硫矿物中爆破;从含硫煤体中涌出。

4. 二氧化氮(NO_2)

二氧化氮是一种红褐色气体,有强烈的刺激性气味,相对密度为 1.59,易溶于水。

二氧化氮是井下毒性最强的有害气体。它遇水后生成硝酸,对眼睛、呼吸道黏膜和肺部组织有强烈的刺激及腐蚀作用,严重时可引起肺水肿。

二氧化氮的中毒有潜伏期,容易被人忽视。中毒初期仅是眼睛和喉咙有轻微的刺激症状,常不被注意,有的在严重中毒时尚无明显感觉,还可坚持工作,但经过 6 h 甚至更长时间后出现中毒征兆。主要特征是手指尖及皮肤出现黄色斑点,头发发黄,吐黄色痰液,发生肺水肿,引起呕吐甚至死亡。二氧化氮的中毒程度与浓度的关系如表 1-5 所示。

表 1-5　二氧化氮的中毒程度与浓度的关系

二氧化氮浓度(体积)(%)	主要症状
0.004	2 ~4 h 内不致显著中毒,6 h 后出现中毒症状,咳嗽
0.006	短时间内喉咙受到刺激咳嗽,胸痛
0.010	强烈刺激呼吸器官,严重咳嗽,呕吐、腹泻,神经麻木
0.025	短时间即可致死

矿井中二氧化氮的主要来源是爆破工作。炸药爆破时,会产生一系列氮氧化物,如一氧化氮(遇空气即转化为二氧化氮)、二氧化氮等,其是炮烟的主要成分。我国某矿 1972 年在煤层中掘进巷道时,工作面非常干燥,工人们放炮后立即迎着炮烟进入,结果因吸入炮烟过多,造成二氧化氮中毒,2 名工人于次日死亡。因此,在爆破工作中,一定要加强通风,防止炮烟熏人事故。

5. 氨气(NH_3)

氨气是一种无色、有浓烈臭味的气体,相对密度为 0.6,易溶于水。当空气中的氨气浓度达到 30% 时遇火有爆炸性。

氨气有剧毒。它对皮肤和呼吸道黏膜有刺激作用,可引起喉头水肿,严重时失去知觉,以致死亡。

氨气主要是在矿井发生火灾或爆炸事故时产生。

6. 氢气(H_2)

氢气无色、无味、无毒,相对密度为 0.07,是井下最轻的有害气体。空气中氢气浓度达到 4% ~74% 时具有爆炸危险。

井下氢气的主要来源是蓄电池充电。此外,矿井发生火灾和爆炸事故时也会产生氢气。

除上述有害气体外,矿井空气中最主要的有害气体是甲烷(CH_4),又称沼气。它是一种具有窒息性和爆炸性的气体,对煤矿安全生产的威胁最大。关于它的主要性质、危害和预防措施等将在《煤矿安全》教材中详细介绍,本任务不再重复。

在煤矿生产中,通常把以甲烷为主的这些有毒有害气体总称为瓦斯。

(二)矿井空气中有害气体的安全浓度标准

为了防止有害气体对人体和安全生产造成危害,《规程》中对其安全浓度(允许浓度)标准做了明确规定。矿井空气中有害气体最高允许浓度如表 1-6 所示。

表 1-6　矿井空气中有害气体最高允许浓度

有害气体名称	符号	最高允许浓度(%)
一氧化碳	CO	0.002 4
氧化氮(换算成二氧化氮)	NO_2	0.000 25
二氧化硫	SO_2	0.000 5
硫化氢	H_2S	0.000 66
氨	NH_3	0.004

此外,《规程》还规定:井下充电室风流中以及局部积聚处的氢气浓度不得超过 0.5%。

对矿井中涌出量较大的甲烷(瓦斯)气体,《规程》对其安全浓度和超限后的措施都有更为详尽的规定,具体见《煤矿安全》教材。

通过上述有害气体的安全浓度标准可以看出,最高允许浓度的制定都留有较大的安全系数,只要在矿井生产中严格遵守《规程》规定,不违章作业,人身安全是完全有保障的。

(三)防止有害气体危害的措施

1. 加强通风

用通风的方法将各种有害气体浓度降到《规程》规定的安全标准以下,这是目前防止有害气体危害的主要措施之一。

2. 加强对有害气体的检查

按照规定的检查制度,采用合理的检查方法和手段,及时发现存在的隐患和问题,采取有效措施进行处理。

3. 瓦斯抽放

对煤层或围岩中存在的大量高浓度瓦斯,可以采用抽放的方法加以解决,既可以减少井下瓦斯涌出,减轻通风压力,抽到地面的瓦斯还能加以利用。

4. 放炮喷雾或使用水炮泥

喷雾器和水炮泥爆破后产生的水雾能溶解炮烟中的二氧化氮、二氧化碳等有害气体,降低其浓度,方法简单有效。

5. 加强对通风不良处和井下盲巷的管理

工作面采空区应及时封闭;临时通风的巷道要设置栅栏,贴示警标,需要进入时必须首

先进行有害气体的检查，确认无害时方可进入。

6. 井下人员必须随身佩戴自救器

一旦矿井发生火灾、瓦斯、煤尘爆炸事故，人员可迅速使用自救器撤离危险区。

7. 对缺氧窒息或中毒人员及时进行急救

一般是先将伤员移到新鲜风流中，根据具体情况采取人工呼吸（NO_2、H_2S 中毒除外）或其他急救措施。

四、气体成分检测的技术手段

在矿井通风技术和管理工作中，经常需要测定矿井空气主要成分或所含有毒有害气体成分的浓度。目前，气体浓度检测的方法可分为两大类：一是取样分析法，二是快速测定法。

（一）取样分析法

取样分析法是指利用取样瓶或吸气球等容器提取井下空气试样，送往地面化验室进行分析的方法。分析仪器多用气相色谱仪，它是一种通用型气体分析仪器，可完成多种气体的定性分析和定量分析。它的优点是分析精度高，定性准确，分析速度快，一次进样可以同时完成多种气体的分析；缺点是所需时间长，操作复杂，技术要求高。一般用于井下火区成分检测或需精确测定空气成分的场合。

（二）快速测定法

快速测定法是指利用便携式仪器在井下就地检测，快速测定出主要气体成分的方法。尽管它的测定精度不如取样分析法高，但基本能满足矿井的一般要求，是目前普遍采用的测定方法。

1. 氧气浓度的快速测定方法

1）利用氧气检测仪检测

检测井下氧气的便携式仪器种类较多，主要有 AY－1B 型、JJY－1 型（可测 O_2、CH_4 两种气体）等。其中 AY－1B 型是普遍使用的氧气检测仪，用来检测采煤工作面、回风巷、采空区、瓦斯抽放管路及瓦斯、煤尘爆炸或火灾等事故灾区中的氧气浓度。仪器为本质安全型，具有功率小、结构简单、测量线性好等特点。

AY－1B 型氧气检测仪采用的是电化学隔膜式伽伐尼电池原理。氧气传感元件（隔膜式伽伐尼电池）分别由铂、铅两种不同金属做阴极和阳极，碱性溶液做电解液，通过聚四氯乙烯薄膜构成封闭空间，如图 1-1（a）所示。当氧气透过隔膜在电极上发生电化学反应时，在两个电极间将形成同氧气浓度成正比的电流值，通过测定电极间的电流值即可实现对氧气浓度的测定。图 1-1（b）为 AY－1B 型氧气检测仪的外部结构图。

2）利用比长式氧气检测管检测

利用比长式氧气检测管检测方法与矿井中主要有害气体的检测基本相同。

2. 二氧化碳浓度的快速检测方法

矿井空气中二氧化碳浓度的测定主要使用光学瓦斯检定器，也可利用比长式检测管检测。

3. 瓦斯（CH_4）浓度的快速检测方法

煤矿中用于检测瓦斯浓度的仪器有光学瓦斯检定器、瓦斯检测报警仪、瓦斯断电仪等。

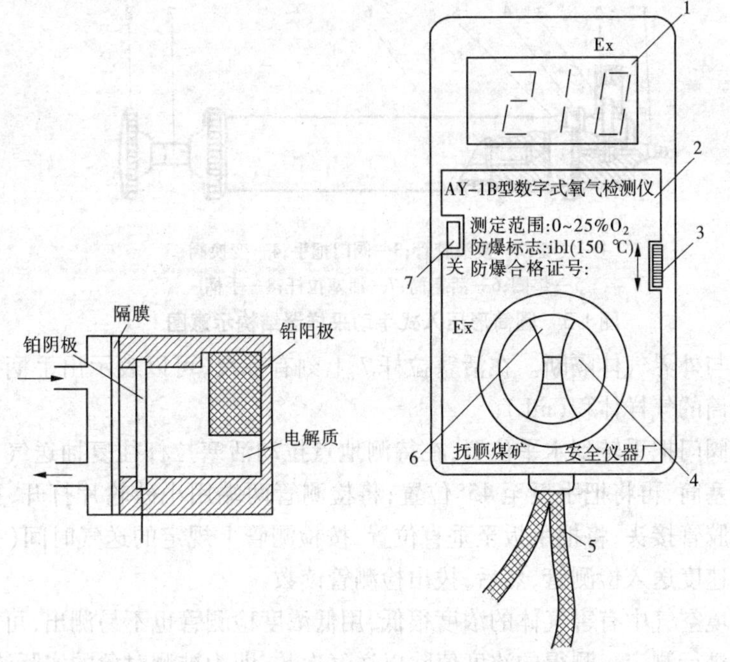

(a)隔膜式伽伐尼电池结构示意图　(b)AY-1B型氧气检测仪的外部结构图

1—氧气浓度显示器;2—仪器铭牌;3—示值调准电位器旋钮;

4—氧气扩散孔;5—提手;6—密封盖;7—开关

图 1-1　AY-1B 型氧气检测仪

4. CO、NO_2、H_2S、SO_2、NH_3、H_2 等有害气体浓度的快速检测方法

煤矿井下空气中 CO、NO_2、H_2S、SO_2、NH_3 和 H_2 等有害气体的浓度测定,普遍采用比长式检测管法。它是根据待测气体同检测管中的指示粉发生化学反应后指示粉的变色长度来确定待测气体浓度的。下面以比长式 CO 检测管为例说明检测原理及检测方法。

如图 1-2 所示,比长式 CO 检测管是一支 $\phi 4 \sim 6$ mm,长 150 mm 的玻璃管,以活性硅胶为载体,吸附化学试剂碘酸钾和发烟硫酸充填于管中,当 CO 气体通过时,与指示粉起反应,在玻璃管壁上形成一个棕色环,棕色环随着气体通过向前移动,移动的长度与气样中所含 CO 浓度成正比。因此,可以根据玻璃管上的刻度直接读出 CO 的浓度值。

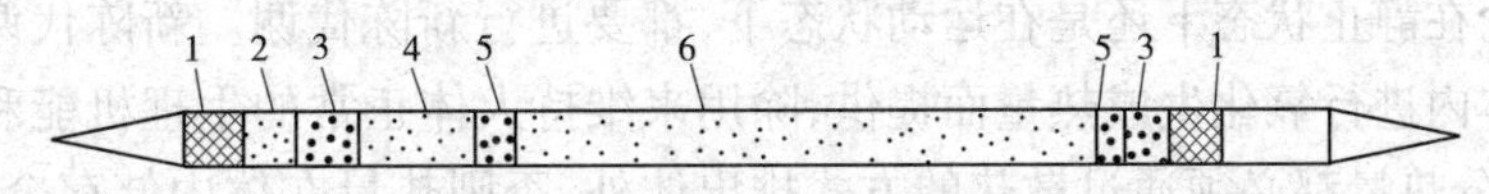

1—堵塞物;2—活性炭;3—硅胶;4—消除剂;5—玻璃粉;6—指示粉

图 1-2　比长式 CO 检测管结构示意图

其他有害气体的比长式检测管结构及工作原理与比长式 CO 检测管的基本相同,只是检测管内装的指示粉各不相同,颜色变化各有差异。与比长式检测管配套使用的还有圆筒形压入式手动采样器,其结构示意图如图 1-3 所示。

采样器由变换阀和活塞筒等部分组成。活塞筒 6 用来抽取气样,变换阀 4 则可以改变气样流动方向或切断气流。当阀门把手 3 处于垂直位置时,活塞筒与接头胶管 2 相通;当阀门把手顺时针方向旋转至水平位置时,活塞筒与气嘴 1 相通;当阀门把手处于 45°位置时,

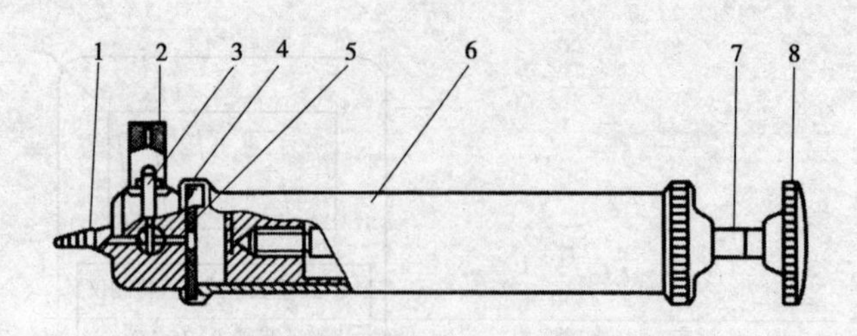

1—气嘴;2—接头胶管;3—阀门把手;4—变换阀;
5—垫圈;6—活塞筒;7—活塞拉杆;8—手柄

图 1-3 圆筒形压入式手动采样器结构示意图

变换阀将活塞筒与外界气体隔断。在活塞拉杆 7 上刻有标尺,可以表示出手柄拉动到某一位置时吸入活塞筒的气样体积(mL)。

使用时先将阀门把手转到水平位置,在待测地点拉动活塞拉杆往复抽送气 2 ~3 次,使待测气体充满活塞筒,再将把手扳至 45°位置;将检测管两端用小砂轮片打开,按检测管上的箭头指向插入胶管接头;将把手扳至垂直位置,按检测管上规定的送气时间(一般 100 s)把气样以均匀的速度送入检测管,然后,拔出检测管读数。

如果被测环境空气中有害气体的浓度很低,用低浓度检测管也不易测出,可以采用增加送气次数的方法进行测定。测得的浓度值除以送气次数,即为被测对象的实际浓度。

若被测环境气体浓度大于检测管的上限(气样未送完检测管已全部变色),在优先考虑测定人员的防毒措施后,可先将待测气体稀释后再进行测定,但测定结果要根据稀释的倍数进行换算。

任务二 矿井气候条件的改善

矿井气候是指矿井空气的温度、湿度和风速等参数的综合作用状态。这三个参数的不同组合,便构成了不同的矿井气候条件。矿井气候条件与人体的热平衡状态有密切联系,直接影响着井下作业人员的身体健康和劳动生产率的提高。

一、矿井气候对人体热平衡的影响

人体无论在静止状态下还是在运动状态下,都要进行新陈代谢。新陈代谢的能量由摄取的食物在体内进行氧化生成热量而提供,除用来维持人体正常的生理机能和对外做功的需要外,大部分热量都必须通过散热的方式排出体外,否则热量在体内储存会使体温升高,引起中暑、热衰竭、热虚脱、热痉挛等疾病,严重者可导致死亡。

人体散热主要通过皮肤表面与外界的对流、辐射和汗液蒸发三种基本方式进行。对流散热主要取决于周围空气的温度和风速,辐射散热主要取决于周围物体的表面温度,汗液蒸发散热则取决于周围空气的相对湿度和风速。

各种气候参数中,气温对人体散热起着主要作用。当气温低于体温时,对流和辐射是人体的主要散热方式,温差越大,对流散热热量越多;当气温等于体温时,对流散热停止,汗液蒸发成了人体的主要散热形式;当气温高于体温时,人体散热只能通过蒸发的方式进行。

空气湿度影响人体蒸发散热的效果。当气温较高时,人体主要靠蒸发散热来维持人体热平衡。此时，湿度越大，汗液蒸发越困难，人体会感到闷热。

风速影响着人体的对流散热和蒸发散热的效果。当空气的温度、湿度一定时，增大风速会提高散热效果。

总之，矿井气候条件对人体热平衡的影响是一种综合作用，各参数之间相互联系、相互影响。

二、矿井空气的温度、湿度和风速

（一）矿井空气的温度

空气的温度是影响矿井气候的重要因素。最适宜的矿井空气温度为15～20 ℃。

矿井空气的温度受地面气温、井下围岩温度、机电设备散热、煤炭等有机物的氧化、人体散热、水分蒸发、空气的压缩或膨胀、通风强度等多种因素的影响，有的起升温作用，有的起降温作用，在不同矿井、不同的通风地点，影响因素和影响大小也不尽相同，但总的来看，升温作用大于降温作用。因此，随着井下通风路线的延长，空气温度逐渐升高。

在进风路线上，矿井空气的温度主要受地面气温和围岩温度的影响。冬季地面气温低于围岩温度，围岩放热使空气升温；夏季则相反，围岩吸热使空气降温，因此有冬暖夏凉之感。当然，根据矿井深浅的不同，影响大小也不相同。

在采区和采掘工作面内，由于受煤炭氧化、人体和设备散热等影响，空气温度往往是矿井中最高的，特别是垂深较深的矿井，由于风流在进风路线上与围岩进行了充分的热交换，工作面温度基本上不受地面季节气温的影响，且常年变化不大。

在回风路线上，因通风强度较大，加上水分蒸发和风流上升膨胀吸热等因素影响，温度有所下降，常年基本稳定。

（二）矿井空气的湿度

空气的湿度是指空气中所含的水蒸气量或潮湿程度。有以下两种表示方法。

1. 绝对湿度

绝对湿度指单位体积湿空气中所含水蒸气的质量（g/m^3），用f表示。

空气在某一温度下所能容纳的最大水蒸气量称为饱和水蒸气量，用$F_{饱}$表示。温度越高，空气的饱和水蒸气量越大。标准大气压下，不同温度时的饱和水蒸气量、饱和水蒸气压力如表1-7所示。

表1-7　标准大气压下不同温度时的饱和水蒸气量、饱和水蒸气压力

温度（℃）	饱和水蒸气量（g/m^3）	饱和水蒸气压力（Pa）	温度（℃）	饱和水蒸气量（g/m^3）	饱和水蒸气压力（Pa）
−20	1.1	128	14	12.0	1 597
−15	1.6	193	15	12.8	1 704
−10	2.3	288	16	13.6	1 817
−5	3.4	422	17	14.4	1 932
0	4.9	610	18	15.3	2 065

续表 1-7

温度（℃）	饱和水蒸气量（g/m^3）	饱和水蒸气压力（Pa）	温度（℃）	饱和水蒸气量（g/m^3）	饱和水蒸气压力（Pa）
1	5.2	655	19	16.2	2 198
2	5.6	705	20	17.2	2 331
3	6.0	757	21	18.2	2 491
4	6.4	811	22	19.3	2 638
5	6.8	870	23	20.4	2 811
6	7.3	933	24	21.6	2 984
7	7.7	998	25	22.9	3 171
8	8.3	1 068	26	24.2	3 357
9	8.8	1 143	27	25.6	3 557
10	9.4	1 227	28	27.0	3 784
11	9.9	1 311	29	28.5	4 010
12	10.0	1 402	30	30.1	4 236
13	11.3	1 496	31	31.8	4 490

2. 相对湿度

相对湿度指空气中水蒸气的实际含量（绝对湿度 f）与同温度下空气的饱和水蒸气量（$F_{饱}$）比值的百分数，即

$$\varphi = \frac{f}{F_{饱}} \times 100\% \tag{1-1}$$

式中 φ——相对湿度（%）；

f——空气中水蒸气的实际含量（绝对湿度），g/m^3；

$F_{饱}$——同温度下空气的饱和水蒸气量，g/m^3。

通常所说的湿度指的都是相对湿度，它反映的是空气中所含水蒸气量接近饱和的程度。一般认为相对湿度在 50% ~60% 时，人体最为适宜。

一般情况下，在矿井进风路线上，空气的湿度随季节变化感觉也不同。冬天冷空气进入井下后温度要升高，空气的饱和水蒸气量加大，沿途吸收水分，使井巷显得干燥；夏天的热空气进入井下后温度要降低，饱和水蒸气量逐渐减小，空气中的一部分水分凝结成水珠落下，使井巷显得潮湿，因此有冬干夏湿之感。在采掘工作面和回风系统，因空气温度较高且常年变化不大，空气湿度也基本稳定，一般都在 90% 以上，甚至接近 100%。

除温度的影响外，矿井空气的湿度还与地面空气的湿度、井下涌水量及井下生产用水状况等因素有关。

（三）井巷中的风速

风速是指风的流动速度。风速过低，汗水不易蒸发，人体感到闷热，有害气体和矿尘也不能及时排散；风速过高，散热过快，易使人感冒，并造成井下落尘飞扬，对安全生产和人体健康也不利。因此,井下工作地点和通风井巷中都要有一个合理的风速范围。表1-8给出了井下不同温度下的适宜风速。表1-9则是《规程》规定的井巷中的允许风速。

表1-8　井下不同温度下的适宜风速

空气温度(℃)	<15	15~20	20~22	22~24	24~26
适宜风速(m/s)	<0.5	<1.0	>1.0	>1.5	>2.0

表1-9　井巷中的允许风速

井巷名称	允许风速(m/s)	
	最低	最高
无提升设备的风井和风硐		15
专为升降物料的井筒		12
风桥		10
升降人员和物料的井筒		8
主要进、回风巷		8
架线电机车巷道	1.0	8
运输机巷,采区进、回风巷	0.25	6
采煤工作面、掘进中的煤巷和半煤岩巷	0.25	4
掘进中的岩巷	0.15	4
其他通风人行巷道	0.15	

此外,《规程》还规定,设有梯子间的井筒或修理中的井筒,风速不得超过8 m/s;梯子间四周经封闭后,井筒中的最高允许风速可按表1-9执行。

无瓦斯涌出的架线电机车巷道中的最低风速可低于表1-9的规定值,但不得低于0.5 m/s。

综合机械化采煤工作面,在采取煤层注水和采煤机喷雾降尘等措施后,其最大风速可高于表1-9的规定值,但不得超过5 m/s。

三、衡量矿井气候条件的指标和安全标准

(一)衡量矿井气候条件的指标

由于影响人体热平衡的环境条件很复杂,各个国家对矿井气候条件采用的评价指标也不尽相同。干球温度是我国现行的最简单的评价矿井气候条件的指标之一,但它只反映了温度对矿井气候条件的影响,不太全面,其他评价指标也都有一定的局限性。所以,目前尚无一项指标能完全、准确地反映出环境条件对人体热平衡的综合影响。本学习情境仅介绍一种欧美等国较为常用的等效温度(也称同感温度)指标。

等效温度是1923年由美国采暖通风工程师协会提出的。这个指标是通过试验,凭受试者对环境的感觉而得出的。试验时,先把三个受试者置于某一温度、湿度、风速的已知环境

中,并让其记下各自的感受;然后,再将他们换到另一个相对湿度为100%、风速为0、温度可调的环境中,通过调节此时的温度,让其找到与原来的环境相同的感觉,此时的温度值就称为原环境的有效温度。这个指标可以反映出温度、湿度和风速对人体热平衡的综合作用,显然,等效温度越高,人体舒适感就越差。但这种方法在矿井的高温高湿条件下,湿度与风速对气候条件的影响反映不足,也没有考虑辐射换热的效果,所以同样存在着局限性。

井下某一地点等效温度的测算方法是:用干湿球温度计(如风扇湿度计)测出空气的干球温度和湿球温度,再用风表测出该地点风流的风速,然后从如图1-4所示的等效温度计算图上查得相应的等效温度值。

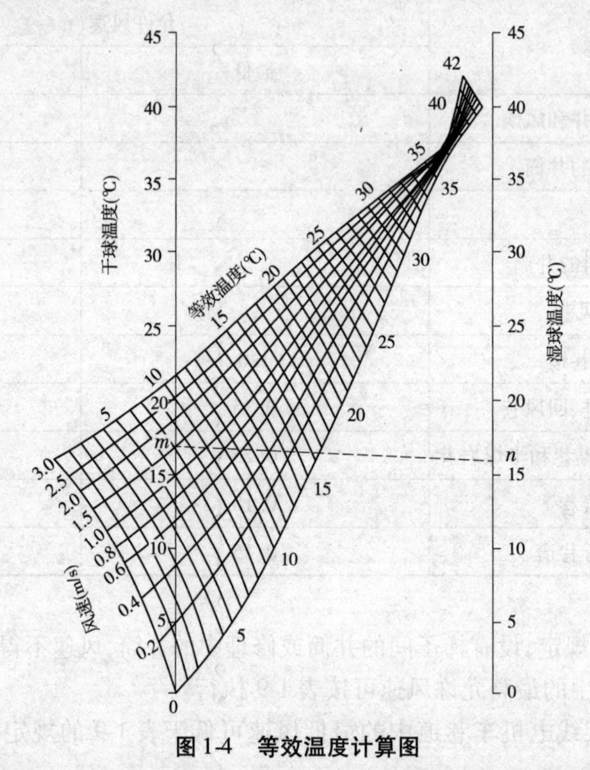

图1-4　等效温度计算图

【例1-1】　测得井下某一工作面风流的干球温度为17 ℃,湿球温度为16 ℃,风速为0.8 m/s,求其等效温度。

解　在图1-4的左、右标尺上分别找到17 ℃和16 ℃两点 m、n,并连成虚线,此虚线与风速为0.8 m/s的风速曲线相交,根据交点位置可在等效温度标尺上查出等效温度为10 ℃。

(二)矿井气候条件的安全标准

我国现行的评价矿井气候条件的指标是干球温度。《规程》规定:

进风井口以下的空气温度必须在2 ℃以上。

生产矿井采掘工作面空气温度不得超过26 ℃,机电设备硐室的空气温度不得超过30 ℃;当空气温度超过时,必须缩短超温地点工作人员的工作时间,并给予高温保健待遇。

采掘工作面的空气温度超过30 ℃、机电设备硐室的空气温度超过34 ℃时,必须停止作业。

四、矿井空气温度和湿度的测定

(一)矿井空气温度的测定

测温仪器可使用最小分度0.5 ℃并经校正的温度计。测温时间一般在8:00—16:00进行。测定温度的地点应符合以下要求:

(1)掘进工作面空气的温度测点,应设在工作面距迎头2 m处的回风流中。

(2)长壁式采煤工作面空气温度的测点,应在工作面内运输道空间中央距回风道口15 m处的风流中。采煤工作面串联通风时,应分别测定。

(3)机电硐室空气温度的测点,应选在硐室回风道口的回风流中。

此外,测定气温时应将温度计放置在一定地点10 min后读数,读数时先读小数再读整数。温度测点不应靠近人体、发热或制冷设备,至少距离0.5 m。

(二)空气湿度的测定

测量矿井空气湿度的仪器主要有风扇湿度计(又称通风干湿表)和手摇湿度计,它们的测定原理相同。常用的是风扇湿度计,如图1-5所示。它主要由两支相同的温度计1、2和一个通风器6组成,其中一支温度计的水银液球上包有湿纱布,称为湿球温度计,另一支温度计称为干球温度计,两只温度计的外面均罩着内外表面光亮的双层金属保护管4、5,以防热辐射的影响;通风器6内装有风扇和发条,上紧发条,风扇转动,使风管7内产生稳定的气流,干、湿球温度计的水银球处在同一风速下。

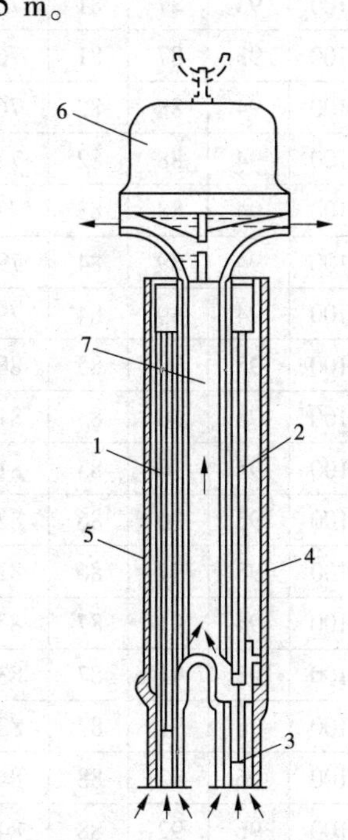

1—干球温度计;2—湿球温度计;
3—湿棉纱布;4、5—双层金属保护管;
6—通风器;7—风管

图1-5　风扇湿度计

测定相对湿度时,先用仪器附带的吸水管将湿球温度计的棉纱布浸湿,然后上紧发条,小风扇转动吸风,空气从两个金属保护管4、5的入口进入,经中间风管7由上部排出。由于湿球表面的水分蒸发需要热量,因此湿球温度计的温度值低于干球温度计的温度值,空气的相对湿度越小,蒸发吸热作用越显著,干湿温度差就越大。根据湿球温度计的读数(t',℃)和干、湿球温度计的读数差值(Δt,℃),由表1-10即可查出空气的相对湿度(φ)。

【例1-2】　在井下某处用风扇湿度计测得风流的干球温度为24.2 ℃,湿球温度为20.2 ℃。求此处空气的相对湿度。

解　因为 $t'=20.2$ ℃

所以　$\Delta t=24.2-20.2=4$(℃)

查表1-10得相对湿度为69%。

表 1-10　由风扇湿度计读数值查相对湿度

湿球示度(℃)	干、湿球温度计示度度差(℃)														
	0	0.5	1.0	1.5	2.0	2.5	3.0	3.5	4.0	4.5	5.0	5.5	6.0	6.5	7.0
	相对湿度 φ(%)														
0	100	91	83	75	67	61	54	48	42	37	31	27	22	18	14
1	100	91	83	76	69	62	56	50	44	39	34	30	25	21	17
2	100	92	84	77	70	64	58	52	47	42	37	33	28	24	21
3	100	92	85	78	72	65	60	54	49	44	39	35	31	27	23
4	100	93	86	79	73	67	61	56	51	46	42	37	33	30	26
5	100	93	86	80	74	68	63	57	53	48	44	40	36	32	29
6	100	93	87	81	75	69	64	59	54	50	46	42	38	34	31
7	100	93	87	81	76	70	65	60	56	52	48	44	40	37	33
8	100	94	88	82	76	71	66	62	57	53	49	46	42	39	35
9	100	94	88	82	77	72	68	63	59	55	51	47	44	40	37
10	100	94	88	83	78	73	69	64	60	56	52	49	45	42	39
11	100	94	89	84	79	74	69	65	61	57	54	50	47	44	41
12	100	94	89	84	79	75	70	66	62	59	55	52	48	45	42
13	100	95	90	85	80	76	71	67	63	60	56	53	50	47	44
14	100	95	90	85	81	76	72	68	64	61	57	54	51	48	45
15	100	95	90	85	81	77	73	69	65	62	59	55	52	50	47
16	100	95	90	86	82	78	74	70	66	63	60	57	54	51	48
17	100	95	91	86	82	78	74	71	67	64	61	58	55	52	49
18	100	95	91	87	83	79	75	71	68	65	62	59	56	53	50
19	100	95	91	87	83	79	76	72	69	65	62	59	57	54	51
20	100	96	91	87	83	80	76	73	69	66	63	60	58	55	52
21	100	96	92	88	84	80	77	73	70	67	64	61	58	56	53
22	100	96	92	88	84	81	77	74	71	68	65	62	59	57	54
23	100	96	92	88	84	81	78	74	71	68	65	63	60	58	55
24	100	96	92	88	85	81	78	75	72	69	66	63	61	58	56
25	100	96	92	89	85	82	78	75	72	69	67	64	62	59	57
26	100	96	92	89	85	82	79	76	73	70	67	65	62	60	57
27	100	96	93	89	86	82	79	76	73	71	68	65	63	60	58
28	100	96	93	89	86	83	80	77	74	71	68	66	63	61	59
29	100	96	93	89	86	83	80	77	74	72	69	66	64	62	60
30	100	96	93	90	86	83	80	77	75	72	69	67	65	62	60
31	100	96	93	90	87	84	81	78	75	73	70	68	65	63	61
32	100	97	93	90	87	84	81	78	76	73	71	68	66	63	61

五、矿井气候条件的改善

在矿井生产中，由于控制空气湿度比较困难，所以改善矿井气候主要是从调节空气温度和调整风速入手。其中，常用的调节温度措施如下。

(一)空气预热

我国北方冬季严寒，气温很低，很容易使井口、井筒内结冰，影响正常的提升运输工作并造成安全隐患，也对人员的身体健康不利。空气预热就是使用蒸汽、水暖或其他设备，将一部分空气预热到70～80 ℃，再使其与冷空气混合，混合后的空气温度达到2 ℃以上。按冷热空气混合方式的不同，预热方式有井筒混合式，井口房混合式，井口房、井筒混合式三种。

1. 井筒混合式

井筒混合式布置方式是将被加热的空气通过专用通风机和热风道送入井口2 m以下，在井筒内进行热风和冷风的混合。

2. 井口房混合式

井口房混合式布置方式是将热风直接送入井口房内进行混合，使混合后的空气温度达到2 ℃以上后再进入井筒。

3. 井口房、井筒混合式

井口房、井筒混合式布置方式是前两种方式的结合，它将大部分热风送入井筒内混合，将小部分热风送入井口房内混合，再送入井下。

(二)降温措施

我国南方部分矿井和开采深部煤层的矿井，受地表温度、地表以下温度或井下机电设备散热等因素的影响，井下局部地点的空气温度可能很高，甚至超过《规程》规定的标准，此时就要考虑采取降温措施。

1. 通风降温

1)增加风量

当热害不太严重时，用提高通风强度即增大风量的方法来降温是行之有效的降温措施。

2)选择合理的通风系统

矿井通风系统或采区通风系统中应尽量缩短进风风流的路线长度，并使进风巷道位于热源温度较低的层位中，以减少风流被加热的机会；采煤工作面通风时，可选择下行通风方式，将机电设备、煤炭运输地点等选择在回风风流中，以降低这些局部热源对工作面的影响。

3)改革采煤工作面通风方式

传统的采煤工作面通风方式为一进一出的U形通风，也可视情况改为E形、W形通风(详见学习情境七)，这样既缩短了工作面的风路长度，又增大了风量，还能使工作面的气温降低。

2. 改革采煤方法和顶板管理

(1)后退式采煤法与前进式相比，风阻小、风量大，有利于降温。

(2)倾斜长壁式采煤法的通风路线短、风阻小、风量大，工作面入口风流温度相应较低，对改善工作面的气候有利。

(3)采用充填法管理顶板，避免或减少了全部跨落法管理顶板所造成的采空区冒落岩石的散热和采空区热风的散热，可降低工作面风流的温度。

3. 减少各种热源散热

如减少煤炭在井下的暴露时间，在高温岩壁与巷道支架之间充填隔热材料，井下大型机电设备硐室设置单独的通风道，对温度较高的压气管路和排热水管用绝热材料包裹，及时封堵或合理排除井下热水等。

4. 制冷降温

当采用通常的降温措施不能有效地解决采掘工作面等局部地点的高温问题时，就必须采用机械制冷设备强制制冷，即矿井空调技术。目前机械制冷方法有三种：地面集中制冷机制冷、井下集中制冷机制冷及井下移动冷冻机制冷。

任务三　井巷中风速与风量的测定

风速既是影响气候条件的主要因素之一，又是测定井下巷道风量的基础。单位时间内通过井巷断面的空气体积叫作风量，它等于井巷的断面面积与通过井巷的平均风速的乘积。因此，测量风量时必然测定风速。风速和风量测定是矿井通风测定技术中的重要组成部分，也是矿井通风管理中的基础性工作。

《规程》规定：矿井必须建立测风制度，每10天进行一次全面测风。对采掘工作面和其他用风地点，应根据实际需要随时测风，每次测风结果应记录并写在测风地点的记录牌上。

矿井应根据测风结果采取措施，进行风量调节。

一、井巷断面上的风速分布

空气在井巷中流动时，由于空气的黏性和井巷壁面粗糙程度的影响，风速在巷道断面上的分布是不均匀的。一般来说，位于巷道轴心部分的风速最大，靠近巷道周壁部分的风速最小，如图1-6所示，通常所谓巷道内的风速都是指平均风速 $v_均$。平均风速 $v_均$ 与最大风速 $v_大$ 的比值叫作巷道的风速分布系数（速度场系数），用 $K_速$ 表示，其值与井巷粗糙程度有关，巷道周壁越光滑，$K_速$ 就越大，即断面上的风速分布越均匀。据调查，对于砌碹巷道，$K_速=0.8\sim0.86$；木棚支护巷道，$K_速=0.68\sim0.82$；无支护巷道，$K_速=0.74\sim0.81$。

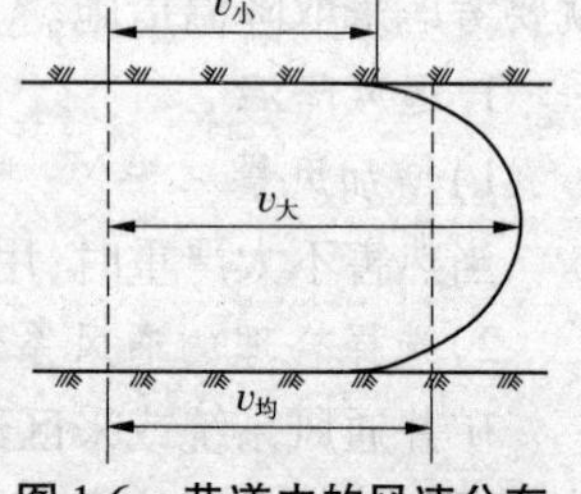

图1-6　巷道中的风速分布

需要注意的是，由于受到井巷断面形状、支护形式、直线程度及障碍物的影响，最大风速不一定正好位于井巷的中轴线上，风速分布也不一定具有对称性。

二、测风仪表

测量井巷风速的仪表叫作风表，又称风速计。目前，煤矿中常用的风表按结构和原理不同可分为机械式风表、热效式风表、电子叶轮式风表和超声波式风速计等几种。

（一）机械式风表

机械式风表是目前煤矿中使用最广泛的风表。它全部采用机械结构，多用于测量平均风速，也可以用于测定点风速。按其感受风力部件的形状不同，又分为叶轮式和杯式两种，其中，杯式主要用于气象部门，也可用于煤矿井下；叶轮式在煤矿中应用广泛，是本任务介绍的重点。

机械叶轮式风表由叶轮、传动蜗轮、蜗杆、计数器、回零压杆、离合闸板、护壳等构成，如图 1-7 所示。

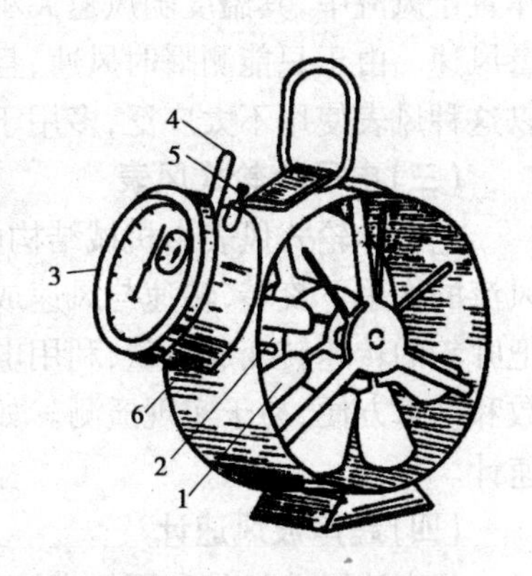

1—叶轮；2—蜗杆轴；3—计数器；
4—离合闸板；5—回零压杆；6—护壳

图 1-7　机械叶轮式风表

风表的叶轮由 8 个铝合金叶片组成，叶片与转轴的垂直平面成一定的角度，当风流吹动叶轮时，通过传动机构将运动传给计数器 3，指示出叶轮的转速。离合闸板 4 的作用是使计数器与叶轮轴联结或分开，用来开关计数器。回零压杆 5 的作用是能够使风表的表针回零。

风表按风速的测量范围不同分为高速风表（0.8 ~ 25 m/s）、中速风表（0.5 ~ 10 m/s）和微（低）速风表（0.3 ~ 5 m/s）三种。三种风表的结构大致相同，只是叶片的厚度不同，启动风速有差异。

由于风表结构和使用中机件磨损、腐蚀等影响，通常风表的计数器所指示的风速并不是实际风速，表速（指示风速）$v_{表}$ 与实际风速（真风速）$v_{真}$ 的关系可用风表校正曲线来表示。风表出厂时都附有该风表的校正曲线，风表使用一段时间后，还必须按规定重新进行检修和校正，得出新的风表校正曲线。图 1-8 为风表校正曲线示意图。

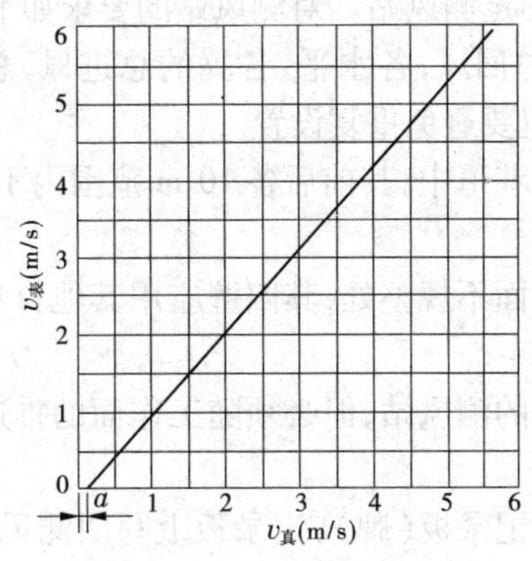

图 1-8　风表校正曲线示意图

风表的校正曲线还可用式（1-2）来表示：

$$v_{真} = a + bv_{表} \tag{1-2}$$

式中　$v_{真}$——真风速，m/s；

a——风表启动初速的常数，取决于风表转动部件的惯性和摩擦力；

b——校正常数，取决于风表的构造尺寸；

$v_{表}$——风表的指示风速，m/s。

目前我国生产和使用的机械叶轮式风表主要有 DFA - 2 型（中速）、DFA - 3 型（微速）、DFA - 4 型（高速）、AFC - 121（中、高速）、EM9（中速）等。机械叶轮式风表的特点是体积小，重量轻，重复性好，使用及携带方便，测定结果不受气体环境影响；缺点是精度低，读数不直观，不能满足自动化遥测的需要。

（二）热效式风表

我国目前生产的热效式风表主要是热球式风速计。它的测风原理是，一个被加热的物

体置于风流中，其温度随风速大小和散热多少而变化，通过测量物体在风流中的温度便可测量风速。由于只能测瞬时风速，且测风环境中的灰尘及空气湿度等对它也有一定的影响，所以这种风表使用不太广泛，多用于微风测量。

（三）电子叶轮式风表

电子叶轮式风表由机械结构的叶轮和数据处理显示器组成。它的测定原理是，叶轮在风流的作用下旋转，转速与风速成正比，利用叶轮上安装的一些附件，根据光电、电感等原理把叶轮的转速转变成电量，利用电子线路实现风速的自动记录和数字显示。它的特点是读数和携带方便，易于实现遥测。如 MSF－1 型风表就是利用电感变换元件的电子叶轮式风速计。

（四）超声波风速计

超声波风速计是利用超声波技术，通过测量气流的卡曼涡街频率来测定风速的仪器，目前主要用于集中监控系统中的风速传感器。它的特点是结构简单，寿命长，性能稳定，不受风流的影响，精度高，风速测量范围大。

三、测风方法及步骤

（一）测风地点

井下测风要在测风站内进行，为了准确、全面地测定风速、风量，每个矿井都必须建立完善的测风制度和分布合理的固定测风站。对测风站的要求如下：

（1）应在矿井的总进风、总回风，各水平、各翼的总进风、总回风，各采区和各用风地点的进、回风巷中设置测风站，但要避免重复设置。

（2）测风站应设在平直的巷道中，其前后各 10 m 范围内不得有风流分叉、断面变化、障碍物和拐弯等局部阻力。

（3）若测风站位于巷道断面不规整处，其四壁应用其他材料衬壁成固定形状断面，长度不得小于 4 m。

（4）采煤工作面不设固定的测风站，但必须随工作面的推进选择在支护完好、前后无局部阻力物的断面上测风。

（5）测风站内应悬挂测风记录板（牌），记录板上写明测风站的断面面积、平均风速、风量、空气温度、大气压力、瓦斯和二氧化碳浓度、测定日期以及测风员等项目。

（二）测风方法

由井巷断面上的风速分布可知，巷道断面上的各点风速是不同的，为了测得平均风速，可采用线路法或定点法。线路法是风表按一定的线路均匀移动，如图 1-9 所示；定点法是将巷道断面分为若干格，风表在每一个格内停留相等的时间进行测定，如图 1-10 所示，根据断面大小，常用的有 9 点法、12 点法等。

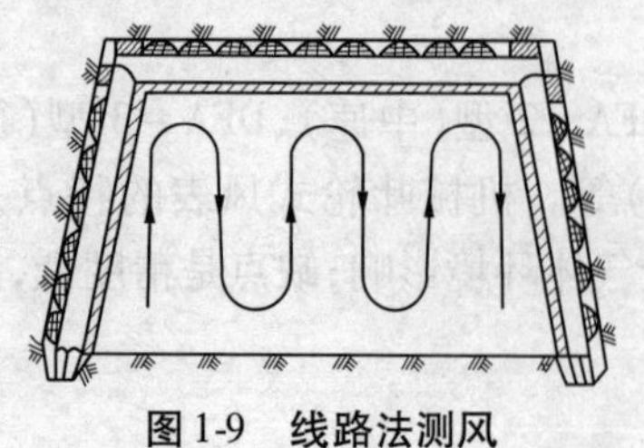

图 1-9　线路法测风

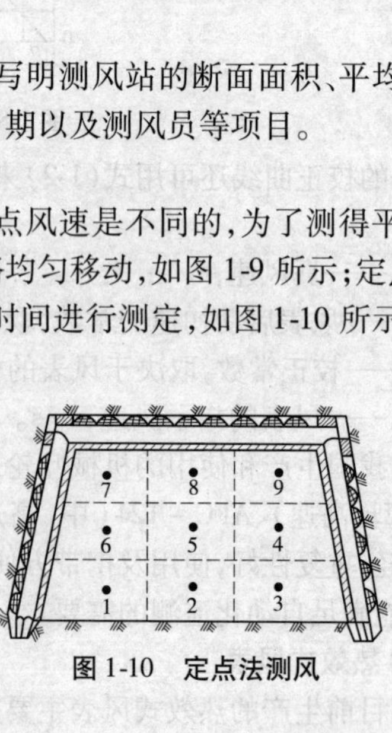

图 1-10　定点法测风

测风时,根据测风员的站立姿势不同又分为迎面法和侧身法两种。

迎面法是测风员面向风流,将手臂伸向前方测风。由于测风断面位于人体前方,且人体阻挡了风流,使风表的读数偏小,为了消除人体的影响,需将测得的真风速乘以1.14的校正系数,才能得到实际风速。

侧身法是测风员背向巷道壁站立,手持风表将手臂向风流垂直方向伸直,然后在巷道断面内作均匀移动。由于测风员立于测风断面内减少了通风面积,从而增大了风速,测量结果较实际风速偏大,故需对测得的真风速进行校正。校正系数 K 由下式计算:

$$K = \frac{S-0.4}{S} \tag{1-3}$$

式中　S——测风站的断面面积,m^2;

0.4——测风员阻挡风流的面积,m^2。

(三)用机械式风表测风步骤

(1)测风员进入测风站或待测巷道中,先估测风速范围,然后选用相应量程的风表。

(2)取出风表和秒表,先将风表指针和秒表回零,然后使风表叶轮平面迎向风流,并与风流方向垂直,待叶轮转动正常后(20~30 s),同时打开风表的计数器开关和秒表,在1 min内,风表要均匀地走完测量路线(或测量点),然后同时关闭秒表和计数器开关,读取风表指针读数。为保证测定准确,一般在同一地点要测3次,取平均值,并按式(1-4)计算表速:

$$v_{表} = \frac{n}{t} \tag{1-4}$$

式中　$v_{表}$——风表测得的表速,m/s;

n——风表刻度盘的读数,取3次平均值,m;

t——测风时间,一般取60 s。

(3)根据表速查风表校正曲线,求出真风速 $v_{真}$。

(4)根据测风员的站立姿势,将真风速乘以校正系数 K 得实际平均风速 $v_{均}$(m/s),即

$$v_{均} = Kv_{真} \tag{1-5}$$

(5)根据测得的平均风速和测风站的断面面积,按式(1-6)计算巷道通过的风量 Q(m^3/s):

$$Q = v_{均} S \tag{1-6}$$

式中　Q——测风巷道通过的风量,m^3/s;

S——测风站的断面面积,m^2;

按式(1-7)~式(1-9)测算:

矩形和梯形巷道:
$$S = HB \tag{1-7}$$

三心拱巷道:
$$S = B(H-0.07B) \tag{1-8}$$

半圆拱巷道:
$$S = B(H-0.11B) \tag{1-9}$$

其中,H 为巷道净高,m;B 为巷道宽度,梯形巷道为半高处宽度,拱形巷道为净宽,m。

(四)测风时应注意的问题

(1)风表的测量范围要与所测风速相适应,避免风速过高、过低造成风表损坏或测量不准;

(2)风表不能距离人体和巷道壁太近,否则会引起较大误差;

(3)风表叶轮平面要与风流方向垂直,偏角不得超过10°,在倾斜巷道中测风时尤其要

注意；

(4)按线路法测风时，路线分布要合理，风表的移动速度要均匀，防止忽快忽慢，造成读数偏差；

(5)秒表和风表的开关要同步，确保在 1 min 内测完全线路(或测点)；

(6)有车辆或行人时，要等其通过后风流稳定时再测；

(7)同一断面测定 3 次，3 次测得的计数器读数之差不应超过 5%，然后取其平均值。

【例 1-3】 在某矿井井下的测风站内测风，测风站的断面面积是 8.4 m²，用侧身法测得的 3 次读数分别为 325 m/min、338 m/min、340 m/min，每次测风时间均是 1 min。求算该测风站的平均风速和通过测风站的风量各是多少？(风表校正曲线示意图见图 1-8)

解 (1)检验 3 次测量结果的最大误差是否超过 5%。

$$E = (\text{最大读数} - \text{最小读数})/\text{最小读数} \times 100\%$$
$$= (340 - 325)/325 \times 100\%$$
$$= 4.62\% < 5\%$$

3 次测量结果的最大误差小于 5%，测量数据精度符合要求。

(2)计算风表的表速。

$$n = (n_1 + n_2 + n_3)/3 = (325 + 338 + 340)/3 = 334(\text{m/min})$$
$$v_{\text{表}} = n/t = 334/60 = 5.57(\text{m/s})$$

(3)查图 1-8 风表校正曲线示意图，求真风速。

根据 $v_{\text{表}} = 5.57$ m/s，查图 1-8 可得 $v_{\text{真}}$ 为 5.2 m/s。

(4)求平均风速。

$$v_{\text{均}} = Kv_{\text{真}}$$

其中
$$K = (S - 0.4)/S = (8.4 - 0.4)/8.4 = 0.95$$
$$v_{\text{均}} = 0.95 \times 5.2 = 4.94(\text{m/s})$$

(5)计算通过测风站的风量。

$$Q = v_{\text{均}} S = 4.94 \times 8.4 = 41.50(\text{m}^3/\text{s})$$

经计算得知，测风站内的平均风速为 4.94 m/s，通过的风量为 41.50 m³/s。

四、微风测量

当风速很小(低于 0.1 m/s)时，很难吹动机械风表的叶轮，即便能使叶轮转动也难以测得准确结果，此时可以采用烟雾、气味或者粉末作为风流的传递物进行风速测定。具体方法为：在通风巷道两端各安排一名测风员，位于上风侧的测风员带发烟器(发味器或粉末)和声响(或光信号)发射器具，下风侧测风员带秒表。一人放出烟雾(气味或粉末)，同时发出声响或光信号，另一人听到信号后开始记时，接到烟雾(气味或粉末)为止关闭秒表。用式(1-10)计算巷道内的平均风速：

$$v = \frac{L}{t} \tag{1-10}$$

式中 v——巷道断面内的平均风速，m/s；

L——风流流经的巷道距离，m；

t——风流流经巷道所用的时间，s。

复习思考题

1-1　地面空气的主要成分是什么？矿井空气与地面空气有何不同？

1-2　什么是矿井空气的新鲜风流和污风风流？

1-3　氧气有哪些性质？造成矿井空气中氧气减少的原因有哪些？

1-4　矿井空气中常见的有害气体有哪些？它们的来源和对人体的影响如何？《规程》对这些有害气体的最高允许浓度是如何规定的？

1-5　用比长式检测管法检测有害气体浓度的原理是什么？可用来检测哪些气体？

1-6　防止有害气体危害的措施有哪些？

1-7　什么叫矿井气候条件？气候条件对人体热平衡有何影响？

1-8　什么叫空气的绝对湿度和相对湿度？矿井空气的湿度一般有何变化规律？

1-9　为什么在矿井的进风路线上冬暖夏凉、冬干夏湿？

1-10　《规程》对矿井气候条件的安全标准有何规定？

1-11　矿井的预热和降温主要有哪些方面的措施？

1-12　风表按原理和风速的测量范围分为几类？机械叶轮式风表的优缺点各是什么？

1-13　风表测风时为什么要校正其读数？迎面法测风与侧身法测风的校正系数为何不同？

1-14　风表校正曲线的含义是什么？为什么风表要定期校正？

1-15　对测风站有哪些要求？

1-16　测风的步骤有哪些？应注意哪些问题？

习　题

1-1　井下某采煤工作面的回风巷道中，已知 CO_2 的绝对涌出量为 6.5 m^3/min，回风量为 520 m^3/min，问该工作面回风流中的 CO_2 浓度是多少？是否符合安全浓度标准？(1.25%；符合标准)

1-2　测得井下某一工作面风流的干球温度为 22 ℃，湿球温度为 20 ℃，风速为 1.5 m/s，求其相对湿度和等效温度分别是多少？(83%；14 ℃)

1-3　井下某测风地点为半圆拱形断面，净高 2.8 m，净宽 3 m，用侧身法测得 3 次的风表读数分别为 286 m/min、282 m/min、288 m/min，测定时间均为 1 min，该风表的校正曲线表达式为 $v_{真}=0.23+1.002v_{表}$ (m/s)，试求该处的风速和通过的风量各为多少？(4.74 m/s；35.12 m^3/s)

学习情境二　风流的能量与能量方程

任务一　认识空气主要物理参数

矿井通风常用的空气物理参数除前面所讲的温度、湿度外,还包括密度、比容、压力、黏性等。

一、空气的密度

单位体积空气所具有的质量称为空气的密度,用ρ来表示。即

$$\rho = \frac{M}{V} \tag{2-1}$$

式中　ρ——空气的密度,kg/m^3;

M——空气的质量,kg;

V——空气的体积,m^3。

一般来说,空气的密度是随温度、湿度和压力的变化而变化的。在标准大气状况(P = 101 325 Pa,t = 0 ℃,φ = 0%)下,干空气的密度为1.293 kg/m^3。湿空气密度的计算公式为

$$\rho_{湿} = 0.003\,484\,\frac{P}{T}\left(1 - 0.378\,\frac{\varphi P_{饱}}{P}\right) \tag{2-2}$$

式中　P——空气的压力,Pa;

T——热力学温度($T = 273 + t$),K;

t——空气的温度,℃;

φ——相对湿度(%);

$P_{饱}$——温度为t时的饱和水蒸气压力(见表1-7),Pa。

由式(2-2)可见,压力越大,温度越低,空气密度越大。当压力和温度一定时,湿空气的密度总是小于干空气的密度。

一般将空气压力为101 325 Pa,温度为20 ℃,相对湿度为60%的矿井空气称为标准矿井空气,其密度为1.2 kg/m^3。

二、空气的比容

单位质量空气所占有的体积叫作空气的比容,用υ(m^3/kg)表示,比容和密度互为倒数,它们是一个状态参数的两种表达方式。即

$$\upsilon = \frac{V}{M} = \frac{1}{\rho} \tag{2-3}$$

三、空气的压力(压强)

矿井通风中,习惯将压强称为空气的压力。由于空气分子的热运动,分子之间不断碰撞,同时气体分子也不断地和容器壁碰撞,形成了气体对容器壁的压力。气体作用在单位面积上的力称为空气的压力,用 P 表示。根据物理学的分子运动理论可导出理想气体作用于容器壁的空气压力关系式为

$$P = \frac{2}{3}n\left(\frac{1}{2}mv^2\right) \tag{2-4}$$

式中　n——单位体积内的空气分子数;

$\frac{1}{2}mv^2$——分子平移运动的平均动能。

式(2-4)表明,空气的压力是单位体积空气分子不规则热运动产生的总动能的 2/3 转化为对外做功的机械能。单位体积内的空气分子数越多,分子热运动的平均动能越大,空气压力越大。

空气压力的单位为帕斯卡(Pa),简称帕,1 Pa = 1 N/m^2。压力较大时,还可用千帕(kPa)、兆帕(MPa)等表示,1 MPa = 10^3 kPa = 10^6 Pa。有的压力仪器也用百帕(hPa)表示,1 hPa = 100 Pa。压力单位及换算见表 2-1。

表 2-1　压力单位及换算

单位名称	帕斯卡(Pa)	巴(bar)	毫米水柱(mmH_2O)	工程大气压(at)	毫米汞柱(mmHg)	标准大气压(atm)
帕斯卡(Pa)	1	10^{-5}	0.101 972	$0.101\ 972\times10^{-4}$	$7.500\ 62\times10^{-3}$	$9.869\ 23\times10^{-6}$
毫米水柱(mmH_2O)	9.806 65	$9.806\ 65\times10^{-5}$	1	1×10^{-4}	$7.355\ 59\times10^{-2}$	$9.678\ 41\times10^{-5}$
毫米汞柱(mmHg)	133.322	$1.333\ 22\times10^{-3}$	13.595	$1.359\ 5\times10^{-3}$	1	$1.315\ 79\times10^{-3}$
标准大气压(atm)	101 325	1.013 25	10 332.3	1.033 23	760	1

注:英制压力单位采用磅力/英寸^2(lbf/in^2),1 lbf/in^2 = 6 894.7 Pa。1 kPa = 10^3 Pa;1 atm = 101.325 kPa;1 at = 98.066 5 kPa;1 bar = 1 000 mbar。

地面空气压力习惯称为大气压。由于地球周围大气层的厚度高达数千千米,越靠近地表空气密度越大,空气分子数越多,分子热运动的平均动能越大,所以大气压力也越大。此外,大气压力还与当地的气候条件有关,即便是同一地区,也会随季节不同而变化,甚至一昼夜内都有波动。

四、空气的黏性

任何流体都有黏性。当流体以任一流速在管道中流动时,靠近管道中心的流层流速快,靠近管道壁的流层流速慢,相邻两流层之间的接触面上便产生黏性阻力(内摩擦力),以阻止其相对运动,流体具有的这一性质,称为流体的黏性。根据牛顿内摩擦力定律,流体分层间的内摩擦力为

$$F = \mu S\frac{\mathrm{d}v}{\mathrm{d}y} \tag{2-5}$$

式中　F——内摩擦力,N;

μ——动力黏性系数，Pa · s；

S——流层之间的接触面积，m^2；

dv/dy——垂直于流动方向上的速度梯度，s^{-1}。

由式(2-5)可以看出，当流体不流动或分层间无相对运动时，$dv/dy=0$，则 $F=0$。需要说明的是，不论流体是否流动，流体具有黏性的性质是不变的。

在矿井通风中，除用动力黏性系数 μ 表示空气黏性大小外，还常用运动黏性系数 ν(m^2/s)来表示，其与动力黏性系数的关系为

$$\nu = \frac{\mu}{\rho} \tag{2-6}$$

式中　ρ——空气的密度，kg/m^3。

流体的黏性随温度和压力的变化而变化。对空气而言，黏性系数随温度的升高而增大，压力对黏性系数的影响可以忽略。当温度为 20 ℃，压力为 0.1 MPa 时，空气的动力黏性系数 $\mu = 1.808 \times 10^{-5}$ Pa · s，运动黏性系数 $\nu = 1.501 \times 10^{-5}$ m^2/s。

任务二　认识风流的能量与压力

矿井通风系统中，风流在井巷某断面上所具有的总机械能(包括静压能、动能和位能)及内能之和叫作风流的能量。风流之所以能够流动，其根本原因是系统中存在着能量差，所以风流的能量是风流流动的动力。单位体积空气所具有的能够对外做功的机械能就是压力。能量与压力既有区别又有联系，除内能是以热的形式存在于风流中外，其他三种能量一般通过压力来体现，也就是说，井巷任一通风断面上存在的静压能、动能和位能可用静压、动压、位压来体现。

一、静压能—静压

(一)静压能与静压的概念

由分子热运动理论可知，不论空气处于静止状态还是流动状态，空气分子都在做无规则的热运动。这种由空气分子热运动而使单位体积空气具有的对外做功的机械能量叫静压能，用 $E_{静}$ 表示(J/m^3)。空气分子热运动不断地撞击器壁所产生的压力(压强)称为静压力，简称静压，用 $P_{静}$ 表示(N/m^2，即 Pa)。

由于静压是静压能的体现，二者分别代表着空气分子热运动所具有的外在表现和内涵，所以在数值上大小相等，静压是静压能的等效表示值。

(二)静压的特点

(1)只要有空气存在，不论是否流动都会呈现静压；

(2)由于空气分子向器壁撞击的概率是相同的，所以风流中任一点的静压各向同值，且垂直作用于器壁；

(3)静压是可以用仪器测量的，大气压力就是地面空气的静压值；

(4)静压的大小反映了单位体积空气具有的静压能。

(三)空气压力的两种测算基准

空气的压力根据所选用的测算基准不同可分为两种，即绝对压力和相对压力。

(1)绝对压力:以真空为基准测算的压力称为绝对压力,用 P 表示。由于以真空为0点,有空气的地方压力都大于0,所以绝对压力总是正值。

(2)相对压力:以当地当时同标高的大气压力为基准测算的压力称为相对压力,用 h 表示。对于矿井空气来说,井巷中空气的相对压力 h 就是其绝对压力 P 与当地当时同标高的地面大气压力 P_0 的差值。即

$$h = P - P_0 \tag{2-7}$$

当井巷空气的绝对压力一定时,相对压力随大气压力的变化而变化。在压入式通风矿井中,井下空气的绝对压力都高于当地当时同标高的大气压力,相对压力是正值,称为正压通风;在抽出式通风矿井中,井下空气的绝对压力都低于当地当时同标高的大气压力,相对压力是负值,称为负压通风。由此可以看出,相对压力有正压和负压之分。在不同通风方式下,绝对压力、相对压力和大气压力之间的关系见图2-1。

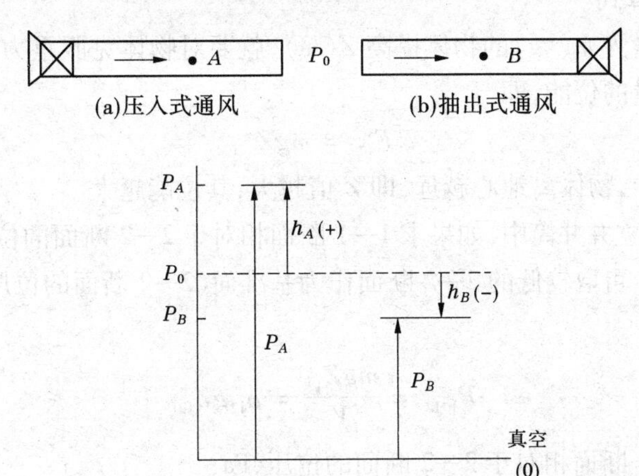

图2-1 绝对压力、相对压力和大气压力之间的关系

二、动能—动压

(一)动能与动压的概念

空气做定向流动时具有动能,用 $E_{动}$ 表示,单位为 J/m^3,其动能所呈现的压力称为动压(或速压),用 $h_{动}$(或 $h_{速}$)表示,单位为Pa。

(二)动压的计算式

设某点空气密度为 ρ(kg/m^3),定向流动的流速为 v(m/s),则单位体积空气所具有的动能为 $E_{动}$(J/m^3),计算公式为

$$E_{动} = \frac{1}{2}\rho v^2 \tag{2-8}$$

$E_{动}$ 对外呈现的动压 $h_{动}$(Pa)为

$$h_{动} = \frac{1}{2}\rho v^2 \tag{2-9}$$

(三)动压的特点

(1)只有做定向流动的空气才呈现出动压。

(2)动压具有方向性,仅对与风流方向垂直或斜交的平面施加压力。垂直流动方向的

平面承受的动压最大，平行流动方向的平面承受的动压为0。

(3)在同一流动断面上，因各点风速不等，其动压各不相同。

(4)动压无绝对压力与相对压力之分，总是大于0。

三、位能—位压

(一)位能与位压的概念

单位体积空气在地球引力作用下，由于位置高度不同而具有的能量叫作位能，用$E_{位}$(J/m^3)表示。位能所呈现的压力叫作位压，用$P_{位}$(Pa)表示。需要说明的是，位能和位压的大小，是相对于某一个参照基准面而言的，是相对于这个基准面所具有的能量或呈现的压力。

(二)位压的计算式

从地面上把质量为m(kg)的物体提高Z(m)，就要对物体克服重力做功mgZ(J)，物体因此获得了相同数量的位能，即

$$E_{位} = mgZ \tag{2-10}$$

在地球重力场中，物体离地心越远，即Z值越大，其位能越大。

如图2-2所示的立井井筒中，如果求1—1断面相对于2—2断面的位压(或1—1断面与2—2断面的位压差)，可取较低的2—2断面作为基准面(2—2断面的位压为0)，按式(2-11)计算：

$$P_{位12} = \frac{mgZ_{12}}{V} = \rho_{12} g Z_{12} \tag{2-11}$$

式中 $P_{位12}$——1—1断面相对于2—2断面的位压，Pa；

ρ_{12}——1—1、2—2断面之间空气柱的平均密度，kg/m^3；

Z_{12}——1—1、2—2断面之间的垂直高差，m。

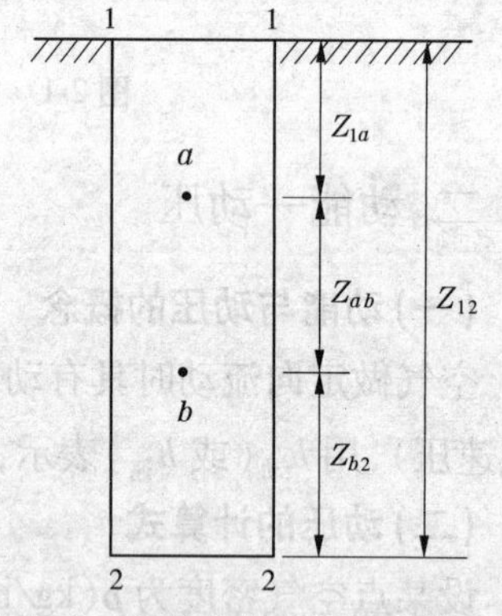

图2-2 立井井筒中位压计算图

矿井通风系统中，由于空气密度与标高的关系比较复杂，往往不是线性关系，空气柱的平均密度ρ_{12}很难确定，在实际测定时，应在1—1断面和2—2断面之间布置多个测点(图2-2中布置了a、b两个测点)，分别测出各点和各段的平均密度(垂距较小时，可取算术平均值)，再由式(2-12)计算1—1断面相对于2—2断面的位压。

$$\begin{aligned} P_{位12} &= \rho_{1a} g Z_{1a} + \rho_{ab} g Z_{ab} + \rho_{b2} g Z_{b2} \\ &= \sum \rho_{ij} g Z_{ij} \quad (i,j = 1,2,3,\cdots,n) \end{aligned} \tag{2-12}$$

测点布置的越多，测段垂距越小，计算的位压越精确。

(三)位压的特点

(1)位压只相对于基准面存在，是该断面相对于基准面的位压差。基准面的选取是任意的，因此位压可为正值，也可为负值。为了便于计算，一般将基准面设在所研究系统风流的最低水平。

(2)位压是一种潜在的压力,不能在该断面上呈现出来。在静止的空气中,上断面相对于下断面的位压,就是下断面比上断面静压的增加值,可通过测定静压差来得知。在流动的空气中,只能通过测定高差和空气柱的平均密度,用式(2-12)计算。

(3)位压和静压可以相互转化。当空气从高处流向低处时,位压转换为静压;当空气由低处流向高处时,部分静压将转化成位压。

(4)不论空气是否流动,上断面相对于下断面的位压总是存在的。

四、全压、势压和总压力

矿井通风中,为了研究方便,常把风流中某点的静压与动压之和称为全压;将某点的静压与位压之和称为势压;把井巷风流中任一断面(点)的静压、动压、位压之和称为该断面(点)的总压力。

井巷风流中两断面上存在的能量差即总压力差是风流之所以能够流动的根本原因,空气的流动方向总是从总压力大处流向总压力小处,而不是取决于单一的静压、动压或位压的大小。

任务三　空气压力的测量与计算

一、测压仪器

在矿井通风测量仪器中,测定空气压力的便携式仪器有三类:一是测量绝对压力的气压计;二是测量相对压力的压差计和皮托管;三是可同时测定绝对压力、相对压力的精密气压计或矿井通风综合参数检测仪等。

(一)绝对压力测量仪器

绝对压力测量仪器最常用的是空盒气压计,其内部构造如图2-3所示。

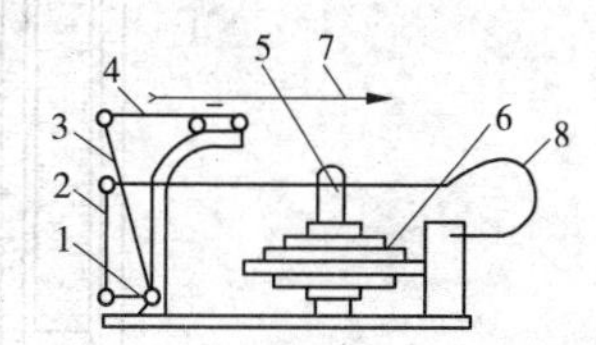

1、2、3、4—传动机构;5—拉杆;
6—波纹真空膜盒;7—指针;8—弹簧

图2-3　空盒气压计内部结构图

空盒气压计的感压元件是外表呈波纹形、内为真空的金属膜盒。当压力增大或减小时,膜盒面相应地凹下、凸出,通过传动机构将这种微小位移放大后,驱动指针指示出当时测点的绝对压力值。

测压时,将仪器水平放置在测点处,轻轻敲击仪器外壳,以消除传动机构的摩擦误差,放置3~5 min待指针变化稳定后读数。读数时,视线与刻度盘平面要保持垂直。同时,还要根据每台仪器出厂时提供的校正表(或曲线),对读数进行刻度、温度及补偿校正。

常用的DYM3型空盒气压计的测压范围为80 000~108 000 Pa,最小分度为10 Pa,经过校正后的测量误差不大于200 Pa。因精度较低,一般只适用于粗略测量和空气密度测算。

(二)相对压力测量仪器

测量井巷中(或管道内)某点的相对压力或两点的压力差时,一般需要用皮托管配合压差计来进行。压差计有U形压差计、单管倾斜压差计及补偿式微压计等。

1. 皮托管

皮托管是承受和传递压力的工具。它由两个同心圆管相套组成,其结构如图 2-4 所示。内管前端有中心孔,与标有“ + ”号的接头相通;外管前端侧壁上分布有一组小孔,与标有“ - ”号的接头相通,内外管互不相通。

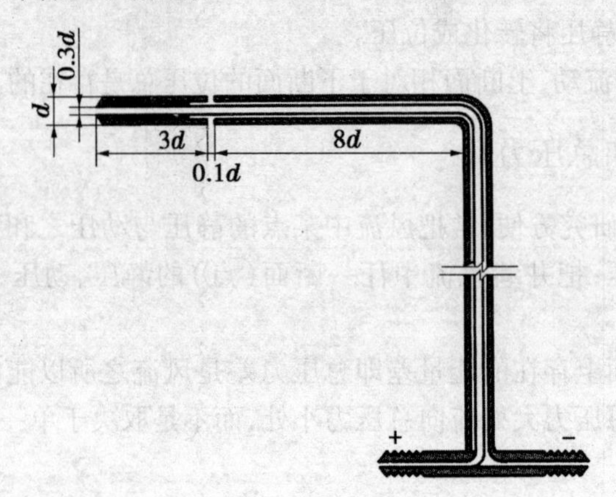

图 2-4　皮托管

使用时,将皮托管的前端中心孔正对风流,此时,中心孔接受的是风流的静压和动压(全压),侧孔接受的是风流的静压。通过皮托管的“ + ”接头和“ - ”接头,分别将全压和静压传递到压差计上。

2. U 形压差计

U 形压差计有 U 形垂直压差计和 U 形倾斜压差计两种,构造如图 2-5 所示。

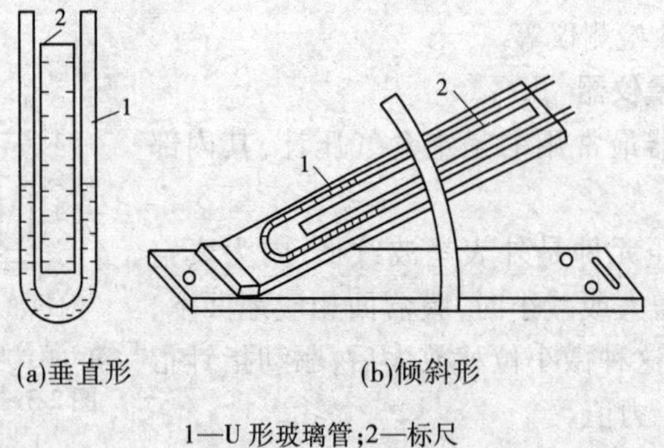

(a)垂直形　　(b)倾斜形

1—U 形玻璃管;2—标尺

图 2-5　U 形压差计

U 形垂直压差计由垂直放置的 U 形玻璃管和标尺组成,U 形玻璃管中装入酒精(或蒸馏水),当玻璃管两端分别接入不等的空气压力时,通过两端液面的高差,在标尺上读出两点之间的空气压力差。

U 形垂直压差计精度低,但量程大,适用于精度要求不高、压差较大的地方,如矿井主要通风机房内测量风硐内外的压差。为了减小读数误差,可使用 U 形倾斜压差计,根据其测得的读数,按式(2-13)计算压差:

$$h = \rho g L \sin\alpha \tag{2-13}$$

式中　h——两液面的垂直高差,即压差,Pa;

ρ——玻璃管内液体的密度，kg/m^3；

L——两端液面倾斜长度差，mm；

α——U 形管倾斜的角度(可调整)，对于 U 形垂直压差计，$\alpha = 90°$。

3. 单管倾斜压差计

单管倾斜压差计的外部结构如图 2-6 所示。它由一个大断面的容器 10(面积为 F_1)和一个小断面的倾斜测压管 8(面积为 F_2)及标尺等组成。大容器 10 和倾斜测压管 8 互相连通，并在其中装有用工业酒精和蒸馏水配成的密度为 0.81 kg/m^3 的工作液。两断面之比(F_1/F_2)为 250～300。仪器固定在装有两个调平螺钉 9 和水准指示器 2 的底座 1 上，弧形支架 3 可以根据测量范围的不同将倾斜测压管固定在 5 个不同的位置上，刻在支架上的数字即为校正系数。大容器通过胶管与仪器的"＋"接头相连，倾斜测压管的上端通过胶皮管与仪器的"－"接头相连，当"＋"接头的压力高于"－"接头的压力时，虽然大容器内液面下降甚微，但测压管端的液面上升十分明显，可通过式(2-14)计算相对压力或压差 h(Pa)：

$$h = LKg \tag{2-14}$$

式中　L——倾斜测压管的读数，mm；

K——仪器的校正系数(又称常数因子)，测压时倾斜测压管在弧形支架上的相应数字。

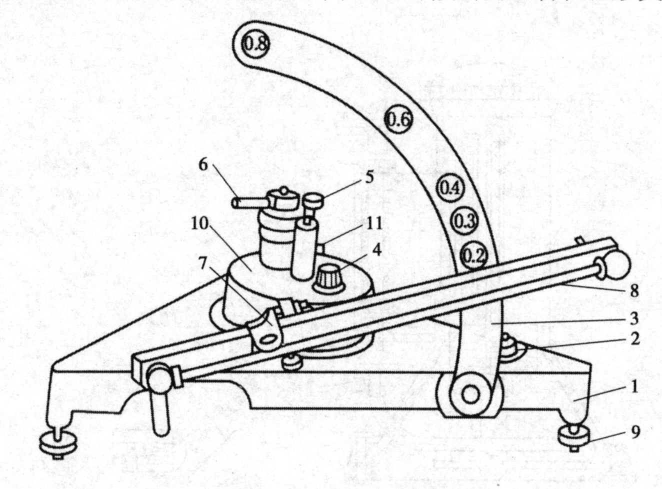

1—底座；2—水准指示器；3—弧形支架；4—加液盖；5—零位调整旋钮；
6—三通阀门柄；7—游标；8—倾斜测压管；9—调平螺钉；10—大容器；11—多向阀门

图 2-6　YYT－200 型单管倾斜压差计结构

仪器的操作和使用方法如下：

(1)注入工作液。将零位调整旋钮 5 调整到中间位置，测压管固定在弧形支架的适当位置，旋开加液盖 4，缓缓注入预先配置好的密度为 0.81 kg/m^3的工作液，直到液面位于倾斜测压管的 0 刻度线附近，然后旋紧加液盖，再用胶皮管将多向阀门 11 中间的接头与倾斜测压管的上端连通。将三通阀门柄 6 拨在仪器的"测压"位置，用嘴轻轻从"＋"端吹气，使酒精液面沿测压管缓慢上升，察看液柱内有无气泡，如有气泡，应反复吹吸多次，直至气泡消除。

(2)调零。首先调整仪器底座上的两个调平螺钉 9，观察水准指示器内的气泡是否居中，使仪器处于水平。顺时针转动三通阀门柄 6 到"校正"位置，使大容器和倾斜测压管分别与"＋"接头和"－"接头隔断，而与大气相通。旋动零位调整旋钮 5，使测压管的酒精液

面对准0刻度线。

(3)测定。根据待测压差的大小,将倾斜测压管固定在弧形支架相应的位置上,用胶皮管将较大的压力接到仪器的"+"接头,较小的压力接到仪器的"-"接头。逆时针转动三通阀门柄6到"测压"位置,读取测压管上酒精液面的读数和弧形支架的K值,用式(2-14)计算压差值或相对压力。

常用的YYB-200型单管倾斜压差计最大测量值为2 000 Pa,最小分刻度为2 Pa,误差不超过最大读数的1.0%。单管倾斜压差计是通风测量中应用最广的一种压差计。

4. 补偿式微压计

补偿式微压计可以进行精确的压差测量,其主要构造和原理如图2-7所示。它有大小两个充水容器2和1,下部用胶皮管9连通。大容器与仪器的"-"接头相连,小容器与仪器的"+"接头相连。转动读数盘3,大容器可随之上下移动。当"+""-"接头的压力相同时,两容器液面处于同一平面上,通过装在小容器上的反射镜6可以看到水准器7的尖端同它自己的像正好相接(见图2-7(b))。当"+"接头压力大于"-"接头压力时,小容器液面下降,反射镜6内的尖端和影像互相接触重叠,通过转动读数盘3,使两液面再次恢复到同一水平面上,由大容器的垂直移动距离(从标尺11和读数盘3上读出)来确定大小容器所受到的压力差。

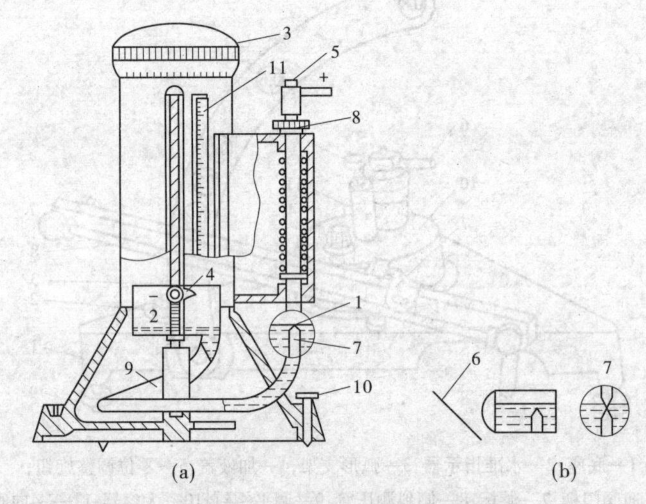

1—小容器;2—大容器;3—读数盘;4—位移指针;5—螺盖;6—反射镜;
7—水准器;8—调节螺母;9—胶皮管;10—调平螺钉;11—标尺

图2-7 DJM9型补偿式微压计

仪器的操作和使用方法如下:

(1)注入蒸馏水并调零。转动读数盘3,使读数盘及位移指针4均处于0点。打开螺盖5,注入蒸馏水,直到从反射镜中观察到水准器7的正、倒影像近似接触。盖紧螺盖,缓慢转动读数盘使大容器2上下移动数次,以排除胶皮管9内的气泡。用调平螺钉10将仪器调平,慢慢转动调节螺母8使小容器微微移动,水准器中的正、倒影尖恰好相接触。若两个影尖重叠,表明水量不足,应再加水;若两个影尖分离,表明水量过多,应排出部分水量。

(2)测定。仪器调平、调零后,将被测压力较大的胶皮管接到仪器的"+"接头,压力较小的胶皮管接到仪器的"-"接头上。小容器1中的液面下降,从反射镜6中可观察到水准器的正、倒影像消失或重叠，顺时针缓慢转动读数盘 3，直到两个影像尖端再次恰好相接。位移指针 4 所指示的标尺整数与读数盘所指的小数之和，即为所测压力差值。

常用的补偿式微压计有 DJM9 型、YJB－150/250－1 型、BWY－150/250 型等。其中，DJM9 型的测量范围为 0～1 500 Pa，最小分度值为 0.1 Pa。这类仪器的精度高，可用于微小压差测量，但受压力波动影响大，水准针尖不易调准，多用于实验室内。

（三）矿井通风综合参数检测仪

我国生产的 JFY 型矿井通风综合参数检测仪，是一种能同时测量空气的绝对压力、相对压力、风速、温度、湿度和时间的精密便携式本质安全型仪器，适用于煤矿井下使用。其主要技术参数如表 2-2 所示。

表 2-2　JFY 型矿井通风综合参数检测仪主要技术参数

技术参数	测量范围	测量分辨率	测量精度
绝对压力（Pa）	80 000～120 000	10	±100
压差（Pa）	2 923	0.98	9.8
温度（℃）	－30～＋40	0.1	±0.5
相对湿度（%）	50～99	1.0	±4.0
风速（m/s）	0.6～15	0.1	（0.6～4）±（0.2＋2% 风速值） （4～15）±（0.5＋2% 风速值）
时间	月、日、时、分、秒		

该仪器由压力传感器、风速传感器、温度传感器、湿度传感器以及智能微机组成。其中的压力传感器采用高精度振动筒压力传感器，其结构如图 2-8 所示，主要由保护筒、激振元件、振动弹性体、温度传感器、真空腔和拾振元件等组成。振动弹性体 3 为一个薄壁圆筒（壁厚 0.08 mm），是感受压力的敏感元件，与保护筒 1 焊接在一起，共同构成真空腔，此腔是测压基准参考腔。激振元件 2、拾振元件 6 与放大器构成测压振荡器，在常压下产生一个固有的振动频率 f，当压力 P 变化时，振荡器的固有频率也发生变化，即压力 P 与频率 f 一一对应，并且单值连续。通过测量频率 f（或周期 T）即可测出外界的绝对压力 P。

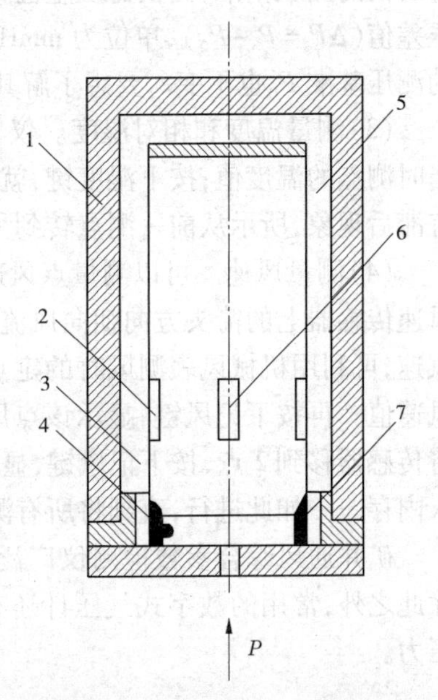

1—保护筒；2—激振元件；3—振动弹性体；
4—温度传感器；5—真空腔；6—拾振元件；
7—底座支架

图 2-8　振动筒压力传感器

仪器的操作方法参见仪器面板（见图 2-9）。测量前，先将电源开关打到“通”的位置，电源电压指示灯亮，若指示灯发暗，说明电源电压不足，应先充电。

（1）测量绝对压力。仪器通电后，整机进入自检状态，显示传感器的周期数，按总清键，则显示测点的绝对压力，单位为 hPa。

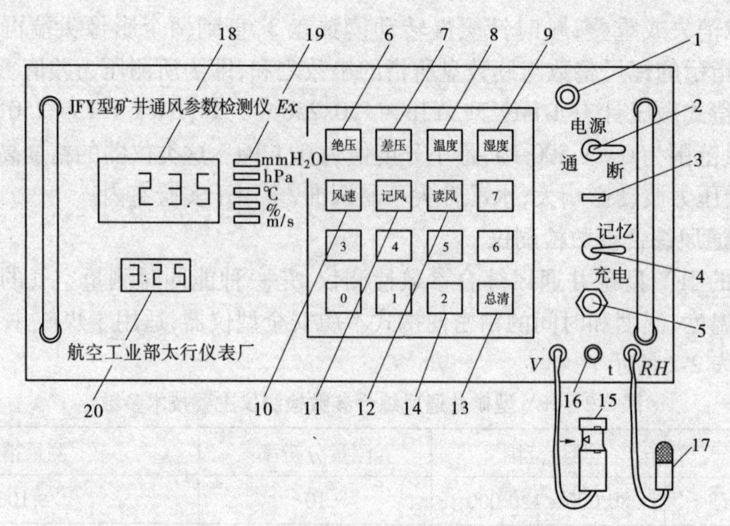

1—气孔;2—电源开关;3—电源电压指示灯;4—压力记忆开关;5—充电插座;
6—绝对压力键;7—差压键;8—温度键;9—相对湿度键;10—风速键;11—记风速键;
12—读平均风速键;13—总清键;14—备用键;15—风速传感器;16—温度传感器;
17—湿度传感器;18—液晶显示;19—单位显示;20—电子表

图 2-9　JFY 型矿井通风参数检测仪面板

(2)测量相对压力。仪器通电后,只要按下差压键,并将记忆开关拨向“记忆”位置,则进入相对压力测定状态,此时,仪器将按键时测点的绝对压力值 P_0 记入内存中,并将此值作为后面的测压基准,当仪器发生位移或测点的绝对压力变化后,面板上液晶窗口显示的总是压差值($\Delta P = P - P_0$),单位为 mmH_2O。只要不断电和记忆开关处于“记忆”位置不变,后面的测压基准 P_0 也不变。要想了解其他参数值,只需按下相应的键即可。

(3)测量温度和相对湿度。仪器通电后,不论处于何种状态,只要按下温度键,就显示当时测点的温度值;按下湿度键,就显示当时测点的相对湿度值。因为温度和湿度传感器都有滞后现象,所示从前一测点转到另一测点时,应等待 2 ~5 min 后再读数。

(4)测量风速。可以测量点风速,也可以测量断面的平均风速。测量点风速时,只要把风速传感器上的箭头方向朝向风流,按下风速键读数即可,单位为 m/s。要测量断面的平均风速,可利用机械风表测风时的定点法(见图 1-10),先测 1 点风速,按下风速键,显示 1 点风速值。再按下记风键,显示该点风速后,又显示一下“1”,表示 1 点的风速已存入内存中;将传感器移到 2 点,按下记风键,显示 2 点的风速值后又显示一下“2”,表示 2 点的风速已存入内存……如此进行,直到将所有测点测完,最后按读风键,读出该巷道断面的平均风速值。

矿井通风综合参数检测仪广泛应用于矿井通风阻力测定、通风压能图测定等工作中。除此之外,常用的数字式气压计还有 BJ－1 型、WFQ－2 型等,既能测绝对压力又可测相对压力。

二、风流点压力的测量及压力关系

(一)风流点压力

井巷风流断面上任一点的压力称为风流点压力。相对于某基准面来说,点压力也有静压、动压和位压;就其形成的特征来说,点压力可分为静压、动压和全压;根据压力的两种测

算基准,静压又分为绝对静压($P_{静}$)和相对静压($h_{静}$);全压也分为绝对全压($P_{全}$)和相对全压($h_{全}$);动压永远为正值,无绝对、相对压力之分,用$h_{动}$表示。

需要说明的是,同一巷道或通风管道断面上,各点的点压力是不等的。在水平面上,各点的静压、位压都相同,动压则是中心处最大;在垂直面上,从上到下,静压逐渐增大,位压逐渐减小,动压也是中心处最大。因此,从断面上的总压力来看,一般中心处的点压力最大,周壁的点压力最小。

(二)绝对压力的测量及其相互关系

1. 绝对静压$P_{静}$的测定

井巷风流中某点的绝对静压一般用空盒气压计、精密气压计或矿井通风综合参数测定仪测定。

2. 动压$h_{动}$的测定

动压$h_{动}$的测定有两种方法:

(1)在通风井巷中,一般用风表测出该点的风速,利用式(2-9)计算动压。

(2)在通风管道中,可利用皮托管和压差计直接测出该点的动压,如图2-10所示。

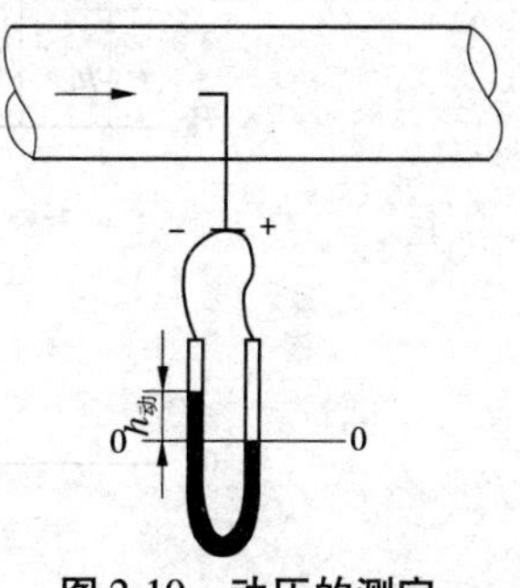

图2-10　动压的测定

3. 绝对全压的测定

测出某点的绝对静压$P_{静}$和动压$h_{动}$之后,用式(2-15)计算该点的绝对全压$P_{全}$:

$$P_{全} = P_{静} + h_{动} \tag{2-15}$$

式(2-15)也是绝对压力之间的关系式。即不论抽出式通风还是压入式通风,某一点的绝对全压等于绝对静压与动压的代数和。因动压为正值,所以绝对全压大于绝对静压。

(三)相对压力的测量及其相互关系

风流中某点的相对压力常用皮托管和压差计测定,其布置方法如图2-11(a)所示。左图为压入式通风,右图为抽出式通风。

1. 压入式通风中相对压力的测量及相互关系

如图2-11(a)左图所示,皮托管的"+"接头传递的是风流的绝对全压$P_{全}$,"-"接头传递的是风流的绝对静压$P_{静}$,风筒外的压力是大气压力P_0。在压入式通风中,因为风流的绝对压力都高于同标高的大气压力,所以$P_{全}>P_0$、$P_{静}>P_0$,$P_{全}>P_{静}$。由图2-11中压差计1、2、3的液面可以看出,绝对压力高的一侧液面下降,绝对压力低的一侧液面上升。

压差计1测得的是风流中的相对静压:

$$h_{静}=P_{静}-P_0$$

压差计3测得的是风流中的相对全压:

$$h_{全}=P_{全}-P_0$$

压差计2测得的是风流中的动压:

$$h_{动}=P_{全}-P_{静}$$

整理得:

$$h_{全}=P_{全}-P_0=(P_{静}+h_{动})-P_0=(P_{静}-P_0)+h_{动}=h_{静}+h_{动} \tag{2-16}$$

式(2-16)说明:就相对压力而言,压入式通风风流中某点的相对全压等于相对静压与动

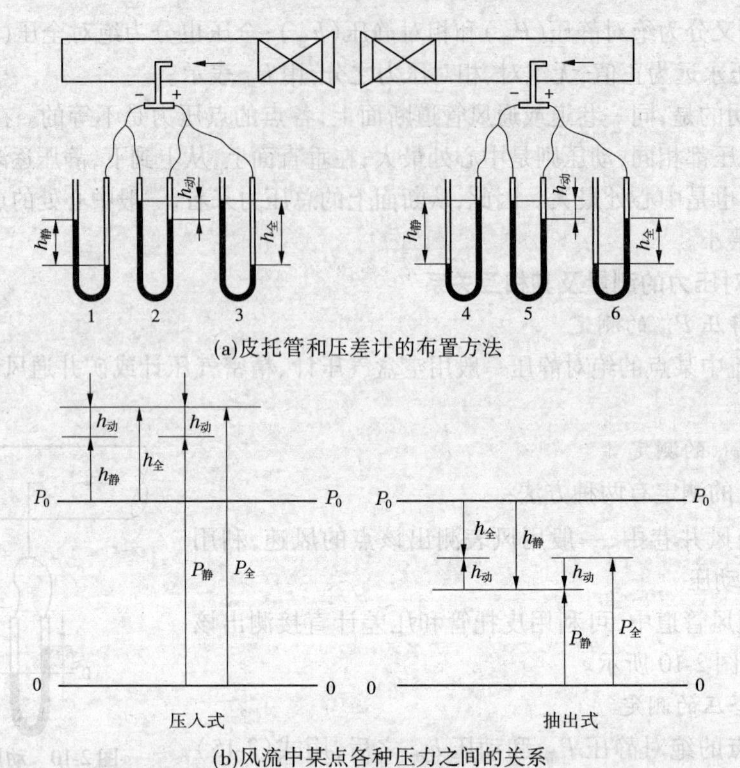

(a)皮托管和压差计的布置方法

(b)风流中某点各种压力之间的关系

图 2-11　不同通风方式下风流中某点压力测量和压力之间的相互关系

压的代数和。

2. 抽出式通风中相对压力的测量及相互关系

如图 2-11(a)右图所示。压差计 4、5、6 分别测定风流的相对静压、动压、相对全压。在抽出式通风中,因为风流的绝对压力都低于同标高的大气压力,所以 $P_{全} < P_0$、$P_{静} < P_0$,$P_{全} > P_{静}$。由图 2-11 中压差计 4、6 的液面可以看出,与大气压力 P_0 相通的一侧水柱下降,另一侧水柱上升,压差计 5 中的液面变化与抽出式的相同。由此可知,测点风流的相对压力为

$$h_{静} = P_0 - P_{静} \quad 或 \quad -h_{静} = P_{静} - P_0$$

$$h_{全} = P_0 - P_{全} \quad 或 \quad -h_{全} = P_{全} - P_0$$

$$h_{动} = P_{全} - P_{静}$$

整理得:

$$h_{全} = P_0 - P_{全} = P_0 - (P_{静} + h_{动}) = (P_0 - P_{静}) - h_{动} = h_{静} - h_{动} \tag{2-17}$$

式(2-17)说明:就相对压力而言,抽出式通风风流中某点的相对全压等于相对静压减去动压。

需要强调的是,式(2-17)中的 $h_{全}$ 和 $h_{静}$ 分别是绝对全压和绝对静压比同标高大气压力的降低值,而式(2-16)中的 $h_{全}$ 和 $h_{静}$ 则分别是绝对全压和绝对静压比同标高大气压力的增加值。公式中采用的都是其绝对值。

图 2-11(b)清楚地表示出不同通风方式下,风流中某点各种压力之间的关系。

【例 2-1】　在图 2-11(a)所示的压入式通风风筒中,测得风流中某点的相对静压 $h_{静}$ = 1 200 Pa,动压 $h_{动}$ =100 Pa,风筒外与该点同标高的大气压力 P_0 =98 000 Pa,求该点的 $P_{静}$、

$h_{全}$、$P_{全}$分别是多少？

解　(1)$P_{静}=P_0+h_{静}=98\ 000+1\ 200=99\ 200(\text{Pa})$。

(2)$h_{全}=h_{静}+h_{动}=1\ 200+100=1\ 300(\text{Pa})$。

(3)$P_{全}=P_0+h_{全}=98\ 000+1\ 300=99\ 300(\text{Pa})$

或 $P_{全}=P_{静}+h_{动}=99\ 200+100=99\ 300(\text{Pa})$。

【例 2-2】　在图 2-11(a)所示的抽出式通风风筒中，测得风流中某点的相对静压 $h_{静}=1\ 200$ Pa，动压 $h_{动}=100$ Pa，风筒外与该点同标高的大气压力 $P_0=98\ 000$ Pa，求该点的 $P_{静}$、$h_{全}$、$P_{全}$分别是多少？

解　(1)$P_{静}=P_0-h_{静}=98\ 000-1\ 200=96\ 800(\text{Pa})$。

(2)$h_{全}=h_{静}-h_{动}=1\ 200-100=1\ 100(\text{Pa})$。

(3)$P_{全}=P_0-h_{全}=98\ 000-1\ 100=96\ 900(\text{Pa})$

或 $P_{全}=P_{静}+h_{动}=96\ 800+100=96\ 900(\text{Pa})$。

任务四　能量方程在矿井通风中的应用

一、空气流动连续性方程

根据质量守恒定律，对于流动参数不随时间变化的稳定流，流入某空间的流体质量必然等于流出其空间的流体质量。矿井通风中，空气在井巷中的流动可以看作是稳定流，同样满足质量守恒定律。

如图 2-12 所示，风流从 1—1 断面流向 2—2 断面，在流动过程中既无漏风又无补给，则流入 1—1 断面的空气质量 M_1(kg/s)与流出 2—2 断面的空气质量 M_2(kg/s)相等，即

$$M_1 = M_2$$

或

$$\rho_1 v_1 S_1 = \rho_2 v_2 S_2 \tag{2-18}$$

式中　ρ_1、ρ_2——1—1、2—2 断面上空气的平均密度，kg/m³；

v_1、v_2——1—1、2—2 断面上空气的平均流速，m/s；

S_1、S_2——1—1、2—2 断面的面积，m²。

式(2-18)为空气流动的连续性方程，适用于可压缩流体和不可压缩流体。

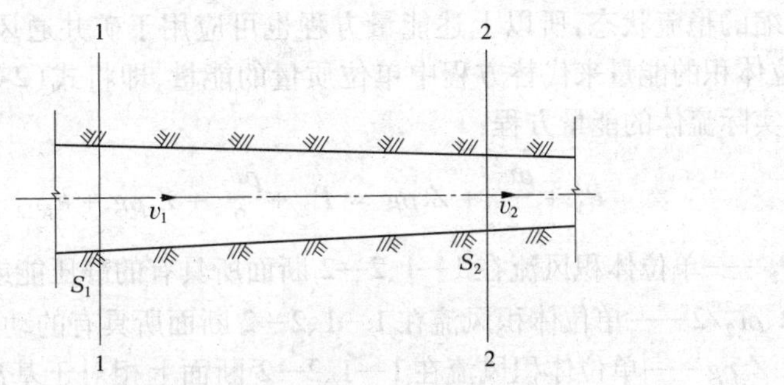

图 2-12　风流在巷道中稳定流动

对于不可压缩流体，即 $\rho_1=\rho_2$，则有

$$v_1 S_1 = v_2 S_2$$

即
$$\frac{v_1}{v_2}=\frac{S_2}{S_1} \tag{2-19}$$

式(2-19)说明,在流量一定的条件下,井巷断面上风流的平均流速与过流断面的面积成反比,断面面积越大流速越小,断面面积越小流速越大。考虑到矿井风流可近似地认为是不可压缩流体,应用空气流动的连续性方程,可以方便地解决风速、风量测算和风量平衡问题。

【例 2-3】 风流在如图 2-12 所示的巷道中流动,已知 $\rho_1=\rho_2=1.12\ kg/m^3$,$S_1=8\ m^2$,$S_2=6\ m^2$,$v_1=4\ m/s$。求 1—1、2—2 两断面上通过的质量流量 M_1、M_2,体积流量(风量)Q_1、Q_2,以及 2—2 断面的平均风速 v_2。

解 (1)$M_1=M_2=\rho_1 v_1 S_1=1.12\times4\times8=35.84$(kg/s)。

(2)$Q_1=Q_2=v_1 S_1=4\times8=32$($m^3/s$)。

(3)$v_2=Q_2/S_2=32/6=5.33$(m/s)。

二、矿井通风中应用的能量方程

能量方程是用能量守恒定律描述风流沿程流动的能量转换和守恒规律的数学表达式。矿井通风中应用的能量方程则表达了空气的静压能、动能和位能在井巷流动过程中的变化规律,是能量守恒和转化定律在矿井通风中的应用。

根据机械能守恒定律,单位质量不可压缩的实际流体从 1—1 断面流向 2—2 断面的能量方程为
$$\frac{P_1}{\rho}+\frac{v_1^2}{2}+Z_1 g=\frac{P_2}{\rho}+\frac{v_2^2}{2}+Z_2 g+H_{损} \tag{2-20}$$

式中 P_1/ρ、P_2/ρ——单位质量流体在 1—1、2—2 断面所具有的静压能,J/kg;

$v_1^2/2$、$v_2^2/2$——单位质量流体在 1—1、2—2 断面所具有的动能,J/kg;

$Z_1 g$、$Z_2 g$——单位质量流体在 1—1、2—2 断面上相对于基准面所具有的位能,J/kg;

$H_{损}$——单位质量流体流经 1—1、2—2 断面之间克服阻力所损失的能量,J/kg。

式(2-20)表明,单位质量的实际流体从 1—1 断面流到 2—2 断面时,1—1 断面所具有的总机械能(静压能、动能与位能之和)等于 2—2 断面所具有的总机械能与流体克服 1—1、2—2 断面之间的阻力所损失的那部分能量之和。

对于矿井通风中的风流,尽管空气的密度有变化,但变化范围一般不超过 6% ~8%,因此它的比容变化也不大。除特殊情况(如矿井深度超过 1 000 m)外,一般认为矿井风流近似于不可压缩的稳流状态,所以上述能量方程也可应用于矿井通风中。具体应用时,按习惯,常用单位体积的能量来代替方程中单位质量的能量,即将式(2-20)中的各项乘以 ρ,得到单位体积实际流体的能量方程:
$$P_1+\frac{\rho v_1^2}{2}+Z_1\rho g=P_2+\frac{\rho v_2^2}{2}+Z_2\rho g+h_{阻12} \tag{2-21}$$

式中 P_1、P_2——单位体积风流在 1—1、2—2 断面所具有的静压能或绝对静压,J/m^3 或 Pa;

$\rho v_1^2/2$、$\rho v_2^2/2$——单位体积风流在 1—1、2—2 断面所具有的动能或动压,J/m^3 或 Pa;

$Z_1\rho g$、$Z_2\rho g$——单位体积风流在 1—1、2—2 断面上相对于基准面所具有的位能或位压,J/m^3 或 Pa;

$h_{阻12}$——单位体积风流克服 1—1、2—2 断面之间的阻力所消耗的能量或压力,J/kg 或 Pa。

考虑到井下空气密度毕竟有一定的变化，为了能正确地反映能量守恒定律，用风流在1—1、2—2断面的空气密度 ρ_1、ρ_2 代替式(2-21)动能中的 ρ，用1—1、2—2断面与基准面之间的平均空气密度 ρ_1、ρ_2 代替式(2-21)位能中的 ρ，得

$$P_1 + \frac{\rho_1 v_1^2}{2} + Z_1\rho_1 g = P_2 + \frac{\rho_2 v_2^2}{2} + Z_2\rho_2 g + h_{阻12} \tag{2-22}$$

或

$$h_{阻12} = (P_1 + \frac{\rho_1 v_1^2}{2} + Z_1\rho_1 g) - (P_2 + \frac{\rho_2 v_2^2}{2} + Z_2\rho_2 g) \tag{2-23}$$

或

$$h_{阻12} = (P_1 - P_2) + (\frac{\rho_1 v_1^2}{2} - \frac{\rho_2 v_2^2}{2}) + (Z_1\rho_1 g - Z_2\rho_2 g) \tag{2-24}$$

式(2-23)、式(2-24)就是矿井通风中常用的能量方程。从能量观点来说，它表示单位体积风流流经井巷时的能量损失等于1—1断面上的总机械能(静压能、动能和位能)与2—2断面上的总机械能之差。从压力角度说，它表示风流流经井巷的通风阻力等于风流在1—1断面上的总压力与2—2断面上的总压力之差。

利用公式计算时，应特别注意动压中 ρ_1、ρ_2 与位压中 ρ_1、ρ_2 的选取方法。动压中的 ρ_1、ρ_2 分别取1—1、2—2断面风流的空气密度，位压中的 ρ_1、ρ_2 视基准面的选取情况按下述方法计算：

(1)当1—1、2—2断面位于矿井最低水平的同一侧时，如图2-13(a)所示，可将位压的基准面选在较低的2—2断面，此时，2—2断面的位压为0($Z_2=0$)，1—1断面相对于基准面的高差为 Z_{12}，空气密度取其平均密度 ρ_{12}。如精度不高，可取 $\rho_{12}=(\rho_1+\rho_2)/2$($\rho_1$、$\rho_2$ 为1—1、2—2两断面风流的空气密度)。

(2)当1—1、2—2断面分别位于矿井最低水平的两侧时，如图2-13(b)所示，应将位压的基准面(0—0)选在最低水平，此时，1—1、2—2断面相对于基准面的高差分别为 Z_{10}、Z_{20}，空气密度则分别为两侧断面距基准面的平均密度 ρ_{10} 与 ρ_{20}，当高差不大或精度不高时，可取 $\rho_{10}=(\rho_1+\rho_0)/2$，$\rho_{20}=(\rho_2+\rho_0)/2$。

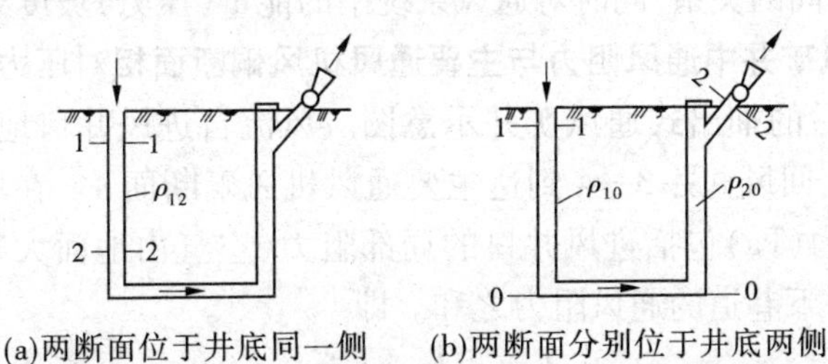

(a)两断面位于井底同一侧　(b)两断面分别位于井底两侧

图2-13　能量方程中位压基准面的确定及 ρ 的取法

【例2-4】 某倾斜巷道如图2-14所示，测得1—1、2—2两断面的绝对静压分别为98 200 Pa和97 700 Pa；平均风速分别为4 m/s和3 m/s；空气密度分别为1.14 kg/m³和1.12 kg/m³；两断面的标高差为50 m。求1—1、2—2两断面间的通风阻力并判断风流方向。

解 取标高较低的1—1断面为位压基准面，并假设风流方向为1→2，根据能量方程：

$$h_{阻12} = (P_1 - P_2) + (\frac{\rho_1 v_1^2}{2} - \frac{\rho_2 v_2^2}{2}) + (Z_1\rho_1 g - Z_2\rho_2 g)$$

$$= (98\,200 - 97\,700) + (1.14\times4^2/2 - 1.12\times3^2/2) + [0 - 50\times(1.14+1.12)/2\times9.8]$$

$$= -49.62(\text{Pa})$$

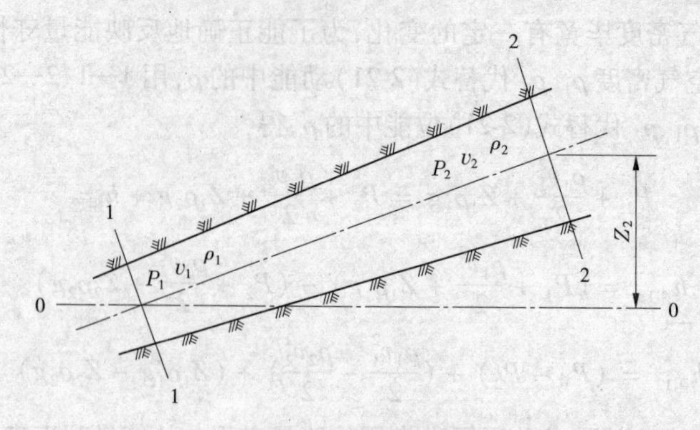

图 2-14　倾斜巷道

因为求得的通风阻力为负值，说明 1—1 断面的总压力小于 2—2 断面的总压力，原假设风流方向不正确，风流方向应为 2→1，通风阻力为 49.62 Pa。

能量方程是矿井通风中的基本定律，通过实例分析可以得出以下规律：

(1)不论在任何条件下，风流总是从总压力大的断面流向总压力小的断面；

(2)在水平巷道中，因为位压差等于 0，风流将由绝对全压大的断面流向绝对全压小的断面；

(3)在等断面的水平巷道中，因为位压差、动压差均等于 0，风流将从绝对静压大的断面流向绝对静压小的断面。

三、能量方程在矿井通风中的应用

能量方程是矿井通风的理论基础，应用极为广泛，特别是在有关通风机性能测定、矿井通风阻力测定和矿井通风技术管理、通风仪器仪表的设计等方面都与该理论密切相关。本任务结合通风工程中的实际应用，找出抽出式和压入式通风系统中通风阻力与主要通风机风硐断面相对压力之间的关系，同时对通风系统中的能量(压力)坡度线进行讨论。

(一)抽出式通风矿井中通风阻力与主要通风机风硐断面相对压力之间的关系

图 2-15 为简化后的抽出式通风矿井示意图。风流自进风井口地面进入井下，沿立井 1—2、井下巷道 2—3、回风立井 3—4 到达主要通风机风硐断面 4。在风流流动的整个线路中，所遇到的通风阻力(Pa)包括进风井口的局部阻力(空气由地面大气突然收缩到井筒断面的阻力)与井筒、井下巷道的通风阻力之和。即

$$h_{阻} = h_{局_1} + h_{阻14} \tag{2-25}$$

根据能量方程式，进风井口的局部阻力 $h_{局_1}$ 就是地面大气与进风井口断面 1 之间的总压力差(两个断面高差近似为 0，地面大气为静止状态)；井筒及巷道的通风阻力 $h_{阻14}$ 为进风井口断面 1 与主要通风机风硐断面 4 的总压力差。即

$$h_{局_1} = P_0 - (P_{静_1} + h_{动_1}) \tag{2-26}$$

$$h_{阻14} = (P_{静_1} + h_{动_1} + Z\rho_{12}g) - (P_{静_4} + h_{动_4} + Z\rho_{34}g) \tag{2-27}$$

将式(2-26)、式(2-27)代入式(2-25)并整理得

$$\begin{aligned} h_{阻} &= (P_0 - P_{静_4}) - h_{动_4} + (Z\rho_{12}g - Z\rho_{34}g) \\ &= h_{静_4} - h_{动_4} + (Z\rho_{12}g - Z\rho_{34}g) \end{aligned} \tag{2-28}$$

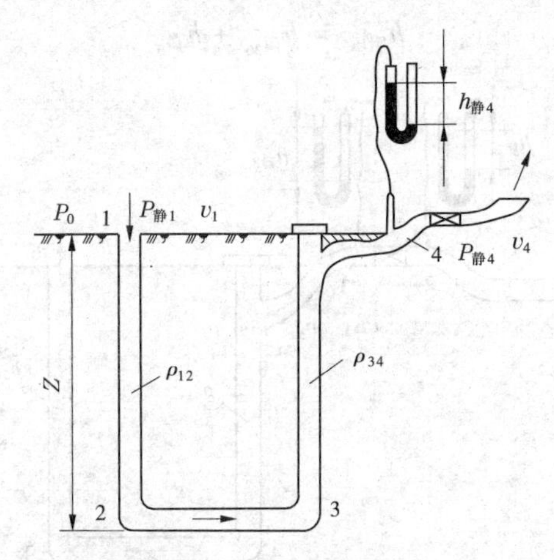

图 2-15 抽出式通风矿井

其中,$h_{静_4}$为断面4的相对静压;$h_{动_4}$为断面4的动压;$(Z\rho_{12}g - Z\rho_{34}g)$为矿井的自然风压,可用$H_自$表示,当$Z\rho_{12}g > Z\rho_{34}g$时,$H_自$为正值,说明它帮助主要通风机通风,当$Z\rho_{12}g < Z\rho_{34}g$时,$H_自$为负值,说明它阻碍主要通风机通风(矿井的自然风压详见本教材学习情境四)。因此,式(2-28)又可表示为

$$h_阻 = h_{静_4} - h_{动_4} \pm H_自 = h_{全_4} \pm H_自 \tag{2-29}$$

式(2-29)为抽出式通风矿井的通风总阻力测算式,反映了矿井的通风阻力与主要通风机风硐断面相对压力之间的关系。

矿井通风中,按《规程》要求,都要在主要通风机房内安装水柱计,此仪器就是显示风硐断面相对压力的垂直U形压差计,一般是静压水柱计。

【例2-5】 某矿井采用抽出式通风如图2-15所示,测得风硐断面的风量$Q=50\ m^3/s$,风硐净断面面积$S_4=5\ m^2$,空气密度$\rho_4=1.14\ kg/m^3$,风硐外与其同标高的大气压力$P_0=101\ 324.5\ Pa$,主要通风机房内静压水柱计的读数$h_{静_4}=2\ 240\ Pa$,矿井的自然风压$H_自=120\ Pa$,自然风压的方向帮助主要通风机工作。试求$P_{静_4}$、$h_{动_4}$、$P_{全_4}$、$h_{全_4}$和矿井的通风阻力$h_阻$各为多大?

解 $P_{静_4}=P_0-h_{静_4}=101\ 324.5-2\ 240=99\ 084.5(Pa)$

$h_{动_4}=\rho_4 v_4^2/2=\rho_4(Q/S)^2/2=1.14\times(50/5)^2/2=57(Pa)$

$P_{全_4}=P_{静_4}+h_{动_4}=99\ 084.5+57=99\ 141.5(Pa)$

$h_{全_4}=h_{静_4}-h_{动_4}=2\ 240-57=2\ 183(Pa)$

$h_阻=h_{静4}-h_{动_4}\pm H_自=2\ 240-57+120=2\ 303(Pa)$

(二)压入式通风矿井中通风阻力与主要通风机风硐断面相对压力之间的关系

图2-16为简化后的压入式通风矿井示意图。一般包括吸风段1→2和压风段3→6,实际上属于又抽又压的混合式通风,空气被进风井口附近的主要通风机吸入进入井下,自风硐3,沿进风井3—4、井下巷道4—5、回风井5—6排出地面。在风流流动的整个线路中,所遇到的通风阻力包括抽风段和压风段阻力之和。即

$$h_阻 = h_{阻抽} + h_{阻压} \tag{2-30}$$

其中,压风段的阻力包括井筒、井下巷道的阻力与出风井口的局部阻力(空气由井筒断面突然扩散到地面大气的阻力)之和。即

$$h_{阻压} = h_{阻36} + h_{局6} \tag{2-31}$$

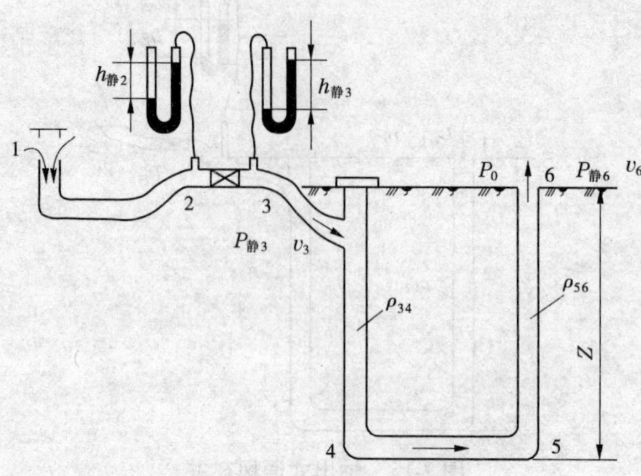

图 2-16　压入式通风矿井

根据能量方程式，$h_{阻36}$、$h_{局6}$ 可分别用式(2-32)、式(2-33)表示：

$$h_{阻36} = (P_{静_3} + h_{动_3} + Z\rho_{34}g) - (P_{静_6} + h_{动_6} + Z\rho_{56}g) \tag{2-32}$$

$$h_{局_6} = (P_{静_6} + h_{动_6}) - P_0 \tag{2-33}$$

将式(2-32)、式(2-33)代入式(2-31)并整理得

$$\begin{aligned} h_{阻压} &= (P_{静_3} - P_0) + h_{动_3} + (Z\rho_{34}g - Z\rho_{56}g) \\ &= h_{静_3} + h_{动_3} + (Z\rho_{34}g - Z\rho_{56}g) \end{aligned} \tag{2-34}$$

其中，$h_{静_3}$ 为风硐断面 3 的相对静压，$h_{动_3}$ 为风硐断面 3 的动压，$(Z\rho_{34}g - Z\rho_{56}g)$ 为矿井的自然风压 $H_自$，同样 $H_自$ 也有正有负，因此式(2-34)可表示为：

$$h_{阻压} = h_{静_3} + h_{动_3} \pm H_自 = h_{全_3} \pm H_自 \tag{2-35}$$

考虑到吸风段的通风阻力(因标高差很小，吸风段的位压差可忽略不计)，则

$$h_阻 = (h_{静_2} - h_{动_2}) + (h_{静_3} + h_{动_3} \pm H_自) = h_{全_2} + h_{全_3} \pm H_自 \tag{2-36}$$

式(2-36)为压入式通风矿井的通风总阻力测算式，也反映了压入式通风矿井通风阻力与主要通风机风硐断面相对压力之间的关系。

(三)通风系统中风流能量(压力)坡线图

通风系统中风流能量(压力)坡线图是对矿井通风能量方程的图形描述，可以清晰地表明矿井通风系统中各断面的静压、动压、位压和通风阻力之间的相互转化关系，从而加深对能量方程的理解，是矿井通风管理和均压防灭火工作的有力工具。

矿井通风系统中风流能量(压力)坡线图的绘制方法是：以矿井最低水平作为位压计算的基准面，在矿井通风系统中沿风流流程布置若干测点，测出各测点的绝对静压、风速、温度、相对湿度、标高等参数，计算出各点的动压、位压和总能量(总压力)；然后以能量(绝对压力)为纵坐标，风流流程为横坐标，分别描出各测点，将同名参数点用折线连接起来，即是所要绘制的通风系统中风流能量(压力)坡线图。具体包括三条坡度线：风流全能量(总压力)坡度线、风流全压坡度线及风流静压坡度线。

图 2-17 是对应图 2-15 抽出式通风矿井中的风流能量(压力)坡线图。从图 2-17 中可以看出：

(1)全能量(总压力)坡度线 a—b—c—d 沿程逐渐下降，矿井的通风总阻力就等于风硐

断面 4 上全能量(总压力)的下降值。任意两断面间的通风阻力等于这两个断面全能量(总压力)下降值的差;全能量(总压力)坡度线的坡度反映了流动路线上通风阻力的分布状况,坡度越大,说明单位长度上的通风阻力越大。

(2)绝对全压和绝对静压坡度线的变化与全能量(总压力)坡度线的变化不同。全能量坡度线全程逐渐下降,而绝对全压坡度线 $a_1—b_1—c_1—d_1$ 和绝对静压坡度线 $a_2—b_2—c_2—d_2$ 有上升也有下降。如进风井 1→2 段,风流由上向下流动,位压逐渐减小,静压逐渐增大,所以其绝对静压和绝对全压坡度线逐渐上升;在回风井 3→4 段,风流由下向上流动,位压逐渐增大,静压逐渐减小,所以其绝对静压和绝对全压坡度线逐渐下降。这也充分说明,风流在有高差变化的井巷中流动时,其静压和位压之间可以相互转化。

(3)矿井通风的总阻力包括进风井口的局部阻力与井巷通风阻力之和,即

$$h_{阻} = h_{局_1} + h_{阻_{12}} + h_{阻_{23}} + h_{阻_{34}} = h_{局_1} + h_{阻_{14}}$$

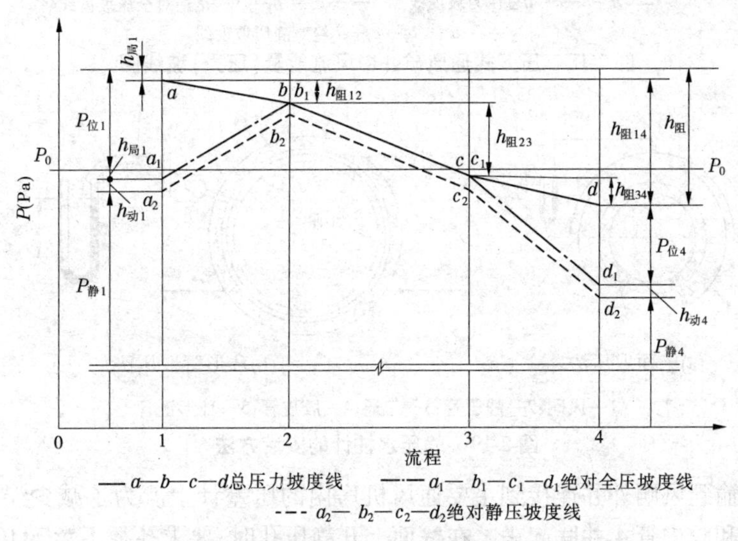

图 2-17 抽出式通风矿井中风流能量(压力)坡线图

同理可以绘制出图 2-16 所示的压入式通风矿井中风流能量(压力)坡线图,见图 2-18。其坡度变化基本同抽出式,不同的是井下各测点的绝对压力都高于同标高的大气压力,因此压力坡线都位于 $P_0—P_0$ 线的上方。此外,局部阻力则产生在回风井口 6。

(四)矿井主要通风机房内水柱计的安装和作用

通过矿井通风阻力与主要通风机风硐断面相对压力之间的关系式可以看出,无论是抽出式还是压入式矿井,矿井通风总阻力可以通过测定风硐断面的相对压力和自然风压值计算出来。实际上,矿井风硐断面的动压值不大,变化也较小;自然风压值随季节而变化,一般也不大。因此,只要用压差计测出风硐断面的相对静压值,就能近似了解到矿井通风总阻力的大小。此外,利用压差计的读数还能反映主要通风机工作风压的大小,其关系详见学习情境四。

测量风硐断面的相对压力时,压差计的安装按取压方法不同有两种,即壁面取压法和环形管取压法,如图 2-19 所示。

1. 壁面取压法

所谓壁面取压,就是在风硐的内壁上开静压孔,如图 2-19(a)所示,用静压管 2 和胶皮

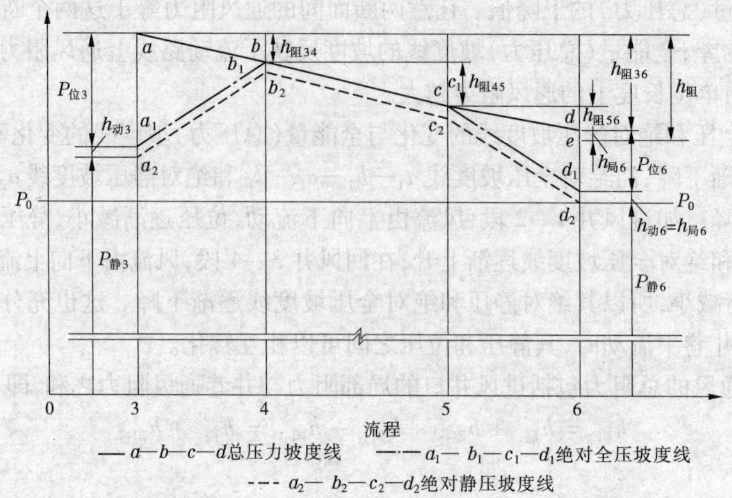

图 2-18 压入式通风矿井中风流能量(压力)坡线图

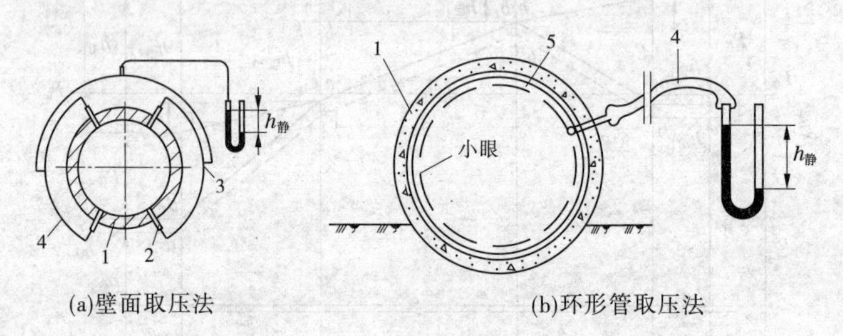

1—风硐;2—静压管;3—三通;4—胶皮管;5—环形铜管

图 2-19 静压水柱计的安装方法

管 4 把压力传输到风硐外并连接到主要通风机房内的压差计上。为了减少误差,一般把各测点用三通 3 和胶皮管 4 并联起来。在壁面上开静压孔时,要求孔径不大于 10 mm,孔口光滑无毛刺,附近无凹凸现象,孔的中心线与壁面垂直。

2. 环形管取压法

如图 2-19(b)所示,将一个外径为 4 ~6 mm 的铜管 5 做成环形,在管上等距离钻 8 个垂直于风流方向的小眼,眼径 1 ~2 mm,将环形铜管固定在风硐断面四周上,再用一根铜管与其相通并穿出硐壁,用胶皮管 4 连接到主要通风机房内的压差计上。

两种方法选择的取压断面都应靠近主要通风机入风口(抽出式通风时)的风流稳定处,测压仪器多采用 U 形水柱计。随着电子技术的发展和矿井安全监控系统的应用,不少矿井已经采用电子压差计测量或用负压传感器将数据传送到计算机上,自动监测风硐内的风流压力。

水柱计的两个液面一般是稳定的或有微小的波动。若水柱计液面高差突然增大,可能是主要通风巷道发生冒顶或其他堵塞事故,增大了通风阻力;如果液面高差突然变小,可能是控制通风系统的主要风门被打开,或发生了其他风流短路事故,通风阻力变小。此外,如果通风机的传动皮带打滑,使通风机的转速忽高忽低,电源不稳定时也会引起水柱计读数波动。只要测点位置选择合理,通过水柱计可以反映出矿井通风系统的正常状况。因此,在主要通风机房内设置压差计,是通风管理中不可缺少的监测手段。

复习思考题

2-1 什么是空气的密度?压力和温度相同时,为什么湿空气比干空气轻?

2-2 什么叫空气的压力?单位是什么?地面的大气压力与哪些因素有关?

2-3 什么叫空气的黏性?用什么参数表示黏性大小?黏性对空气流动起什么作用?

2-4 何谓空气的静压、动压、位压?各有何特点?

2-5 什么叫绝对压力、相对压力、正压通风及负压通风?

2-6 什么叫全压、势压和总压力?

2-7 在同一通风断面上,各点的静压、动压、位压是否相同?通常哪一点的总压力最大?

2-8 为什么在压入式通风中某点的相对全压大于相对静压,而在抽出式通风中某点的相对全压小于相对静压?

2-9 矿井通风中的能量方程是什么?从能量和压力角度看,分别代表什么含义?

2-10 为什么从单位质量不可压缩流体的能量方程可以推导出矿井通风中的能量方程?

2-11 为什么说在风流在有高差变化的井巷中流动时,其静压和位压之间可以相互转化?

2-12 能量方程中动压和位压项中空气密度是否一样?如何确定?

2-13 通风系统中风流压力坡线图有何作用?如何绘制?如何从图上了解某段通风阻力的大小?

2-14 在抽出式和压入式通风矿井中,主要通风机房内的U形水柱计读数与矿井通风总阻力各有何关系?

2-15 为什么说在主要通风机房内安装压差计是通风管理中不可缺少的监测手段?

习　题

2-1 井下某地点有两道单扇风门,测得每道风门内外压差为800 Pa,风门门扇的尺寸高为1.5 m,宽为0.8 m,门扇把手距门轴0.7 m,问至少用多大的力才能把门扇拉开?(548.6 N)

2-2 测得某回风巷的温度为20 ℃,相对湿度为90%,绝对静压为102 500 Pa,求该回风巷空气的密度和比容。(1.21 kg/m^3;0.83 m^3/kg)

2-3 用皮托管和压差计测得通风管道内某点的相对静压 $h_{静}=250$ Pa,相对全压 $h_{全}=200$ Pa。已知管道内的空气密度 $\rho=1.22$ kg/m^3,试判断管道内的通风方式并求出该点的风速。(抽出式;9.1 m/s)

2-4 在压入式通风管道中,测得某点的相对静压 $h_{静}=550$ Pa,动压 $h_{动}=100$ Pa,管道外同标高的绝对压力 $P_0=98\ 200$ Pa。求该点的相对全压和绝对全压。(650 Pa;98 850 Pa)

2-5 两个不同的管道通风系统如图2-20所示,试判断它们的通风方式,区别各压差计

的压力种类并填涂液面高差和读数。

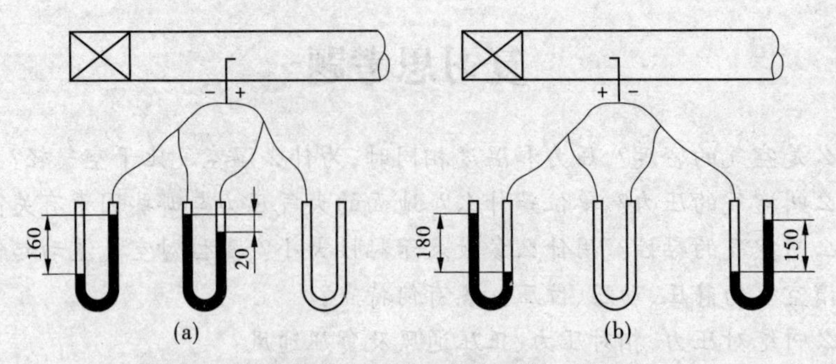

图 2-20 通风管道中相对压力的测定 (单位:mm)

2-6 已知某一进风立井井口断面的大气压 $P_{静_1}=99\ 800$ Pa,井深 $Z=500$ m,井筒内空气的平均密度 $\rho=1.18$ kg/m^3,井筒的通风阻力 $h_{阻}=85$ Pa,问立井井底的绝对静压 $P_{静_2}$ 有多大?(105 497 Pa)

2-7 在如图 2-21 所示的断面不等的水平通风巷道中,测得断面 1 的绝对静压 $P_{静_1}=96\ 170$ Pa,断面面积 $S_1=4$ m^2,断面 2 的绝对静压 $P_{静_2}=96\ 200$ Pa,断面面积 $S_2=8$ m^2,通过的风量 $Q=40$ m^3/s,空气密度 $\rho_1=\rho_2=1.16$ kg/m^3,试判断巷道风流方向,并求其通风阻力 $h_{阻}$。若巷道断面面积都是 4 m^2,其他测定参数不变,结果又如何?(方向 1→2,43.5 Pa;方向 2→1,30 Pa)

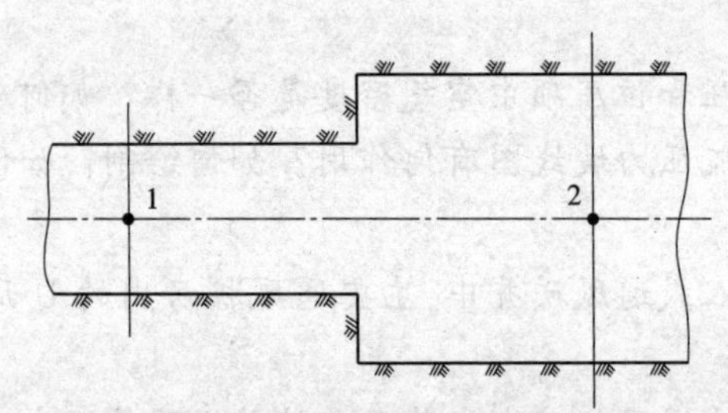

图 2-21 断面不等的水平通风巷道

2-8 在如图 2-15 所示的抽出式通风矿井中,已知矿井的通风总阻力为 1 840 Pa,自然风压为 80 Pa(反对通风机工作);风硐的断面面积为 4 m^2,通过的总回风量为 50 m^3/s,空气密度为 1.2 kg/m^3。问主要通风机房内静压水柱计的读数为多大?(2 014 Pa)

2-9 在如图 2-16 所示的压入式通风矿井中,已知主要通风机吸风段断面 2 与风硐断面 3 的静压水柱计读数分别为 $h_{静_2}=162$ Pa,$h_{静_3}=1\ 468$ Pa;测得两断面的动压分别为 $h_{动_2}=110$ Pa,$h_{动_3}=88$ Pa;地面大气压力 $P_0=101\ 324$ Pa,自然风压 $H_{自}=100$ Pa,自然风压的作用方向与主要通风机风流方向相同。试求断面 2、3 的绝对静压、绝对全压、相对全压和矿井的通风阻力各为多大?($P_{静_2}=101\ 162$ Pa,$P_{静_3}=102\ 792$ Pa;$P_{全_2}=101\ 272$ Pa,$P_{全_3}=102\ 880$ Pa;$h_{全_2}=52$ Pa,$h_{全_3}=1\ 556$ Pa;$h_{阻}=1\ 708$ Pa)

学习情境三 矿井通风阻力

通风阻力是由于风流流动过程的黏性和惯性(内因),以及井巷壁面对风流的阻滞作用和扰动作用(外因)造成的,通风阻力包括摩擦阻力和局部阻力两大类,其中摩擦阻力是井巷通风阻力的主要组成部分。

任务一 认识流体流动状态

流体在运动中有层流流动和紊流流动两种状态。流体以不同的流动状态运动时,其速度在断面上的分布和阻力形式也完全不同。

一、层流状态和紊流状态

层流状态是指流体各层的质点相互不混合,呈流束状,为有秩序的流动,各流束的质点没有能量交换。质点的流动轨迹为直线或有规则的平滑曲线,并与管道轴线方向基本平行。

紊流状态和层流状态相反,流体质点在流动过程中强烈混合和相互碰撞,质点之间有能量交换,质点的流动轨迹极不规则,除有总流方向的流动外,还有垂直或斜交总流方向的流动,流体内部存在着时而产生、时而消失的涡流。

二、流动状态的判别

1883 年,英国物理学家雷诺通过实验证明:流体的流动状态取决于管道的平均流速、管道的直径和流体的运动黏性系数。这三个因素的综合影响可用一个无因次参数来表示,这个无因次参数叫雷诺数。对于圆形管道,雷诺数为

$$Re = \frac{vd}{\nu} \tag{3-1}$$

式中 v——管道中流体的平均流速,m/s;

d——圆形管道的直径,m;

ν——流体的运动黏性系数,矿井通风中一般取平均值 1.501×10^{-5} m^2/s。

当流速很小、管径很细、流体的运动黏度较大时,流体为层流运动;反之,为紊流流动。

许多学者经过对圆形管道水流的大量实验证明:当 $Re < 2\ 320$ 时,水流呈层流状态,叫下临界值;当 $Re > 12\ 000$ 时,水流呈完全紊流状态,叫上临界值。$Re = 2\ 320 \sim 12\ 000$ 时,为层流和紊流不稳定过渡区,$Re = 2\ 320 \sim 4\ 000$ 区域内,流动状态不是固定的,由管道的粗糙程度、流体进入管道的情况等外部条件而定,只要稍有干扰,流态就会发生变化。因此,为方便起见,在实际工程计算中,通常以 $Re = 2\ 300$ 作为管道流动流态的判别系数,即

$$Re \leqslant 2\ 300 \quad 为层流$$

$$Re > 2\ 300 \quad 为紊流$$

对于非圆形断面的管道，要用水力学中的水力半径的概念，把非圆形断面折算成圆形断面。所谓水力半径 R_W（也叫当量直径），就是流过断面面积 S 和湿润周界（流体在管道断面上与管壁接触的周长）U 之比。对于圆形断面有

$$R_W = \frac{S}{U} = \frac{d}{4} \tag{3-2}$$

用水力半径代替圆形管道直径就会得到非圆形管道的雷诺数，即

$$Re = \frac{4vS}{\nu U} \tag{3-3}$$

式中　S——非圆形管道断面面积，m^2；

U——非圆形管道断面周长，m；

其他符号含义同前。

对于不同形状的断面，其断面周长 U 与断面面积 S 的关系为

$$U \approx C\sqrt{S}$$

式中　C——断面形状系数，对梯形取 4.16，对三心拱取 3.85，对半圆拱取 3.90。

三、井巷中风流的流动状态

井巷中空气的流动，近似于水在管道中的流动，井下除竖井外，大部分巷道都为非圆形巷道，而且它充满整个井巷，故湿润周界就是断面的周长。可用式(3-3)计算雷诺数近似判别井巷中风流的流动状态。

【例 3-1】　某梯形巷道的断面面积 $S=9\ m^2$，巷道中的风量为 360 m^3/min，试判别风流流态。

解　$Re = \frac{4vS}{\nu U} = \frac{4Q}{\nu C\sqrt{S}} = \frac{4 \times 360 \div 60}{1.501 \times 10^{-5} \times 4.16 \times \sqrt{9}} = 128\ 120 > 2\ 300$

因此，巷道中的风流流态为紊流。

【例 3-2】　巷道条件同前，求相应于 $Re=2\ 300$ 的层流临界风速 v。

解　$v = \frac{ReU\nu}{4S} = \frac{2\ 300 \times 4.16 \times \sqrt{9} \times 1.501 \times 10^{-5}}{4 \times 9} = 0.011\ 97$ (m/s)

因为《规程》规定，井巷中最低允许风速为 0.15 m/s，而井下巷道的风速都远远大于上述数值，所以井巷风流的流动状态都是紊流，只有风速很小的漏风风流，才有可能出现层流。

任务二　摩擦阻力的测算

一、摩擦阻力

井下风流沿井巷或管道流动时，由于空气的黏性，受到井巷壁面的限制，造成空气分子之间相互摩擦（内摩擦）以及空气与井巷或管道周壁间的摩擦，从而产生阻力，这种阻力称为摩擦阻力。

（一）达西公式和尼古拉兹实验

在水力学中，用来计算圆形管道沿程阻力的计算式叫作达西公式，即

$$h_{摩} = \lambda \frac{L}{d} \cdot \frac{\rho v^2}{2} \tag{3-4}$$

式中　$h_{摩}$——摩擦阻力,Pa;

λ——实验系数,无因次;

L——管道的长度,m;

d——管道的直径,m;

ρ——流体的密度,kg/m^3;

v——管道内流体的平均流速,m/s。

式(3-4)对于层流和紊流状态都适用,但流态不同,实验的无因次系数 λ 大不相同,所以计算的沿程阻力也大不相同。著名的尼古拉兹实验明确了流动状态和实验系数 λ 的关系。

尼古拉兹把粗细不同的砂粒均匀地粘于管道内壁,形成不同粗糙度的管道。管壁粗糙度是用相对粗糙度来表示的,即砂粒的平均直径 ε(m)与管道直径 r(m)之比。尼古拉兹以水为流动介质,对相对粗糙度分别为1/15、1/30.6、1/60、1/126、1/256、1/507六种不同的管道进行了实验研究。实验得出流态不同的水流,λ 与管壁相对粗糙度、雷诺数 Re 的关系,如图3-1所示。图3-1中的曲线是以对数坐标来表示的,纵坐标轴为lg100λ,横坐标轴为lgRe。根据 λ 值随 Re 变化特征,图3-1中曲线分为五个区:

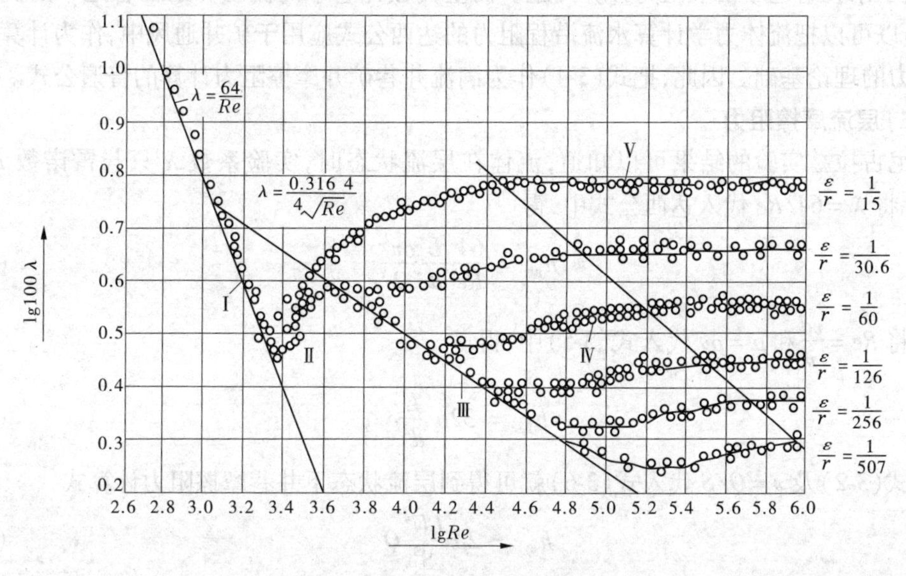

图3-1　尼古拉兹实验结果

Ⅰ区——层流区。当 $Re<2\ 320$($\lg Re<3.36$)时,不论管道粗糙度如何,其实验结果都集中分布于直线Ⅰ上,这表明 λ 随 Re 的增加而减少,与相对粗糙度无关,只与雷诺数 Re 有关。其关系式为

$$\lambda = 64/Re$$

这是因为各种相对粗糙度的管道,当管道内为层流时,其层流边层的厚度远远大于粘于管道壁各个砂粒的直径,砂粒凸起的高度全部被淹没在层流边层内,它对紊流的核心没有影响,所以实验系数 λ 与粗糙度无关。

Ⅱ区——临界区。$2\ 320 \leqslant Re \leqslant 4\ 000(3.36 \leqslant \lg Re \leqslant 3.6)$区间内，不同的相对粗糙度的管内流体由层流转变为紊流。所有的实验点几乎都集中在线段Ⅱ上。λ 随 Re 的增加而增大，与相对粗糙度无明显关系。

Ⅲ区——水力光滑区。当 $Re > 4\ 000(\lg Re > 3.6)$时，不同相对粗糙度的实验点起初都集中在曲线Ⅲ上，随着 Re 的增加，相对粗糙度大的管道，实验点在较低 Re 时就偏离曲线Ⅲ，相对粗糙度小的管道在较大的 Re 时才偏离。在曲线Ⅲ范围内，λ 与 Re 有关，而与相对粗糙度无关。λ 与 Re 服从 $\lambda = 0.316\ 4/Re^{0.25}$ 关系，从实验曲线可以看出，在 $4\ 000 < Re < 10\ 000$ 的范围内，它始终是水力光滑。

Ⅳ区——紊流过渡区。由水力光滑区向水力粗糙区过渡，即图3-1中的Ⅳ所示区段。在这个区段内，各种不同相对粗糙度的实验点各自分散成一波状曲线，λ 与 Re 有关，也与相对粗糙度有关。

Ⅴ区——水力粗糙区。在该区段，Re 值较大，流体的层流边层变得极薄，砂粒凸起的高度几乎全暴露在紊流的核心中，所以 Re 对 λ 值的影响极小，可省略不计，相对粗糙度成为 λ 的唯一影响因素。因此，在该区 λ 与 Re 无关，而只与相对粗糙度有关。对于一定的相对粗糙度的管道，λ 为定值。

在水力学上，尼古拉兹实验比较完整地反映了 λ 的变化规律，揭示了 λ 的主要影响因素，解决了水在管道中沿程阻力计算问题。而空气在井巷中的流动和水在管道中的流动很相似，所以可以把流体力学计算水流沿程阻力的达西公式应用于矿井通风中，作为计算井巷摩擦阻力的理论基础。因此，把式(3-4)作为满流井巷矿井摩擦阻力计算的普遍公式。

（二）层流摩擦阻力

从尼古拉兹实验的结果可以知道，流体在层流状态时，实验系数 λ 只与雷诺数 Re 有关，因此将 $\lambda = 64/Re$ 代入达西公式中，得

$$h_{摩} = \frac{64}{Re}\frac{L}{d}\frac{\rho v^2}{2} \tag{3-5}$$

再将 $Re = \frac{vd}{\nu}$ 和 $\mu = \rho\nu$ 代入式(3-5)中，得

$$h_{摩} = 32\mu\frac{L}{d^2}v \tag{3-6}$$

将式(3-2)及 $v = Q/S$ 代入式(3-6)就可得到层流状态下井巷摩擦阻力计算式：

$$h_{摩} = 2\mu\frac{LU^2}{S^3}Q \tag{3-7}$$

式中 μ——空气的动力黏性系数，Pa·s；

Q——井巷风量，m^3/s；

其他符号含义同前。

式(3-7)说明，层流状态下摩擦阻力与风流速度和风量的一次方成正比。由于井巷中的风流大多数都为紊流状态，所以层流摩擦阻力计算公式在实际工作中很少用到。

（三）紊流摩擦阻力

井下巷道的风流大多属于完全紊流状态，所以实验系数 λ 值取决于巷道壁面的粗糙程度。因此，将式(3-2)代入式(3-4)得到应用于矿井通风工程上的紊流摩擦阻力计算公式为

$$h_{摩} = \frac{\lambda\rho}{8} \cdot \frac{LU}{S} \cdot v^2 \tag{3-8}$$

从前面分析可知，流体在完全紊流状态时，对于确定的粗糙度，λ 值是确定的，所以对矿井通风的井巷来说，当井巷掘成以后，井巷的几何尺寸和支护形式是确定的，井巷壁面的相对粗糙度变化不大，因此在矿井条件下 λ 值被视为常数。而矿井空气的密度变化不大，也可以视为常数，故令：

$$\alpha = \frac{\lambda\rho}{8} \tag{3-9}$$

式中　α——摩擦阻力系数。

因为 λ 是无因次量，因此 α 具有与空气密度相同的因次，即 kg/m³。

将式(3-9)及 $v = Q/S$ 代入(3-8)得：

$$h_{摩} = \alpha \frac{LU}{S^3} Q^2 \tag{3-10}$$

式中　α——井巷的摩擦阻力系数，kg/m³ 或 Ns²/m⁴；

其他符号含义同前。

二、摩擦阻力系数与摩擦风阻

(一)摩擦阻力系数 α

应用式(3-10)计算矿井通风紊流摩擦阻力时，关键在于如何确定摩擦阻力系数 α 值。从式(3-9)看，摩擦阻力系数 α 值，取决于空气密度和实验系数 λ 值，而矿井空气密度一般变化不大，因此 α 值主要取决于 λ 值，主要取决于井巷的粗糙程度，也就是取决于井下巷道的支护形式。不同的井巷、不同的支护形式 α 值也不同。确定 α 值方法有查表和实测两种方法。

1. 查表确定 α 值

在新矿井通风设计时，需要计算完全紊流状态下井巷的摩擦阻力，即按照所设计的井巷长度、周长、净断面、支护形式和通过的风量，选定该井巷的摩擦阻力系数 α 值，然后用式(3-10)来计算该井巷的摩擦阻力。查表确定 α 值，就是根据所设计的井巷特征(支护形式、净断面面积、有无提升设备和其他设施等)，通过附录一查出适合该井巷的 α 标准值。附录一所列录的摩擦阻力系数 α 值，是前人在标准状态($\rho_0 = 1.2$ kg/m³)条件下，通过大量模型实验和实测得到的。

如果井巷空气密度不是标准状态条件下的密度，实际应用时，应该对其进行修正

$$\alpha = \alpha_0 \frac{\rho}{1.2} \tag{3-11}$$

由于井巷断面大小、支护形式及支架规格的多样性，从附录一可以看出，不同井巷的相对粗糙度差别很大。

对于砌碹和锚喷巷道，壁面粗糙程度可用尼古拉兹实验的相对粗糙度来表示，可直接查出摩擦阻力系数 α 值。相对支架巷道而言，砌碹和锚喷巷道摩擦阻力系数 α 值不是很大，但随着相对粗糙度的增大而增大。

对于木棚子、工字钢、U 型钢和混凝土棚等支护巷道，要同时考虑支架的间距和支架厚度，其粗糙度用纵口径来表示。如图 3-2 所示，纵口径是相邻支架中心线之间的距离 L(m)

与支架直径或厚度 d_0(m)之比,即

$$\Delta = \frac{L}{d_0} \tag{3-12}$$

式中 Δ——纵口径,无因次;

L——支架的间距,m;

d_0——支架直径或厚度, m。

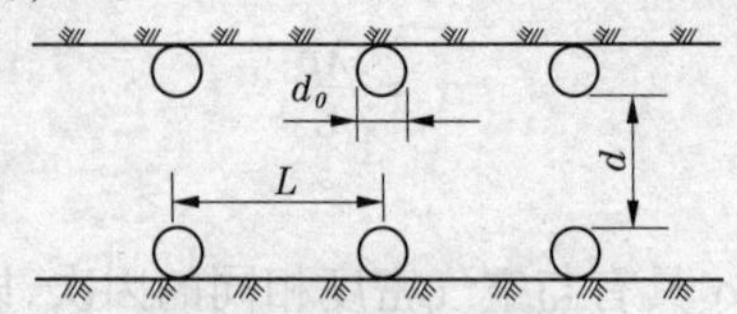

图 3-2 支架巷道的纵口径

对于支架巷道,应先根据巷道的 d_0 和 Δ 两个数值在附录一中查出该巷道的 α 初值,再根据该巷道的净断面面积 S 值查出校正系数,对 α 初值进行断面校正。这是因为在模型试验时是用断面的某个值为标准,当实际断面大于这个标准时,摩擦阻力系数 α 值较小,因此乘以一个小于 1 的系数;反之,乘以一个大于 1 的系数。

2. 实测确定 α 值

在生产矿井中,常常需要掌握各个巷道的实际摩擦阻力系数 α 值,目的是为降低矿井通风阻力、合理调节矿井风量提供原始的第一手资料。所以,实测摩擦阻力系数 α 值有一定的现实指导意义。

(二)摩擦风阻

对于已经确定的井巷,巷道的长度 L、周长 U、断面面积 S 以及巷道的支护形式(摩擦阻力系数 α)都是确定的,因此把式(3-10)中的 α、L、U、S 用一个参数 $R_{摩}$ 来表示,得到式(3-13):

$$R_{摩} = \frac{\alpha LU}{S^3} \tag{3-13}$$

其中,$R_{摩}$ 为摩擦风阻,其国际单位是 kg/m^7 和 Ns^2/m^8。显然 $R_{摩}$ 是空气密度、巷道的粗糙程度、断面面积、断面周长、井巷长度等参数的函数。当这些参数确定时,摩擦风阻 $R_{摩}$ 值是固定不变的。所以,可将 $R_{摩}$ 看作反映井巷几何特征的参数,它反映的是井巷通风的难易程度。

将式(3-13)代入式(3-10)得

$$h_{摩} = R_{摩} Q^2 \tag{3-14}$$

式(3-14)就是完全紊流时摩擦阻力定律,它说明了当摩擦风阻一定时,摩擦阻力与风量的平方成正比。

任务三 局部阻力的测算

均匀稳定风流经过某些局部地点所造成的附加的能量损失叫作局部阻力。由于井巷边壁条件的变化,风流在局部地区受到局部阻力物(如巷道断面突然变化,风流分叉与交汇,断面堵塞等)的影响和破坏,引起风流流速大小、方向和分布的突然变化,导致风流本身产生很强的冲击,形成极为紊乱的涡流,造成风流能量损失。

一、局部阻力的成因分析与计算

(一)局部阻力的成因分析

井下巷道千变万化,产生局部阻力的地点很多,有巷道断面的突然扩大与缩小(如采区车场、井口、调节风窗、风桥、风硐等),巷道的各种拐弯(如各类车场、大巷、采区巷道、工作面巷道等),各类巷道的交叉、交汇(如井底车场、中部车场)等。在分析产生局部阻力原因时,常将局部阻力分为突变类型和渐变类型(见图3-3)两种。图3-3(a)、(c)、(e)、(g)属于突变类型,图3-3(b)、(d)、(f)、(h)属于渐变类型。

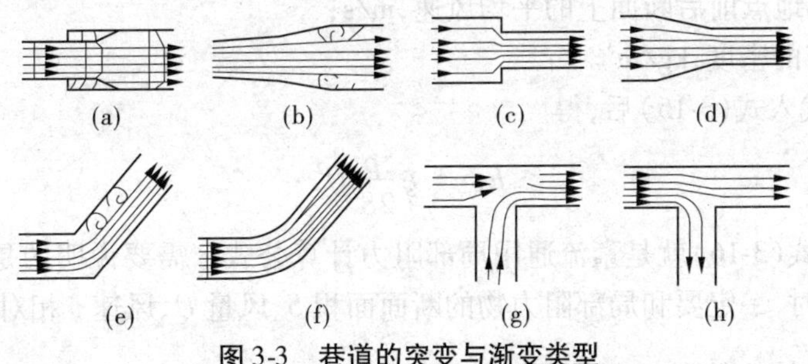

图3-3　巷道的突变与渐变类型

紊流流体通过突变部位时,由于惯性的作用,不能随从边壁突然变化,出现主流与边壁脱离的现象,在主流与边壁间形成涡流区。产生的大尺度涡流,不断被主流带走,补充进去的流体,又形成新的涡流,因而增加了能量损失,产生局部阻力。

边壁虽然没有突然变化,但如果在沿流动方向出现减速增压现象的地方,也会产生涡流区。如图3-3(b)所示,巷道断面渐宽,沿程流速减小,静压不断增加,压差的作用方向与主流的方向相反,使边壁附近很小的流速逐渐减小到零,在这里主流开始与边壁脱离,出现与主流相反的流动,形成涡流区。在图3-3(h)中,直道上的涡流区,也是由于减速增压过程造成的。

增速减压区,流体质点受到与流动方向一致的正压作用,流速只增不减,所以收缩段一般不会产生涡流。若收缩角很大,在紧接渐缩段之后也会出现涡流区,如图3-3(d)所示。

在风流经过巷道转弯处,流体质点受到离心力的作用,在外侧形成减速增压区,也能出现涡流区。过了拐弯处,如流速较大且转弯曲率半径较小,则由于惯性作用,可在内侧出现涡流区,它的大小和强度都比外侧的涡流区大,是能量损失的主要部分。

综上所述,局部的能量损失主要和涡流区的存在有关。涡流区越大,能量损失的就越多。仅仅流速分布的改变,能量损失并不太大。在涡流区及其附近,主流的速度梯度增大,也增加能量损失,在涡流被不断带走和扩散的过程中,下游一定范围内的紊流脉动加剧,增加了能量损失,这段长度称为局部阻力物的影响长度。在它以后,流速分布和紊流脉动才恢复到均匀流动的正常状态。

需要说明的是,在层流条件下,流体经过局部阻力物后仍保持层流,局部阻力仍是由流层之间的黏性切应力引起的,只是由于边壁变化,使流速重新分布,加强了相邻层流间的相对运动,而增加了局部能量损失。层流局部阻力的大小与雷诺数 Re 成反比。受局部阻力物影响而仍能保持着层流,只有在 Re 小于2 000时才有可能,这在矿井通风巷道中极为少见,故本任务不讨论层流局部阻力计算,只讨论紊流时的局部阻力计算。

(二)局部阻力计算

实验证明,不论井巷局部地点的断面、形状和拐弯如何千变万化,也不管局部阻力是突变类型还是渐变类型,所产生的局部阻力的大小都和局部地点的前面或后面断面上的速压成正比。与摩擦阻力类似,局部阻力 $h_{局}$(Pa)一般也用速压的倍数来表示。

$$h_{局} = \xi \frac{\rho}{2} v^2 \tag{3-15}$$

式中 $h_{局}$——局部阻力,Pa;

ξ——局部阻力系数,无因次;

v——局部地点前后断面上的平均风速,m/s;

ρ——风流的密度,kg/m^3。

将 $v = Q/S$ 代入式(3-15)后,得

$$h_{局} = \xi \frac{\rho}{2S^2} Q^2 \tag{3-16}$$

式(3-15)和式(3-16)就是紊流通用局部阻力计算公式。需要说明的是,在查表确定局部阻力系数 ξ 值时,一定要和局部阻力物的断面面积 S、风量 Q、风速 v 相对应。

二、局部阻力系数与风阻

(一)局部阻力系数

产生局部阻力的过程非常复杂,要确定局部阻力系数 ξ 也是非常复杂的。大量实验研究表明,紊流局部阻力系数 ξ 主要取决于局部阻力物的形状,而边壁的粗糙程度为次要因素,但在粗糙程度较大的支架巷道中也需要考虑。

由于产生局部阻力的过程非常复杂,所以系数 ξ 一般由实验求得,附录二是由前人通过实验得到的部分局部阻力系数,计算局部阻力时查表即可。

【例3-3】 某巷道如图3-4所示,用压差计和胶皮管测得1—2及1—3之间的阻力分别为295 Pa和440 Pa,巷道的断面面积均为6 m^2,周长10 m,通过的风量为40 m^3/s,求巷道的摩擦阻力系数及拐弯处的局部阻力系数。

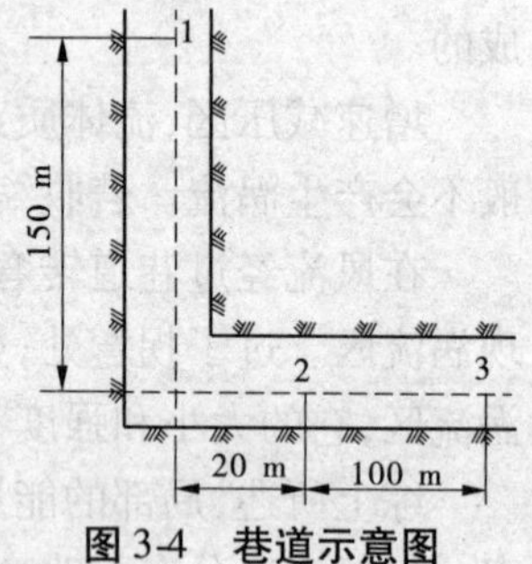

图3-4 巷道示意图

解 (1)2—3段的阻力为

$$h_{2-3} = h_{1-3} - h_{1-2} = 440 - 295 = 145(\text{Pa})$$

(2)摩擦阻力系数为

$$\alpha = \frac{h_{2-3} \times S^3}{L \times U \times Q^2} = \frac{145 \times 6^3}{100 \times 10 \times 40^2} = 0.019\,6(\text{Ns}^2/\text{m}^4)$$

(3)1—2段的摩擦阻力为

$$h_{摩1-2} = \frac{\alpha L U}{S^3} Q^2 = \frac{0.019\,6 \times (150 + 20) \times 10}{6^3} \times 40^2 = 247(\text{Pa})$$

(4)拐弯处的局部阻力为

$$h_{局} = h_{1-2} - h_{摩1-2} = 295 - 247 = 48(\text{Pa})$$

(5)巷道中的风速为

$$v = \frac{Q}{S} = \frac{40}{6} = 6.7(\text{m/s})$$

(6)局部阻力系数为

$$\xi_{弯} = \frac{h_{局}}{\frac{\rho v^2}{2}} = \frac{48 \times 2}{1.2 \times 6.7^2} = 1.8$$

从例 3-3 可以看出,局部阻力系数和局部阻力可以查表计算,也可以通过实测的方法来计算确定。即:先测定出 1—2 断面的总阻力 h_{1-2},再用 $h_{摩} = \alpha \frac{LU}{S^3}Q^2$ 计算出 1—2 断面的摩擦阻力,减去摩擦阻力,得到局部阻力值,再用式 (3-15) 计算得到局部阻力系数 ξ。

(二)局部风阻

同摩擦阻力一样,当产生局部阻力的区段形成后,ξ、S、ρ 都可视为确定值,因此将 $h_{局} = \xi \frac{\rho}{2S^2}Q^2$ 中的 ξ、S、ρ 用一个常量 $R_{局}$(kg/m^7 或 Ns^2/m^8)来表示,即

$$R_{局} = \xi \frac{\rho}{2S^2} \tag{3-17}$$

将式(3-17)代入 $h_{局} = \xi \frac{\rho}{2S^2}Q^2$,得到局部阻力定律:

$$h_{局} = R_{局} Q^2 \tag{3-18}$$

式(3-18)为完全紊流状态下的局部阻力定律,$h_{局}$ 与 $R_{摩}$ 一样,也可看作局部阻力物的一个特征参数,它反映的是风流通过局部阻力物时通风的难易程度。$R_{局}$ 一定时,$h_{局}$ 与 Q 的平方成正比。

在一般情况下,由于井巷内的风流速压较小,所产生的局部阻力也较小,井下所有的局部阻力之和只占矿井总阻力的 10% ~20%。因此,在通风设计中,一般只对摩擦阻力进行计算,对局部阻力不做详细计算,而按经验估算。

任务四 矿井总风阻与矿井等积孔测算

一、矿井通风阻力定律

井下风流在流经一条巷道时产生的总阻力 $h_{阻}$(Pa)等于各段摩擦阻力和所有的局部阻力之和。即

$$h_{阻} = \sum h_{摩} + \sum h_{局} \tag{3-19}$$

当巷道风流为紊流状态时,将 $h_{摩} = \alpha \frac{LU}{S^3}Q^2$ 和 $h_{局} = \xi \frac{\rho}{2S^2}Q^2$ 以及公式 $h_{摩} = R_{摩} Q^2$ 和 $h_{局} = R_{局} Q^2$ 代入式(3-19)得

$$h_{阻} = \sum \alpha \frac{LU}{S^3}Q^2 + \sum \xi \frac{\rho}{2S^2}Q^2 = \sum R_{摩} Q^2 + \sum R_{局} Q^2 = \sum (R_{摩} + R_{局}) Q^2 \tag{3-20}$$

令 $R = \sum (R_{摩} + R_{局})$,得

$$h_{阻} = RQ^2 \tag{3-21}$$

式中　R——井巷风阻，kg/m^7 或 Ns^2/m^8。

R 是由井巷中通风阻力物的种类、几何尺寸和壁面粗糙程度等因素决定的，反映井巷的固有特性。当通过井巷的风量一定时，井巷通风阻力与风阻成正比。因此，风阻值大的井巷其通风阻力也大；反之，通风阻力也小。可见，井巷风阻值的大小标志着通风难易程度，风阻大时通风困难，风阻小时通风容易。所以，在矿井通风中把井巷风阻值的大小作为判别矿井通风难易程度的一个重要指标。

式(3-21)就是井巷中风流紊流状态下的矿井通风阻力定律，它反映了风阻 R 一定时，井巷通风总阻力与井巷通过风量的二次方成正比，适用于井下任何巷道。需要说明的是，由于层流状态下的摩擦阻力、局部阻力与风流速度和风量的一次方成正比，同样可以得到层流状态下的通风阻力定律：

$$h_{阻} = RQ \tag{3-22}$$

对于中间过渡流态，风量指数在 1 ~ 2，从而得到一般通风阻力定律，即

$$h_{阻} = RQ^n \tag{3-23}$$

$n=1$ 时是层流通风阻力定律，$n=2$ 时是紊流通风阻力定律，$n=1\sim2$ 时是中间过渡状态通风阻力定律，式(3-23)就是矿井通风学中最一般的通风阻力定律。由于井下只有个别风速很小的地点才有可能用到层流或中间过渡状态下的通风阻力定律，所以紊流通风阻力定律 $h_{阻}=RQ^2$ 是通风学中应用最广泛、最重要的通风定律。

将紊流通风阻力定律 $h_{阻}=RQ^2$ 绘制成曲线，即：当风阻 R 值一定时，用横坐标表示井巷通过的风量 Q_i，用纵坐标表示通风阻力 h_i，将风量与对应的阻力(Q_i,h_i)绘制于平面坐标系中得到一条二次抛物线，如图 3-5 所示，这条曲线就叫作该井巷阻力特性曲线。曲线越陡，曲率越大，井巷风阻越大，通风越困难；反之，曲线越缓，通风越容易。

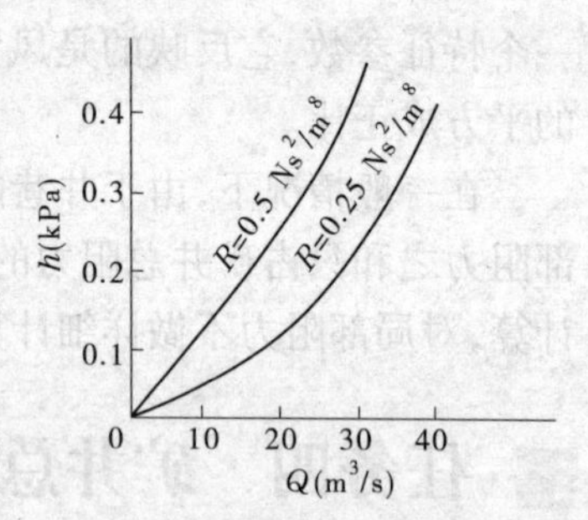

图 3-5　井巷阻力特性曲线

井巷阻力特性曲线不但能直观地看出井巷的通风难易程度，而且当用图解法解算简单通风网络和分析通风机工况时，都要应用到井巷风阻特性曲线。因此，应了解曲线的意义，掌握其绘制方法。

二、矿井总风阻

对于一个确定的矿井通风网络，其总风阻值就叫作矿井总风阻。当矿井通风网络的风量分配后，其总风阻值则是由网络结构、各支路风阻值所决定的。矿井总风阻值可以通过网络解算得到(详见学习情境五相关内容)。它和矿井总阻力、矿井总风量的关系为

$$R_{矿} = \frac{h_{矿}}{Q_{矿}^2} \tag{3-24}$$

式中　$R_{矿}$——矿井总风阻，kg/m^7 或 Ns^2/m^8；

$h_{矿}$——矿井总阻力，Pa；

$Q_{矿}$——矿井总风量，m^3/s。

$R_{矿}$ 表示矿井通风的难易程度，是评价矿井通风系统经济性的一个重要指标，也是衡量一个矿井通风安全管理水平的重要尺度。

对于单一进风井和单一出风井，$h_{矿}$ 等于从进风井到主要通风机入口，按顺序连接的各段井巷的通风阻力累加起来的值。对于多风井进风或多风井出风的矿井通风系统，矿井总阻力是根据全矿井总功率等于各台通风机工作系统功率之和来确定的。

三、矿井等积孔

为了更形象、更具体、更直观地衡量矿井通风难易程度，矿井通风学上用一个假想的、与矿井风阻值相当的孔的面积作为评价矿井通风的难易程度的指标，这个假想孔的面积就叫作矿井等积孔。

假定在无限空间有一薄壁，在薄壁上开一面积为 A(m^2)的孔口，如图3-6所示。当孔口通过的风量等于矿井总风量 Q，而且孔口两侧的风压差等于矿井通风总阻力($p_1-p_2=h$)时，孔口的面积 A 值就是该矿井的等积孔。现用能量方程来寻找矿井等积孔 A 与矿井总风量 Q 和矿井总阻力 h 之间的关系。

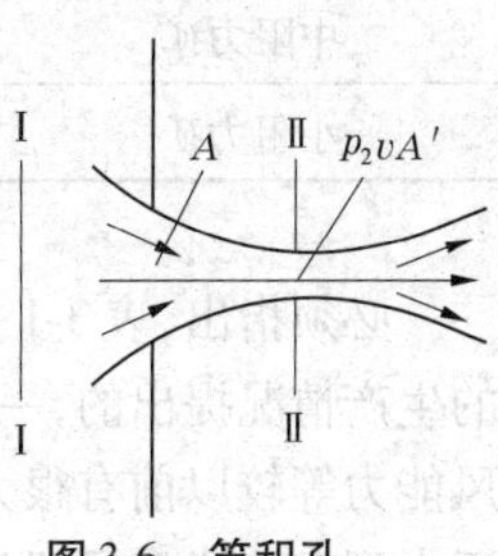

图3-6　等积孔

在薄壁左侧距孔口 A 足够远处(风速 $v_1\approx 0$)取断面Ⅰ—Ⅰ，其静压为 p_1，在孔口右侧风速收缩断面最小处取断面Ⅱ—Ⅱ(面积 A')，其静压为 p_2，风速 v 为最大。薄壁很薄，其阻力可忽略不计，则Ⅰ—Ⅰ、Ⅱ—Ⅱ断面的能量方程式为

$$p_1-(p_2+\frac{\rho v^2}{2})=0 \quad 或 \quad p_1-p_2=\frac{\rho v^2}{2} \tag{3-25}$$

因为

$$p_1-p_2=h \tag{3-26}$$

所以

$$h=\frac{\rho v^2}{2} \tag{3-27}$$

由此得

$$v=\sqrt{\frac{2h}{\rho}} \tag{3-28}$$

风流收缩处断面面积 A' 与孔口面积 A 之比称为收缩系数 φ，由水力学知识可知，一般 $\varphi=0.65$，故 $A'=0.65A$，则该处的风速 $v=\frac{Q}{A'}=\frac{Q}{0.65A}$，代入式(3-28)，整理得

$$A=\frac{Q}{0.65\sqrt{\frac{2h}{\rho}}} \tag{3-29}$$

若矿井空气密度为标准空气密度，即 $\rho=1.2\ kg/m^3$ 时，则得

$$A=1.19\frac{Q}{\sqrt{h}} \tag{3-30}$$

将 $h=RQ^2$ 代入式(3-30)中，得

$$A=\frac{1.19}{\sqrt{R}} \tag{3-31}$$

式(3-30)和式(3-31)就是矿井等积孔的计算公式，它适用于任何井巷。式(3-30)、式(3-31)表明，如果矿井的通风阻力 h 相同，等积孔 A 大的矿井，风量 Q 必大，表示通风容易；等积孔 A 小的矿井，风量 Q 必小，表示通风困难。所以，矿井等积孔能够反映不同矿井或同一矿井不同时期通风技术管理水平。同时，也可以评判矿井通风设计是否经济。式(3-31)

表明等积孔 A 与风阻 R 的平方根成反比，即井巷或矿井的风阻越小时，等积孔 A 越大，通风越容易；反之，越困难。所以，根据矿井总风阻和矿井等积孔，通常把矿井通风难易程度分为三级，如表3-1所示。

表3-1 矿井通风难易程度的分级标准

通风阻力等级	通风难易程度	风阻 R (Ns^2/m^8)	等积孔 A (m^2)
大阻力矿	困难	>1.42	<1
中阻力矿	中等	1.42~0.35	1~2
小阻力矿	容易	<0.35	>2

必须指出，表3-1所列衡量矿井通风难易程度的等积孔值，是1873年缪尔格根据当时的生产情况提出的，一直沿用至今。由于现代化矿井开采规模、开采方法、机械化程度和通风能力等较以前有很大的发展和提高，表3-1中的标准对小型矿井还有一定的参考价值，对于大型矿井或多风机通风矿井应参照表3-2。该表是由煤炭科学研究总院抚顺分院提出的，根据煤炭产量及瓦斯等级确定的矿井通风难易程度的分级标准。

表3-2 矿井等积孔分类表

年产量 (Mt/a)	低瓦斯矿井		高瓦斯矿井		附注
	A 的最小值 (m^2)	R 的最大值 (Ns^2/m^8)	A 的最小值 (m^2)	R 的最大值 (Ns^2/m^8)	
0.1	1.0	1.42	1.0	1.42	外部漏风允许10%时，A 的最小值减5%，R 的最大值加10%；外部漏风允许15%时，A 的最小值减10%，R 的最大值加20%，即为矿井 A 的最小值，R 的最大值
0.2	1.5	0.63	2.0	0.35	
0.3	1.5	0.63	2.0	0.35	
0.45	2.0	0.35	3.0	0.16	
0.6	2.0	0.35	3.0	0.16	
0.9	2.0	0.35	4.0	0.09	
1.2	2.5	0.23	5.0	0.06	
1.8	2.5	0.23	6.0	0.04	
2.4	2.5	0.23	7.0	0.03	
3.0	2.5	0.23	7.0	0.03	

对矿井来说，式(3-30)和式(3-31)只能计算单台通风机工作时的矿井等积孔大小，对于多台通风机工作矿井等积孔的计算，应根据全矿井总功率等于各台主要通风机工作系统功率之和的原理计算出总阻力，而总风量等于各台主要通风机风路上的风量之和，代入式(3-30)，有

$$h_{总} Q_{总} = h_1 Q_1 + h_2 Q_2 + h_3 Q_3 + \cdots + h_n Q_n = \sum (h_i Q_i) \tag{3-32}$$

$$h_{总} = \sum (h_i Q_i) / Q_{总} \tag{3-33}$$

$$Q_{总} = Q_1 + Q_2 + Q_3 + \cdots + Q_n = \sum Q_i \tag{3-34}$$

多台主要通风机矿井等积孔的计算公式为

$$A = 1.19 \frac{Q_{总}}{\sqrt{h_{总}}} = 1.19 \frac{\sum Q_i}{\sqrt{\sum (h_i Q_i) / \sum Q_i}} = \frac{\sum Q_i^{3/2}}{\sqrt{\sum (h_i Q_i)}} \tag{3-35}$$

式中 h_i——各台主要通风机系统的通风阻力,Pa;

Q_i——各台主要通风机系统的风量,m^3/s。

任务五 降低矿井通风阻力

降低矿井通风阻力,特别是降低井巷的摩擦阻力对减少风压损失、降低通风电耗、减少通风费用和保证矿井安全生产、追求最大经济效益都具有特别的实际意义。

降低矿井通风阻力应考虑的因素如下:

(1)要保证通风系统运行安全可靠,矿井主要通风机要在经济、合理、高效区运转;

(2)通风网络要合理、简单、稳定;

(3)通风方法和通风方式要适应降阻的要求;

(4)了解最大阻力路线上的阻力分布状况,找出阻力较大的分支,对其实施降阻措施。

一、降低摩擦阻力的措施

摩擦阻力是矿井通风阻力的主要部分,因此降低井巷摩擦阻力是通风技术管理的重要工作。由 $h_{摩} = \alpha \frac{LU}{S^3} Q^2$ 可知,降低摩擦阻力的措施有以下几个方面。

(一)减小摩擦阻力系数 α

矿井通风设计时,尽量选用 α 值小的支护方式,如锚喷、砌碹、锚杆、锚锁、钢带等,尤其是服务年限长的主要井巷,一定要选用摩擦阻力较小的支护方式,如砌碹巷道的 α 值仅有支架巷道的30% ~40%。施工时,一定要保证施工质量,应尽量采用光面爆破技术,尽可能使井巷壁面平整光滑,使井巷壁面的凹凸度不大于50 mm。对于支架巷道,要注意支护质量,支架不仅要整齐一致,有时还要刹帮背顶,并且要注意支护密度。及时修复被破坏的支架,失修率不大于7%。在不设支架的巷道,一定注意把顶板、两帮和底板修整好,以减小摩擦阻力。

(二)井巷风量要合理

因为摩擦阻力与风量的平方成正比,因此在通风设计和技术管理过程中,不能随意增大风量,各用风地点的风量在保证安全生产要求的条件下,应尽量减少。掘进初期用局部通风机通风时,要对风量加以控制。及时调节主要通风机的工况,减少矿井富裕总风量。避免巷道内风量过于集中,要尽可能使矿井的总进风早分开、总回风晚汇合。

(三)保证井巷通风断面

因为摩擦阻力与通风断面面积的三次方成反比,所以扩大井巷断面能大大降低通风阻力,当井巷通过的风量一定时,井巷断面扩大33%,通风阻力可减少一半,因此常用于主要通风路线上高阻力段的减阻措施中。当受到技术和经济条件的限制,不能任意扩大井巷断面时,可以采用双巷并联通风的方法。在日常通风管理工作中,要经常修整巷道,减少巷道

堵塞物，使巷道清洁、完整、畅通，保持巷道足够断面。

（四）减少巷道长度

因为巷道的摩擦阻力和巷道长度成正比，所以在进行矿井通风设计和通风系统管理时，在满足开拓开采的条件下，要尽量缩短风路长度，及时封闭废弃的旧巷和甩掉那些经过采空区且通风路线很长的巷道，及时对生产矿井通风系统进行改造，选择合理的通风方式。

（五）选用周长较小的井巷断面

在井巷断面相同的条件下，圆形断面的周长最小，拱形次之，矩形和梯形的周长较大。因此，在进行矿井通风设计时，一般要求立井井筒采用圆形断面，斜井、石门、大巷等主要井巷采用拱形断面，次要巷道及采区内服务年限不长的巷道可以考虑矩形断面和梯形断面。

二、降低局部阻力的措施

产生局部阻力的直接原因是，局部阻力地点巷道断面的变化，引起了井巷风流速度的大小、方向、分布的变化。因此，降低局部阻力就是改善局部阻力物断面的变化形态，减少风流流经局部阻力物时产生的剧烈冲击和巨大涡流，减少风流能量损失，主要措施如下：

（1）最大限度地减少局部阻力地点的数量。井下尽量少使用直径很小的铁风桥，减少调节风窗的数量；应尽量避免井巷断面的突然扩大或突然缩小，断面比值要小。

（2）当连接不同断面的巷道时，要把连接的边缘做成斜线或圆弧形（见图 3-7）。

（3）巷道拐弯时，转角越小越好（见图 3-8），在拐弯的内侧做成斜线形和圆弧形。要尽量避免出现直角弯。巷道尽可能避免突然分叉和突然汇合，在分叉和汇合处的内侧也要做成斜线形或圆弧形。

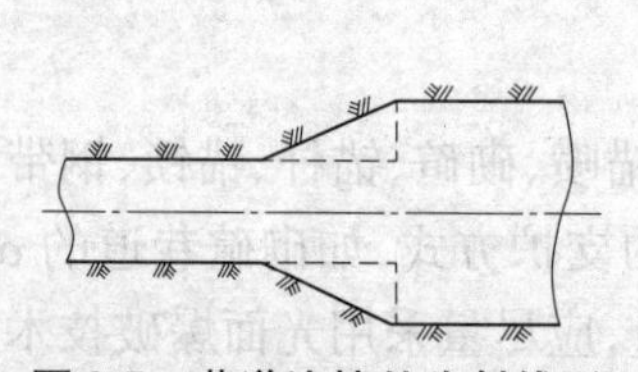

图 3-7　巷道连接处为斜线形

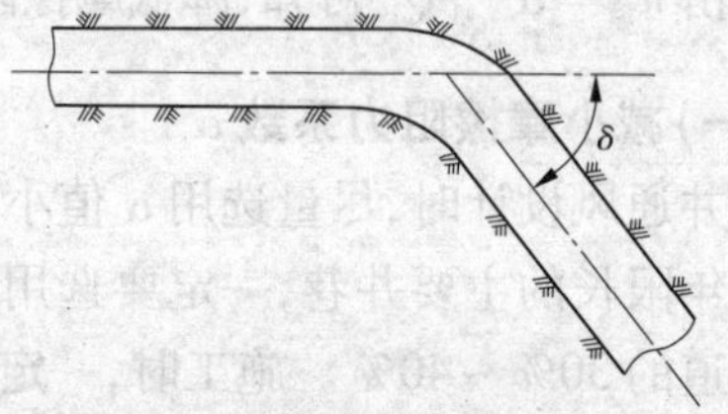

图 3-8　巷道拐弯处为圆弧形

（4）减少局部阻力地点的风流速度及巷道的粗糙程度。

（5）在风筒或通风机的入风口安装集风器，在出风口安装扩散器。

（6）减少井巷正面阻力物，及时清理巷道中的堆积物，采掘工作面所用材料要按需使用，不能集中堆放在井下巷道中。巷道管理要做到无杂物、无淤泥、无片帮，保证有效通风断面。在可能的条件下尽量不使成串的矿车长时间地停留在主要通风巷道内，以免阻挡风流，使通风状况恶化。

复习思考题

3-1　何谓层流、紊流？如何判别流体的状态？

3-2　在尼古拉兹实验资料中，λ 随 Re 或相对粗糙度变化而分为五个区，各区有何特征？

3-3　摩擦阻力系数与哪些因素有关？

3-4 局部阻力的类型主要有哪些？造成能量损失的原因是什么？

3-5 风流流入断面突然扩大的阻力损失与流入断面突然缩小的阻力损失相比较，哪一个更大？为什么？

3-6 "阻力"与"风阻"是不是同一个概念？其相互关系如何？各受什么因素影响？

3-7 等积孔的含义是什么？等积孔与风阻有哪些异同与联系？如何衡量矿井通风难易程度？

3-8 为什么要减少通风阻力？用什么方法可以减少通风阻力？

3-9 通风阻力测定方法有哪几种？各有何优缺点？

3-10 通风阻力测定报告主要包括哪些内容？

习 题

3-1 某设计巷道的木支柱直径 $d_0=16$ cm，纵口径 $\Delta=4$，净断面面积 $S=4$ m^2，周长 $U=8$ m，长度 $L=300$ m，计划通过的风量 $Q=1\ 440$ m^3/min，试求该巷道的摩擦阻力系数和摩擦阻力。（$\alpha=0.015$ Ns^2/m^4，$h_{摩}=324$ Pa）

3-2 某巷道有三种支护形式，断面面积均为 8 m^2，第一段为三心拱混凝土砌碹巷道，巷道不抹灰浆，巷道长 400 m；第二段为工字梁梯形巷道，工字梁高 $d_0=10$ cm，支架间距为 0.5 m，巷道长 500 m；第三段为木支架梯形巷道，支架直径 $d_0=20$ cm，支架间距为 0.8 m，巷道长 300 m，该巷道的风量为 20 m^3/s。试分别求出各段巷道的风阻和摩擦阻力。（第一段 $R_1=0.053\ 5$ Ns^2/m^8，$h_1=21.4$ Pa；第二段 $R_2=0.208$ Ns^2/m^8，$h_2=83.2$ Pa；第三段 $R_3=0.1$ Ns^2/m^8，$h_3=40$ Pa）

3-3 某巷道摩擦阻力系数 $\alpha=0.004$ Ns^2/m^4，通过的风量 $Q=40$ m^3/s，空气的密度 $\rho=1.25$ kg/m^3，在突然扩大段，巷道断面面积由 $S_1=6$ m^2 变为 $S_2=12$ m^2。试求：

（1）突然扩大段的局部阻力。（9.7 Pa）

（2）其他条件不变，若风流由大断面流向小断面，则突然缩小段的局部阻力又是多少？（9.1 Pa）

3-4 某矿井的风量为 100 m^3/s，阻力为 2 158 Pa，试求其风阻和等积孔，并绘制风阻特性曲线。（$R=0.215\ 8$ Ns^2/m^8，$A=2.56$ m^2）

3-5 用单管倾斜压差计与静压管测量一条运输大巷的阻力。该巷为半圆拱料石砌碹，测点 1 与测点 2 处的巷道断面面积为 $S_1=8.8$ m^2，$S_2=8.0$ m^2，测点 1、2 的间距是 300 m，通过该巷道的风量是 30 m^3/s，单管倾斜压差计的读数 $L=21.1$ mm 液柱，读数时的仪器校正系数 $K=0.2$，测点 1 的空气密度 $\rho_1=1.25$ kg/m^3，测点 2 的空气密度 $\rho_2=1.21$ kg/m^3，试计算该巷道的摩擦阻力和摩擦阻力系数，并将摩擦阻力系数换成标准值。（$h_{摩}=39.9$ Pa，$\alpha_{测}=0.007\ 8$ Ns^2/m^4，$\alpha_{标}=0.007\ 6$ Ns^2/m^4）

学习情境四　矿井通风动力

在矿井通风中,必须提供足够通风动力以克服空气阻力,才能促使空气在井巷中流动。矿井通风动力有由自然条件形成的自然风压和由通风机提供的机械风压两种。

任务一　自然风压的认识

一、自然风压的形成及特性

如图 4-1 所示为一个没有通风机工作的矿井。

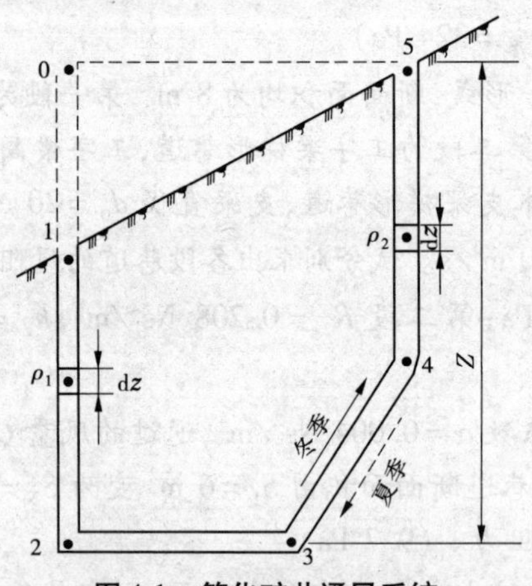

图 4-1　简化矿井通风系统

风流从气温较低的井筒进入矿井,从气温较高的井筒流出。不仅如此,在正在开凿的立井井筒中,冬季风流会沿井筒中心一带进入井下,而沿井壁流出井外;夏季风流方向正好相反。这是由于空气温度与井筒围岩温度存在差异,空气与围岩进行热交换,造成进风井筒与回风井筒、井筒中心一带与井壁附近空气存在温度差,气温低处的空气密度比气温高处的空气密度大,使得不同地方的相同高度空气柱重量不等,从而使风流发生流动,形成了自然通风现象。我们把这个空气柱的重量差称为自然风压 $H_{自}$。

由上述可见,如果把地表大气视为一个断面无限大、风阻为零的假想风路,则可将通风系统视为一个有高差的闭合回路,由自然风压的形成原因,可得到其计算公式为

$$H_{自} = \int_0^2 \rho_1 g \mathrm{d}z - \int_3^5 \rho_2 g \mathrm{d}z \tag{4-1}$$

式中　Z——矿井最高点到最低点间的距离,m;

g——重力加速度,m/s^2;

ρ_1、ρ_2——0－1－2 和 5－4－3 井巷中 dz 段空气密度,kg/m^3。

由于空气密度 ρ 与高度 Z 有着复杂的函数关系,因此用式(4-1)计算自然风压比较困

难。为了简化计算，一般先测算出 0－1－2 和 5－4－3 井巷中空气密度的平均值$\rho_{均进}$、$\rho_{均回}$，分别代替式(4-1)中的ρ_1和ρ_2，则式(4-1)可写为

$$H_{自} = (\rho_{均进} - \rho_{均回})gZ \tag{4-2}$$

【例 4-1】　如图 4-1 所示的自然通风矿井，测得$\rho_0 = 1.3\ \mathrm{kg/m^3}$，$\rho_1 = 1.26\ \mathrm{kg/m^3}$，$\rho_2 = 1.16\ \mathrm{kg/m^3}$，$\rho_3 = 1.14\ \mathrm{kg/m^3}$，$\rho_4 = 1.15\ \mathrm{kg/m^3}$，$\rho_5 = 1.3\ \mathrm{kg/m^3}$，$Z_{01} = 45\ \mathrm{m}$，$Z_{12} = 100\ \mathrm{m}$，$Z_{34} = 65\ \mathrm{m}$，$Z_{45} = 80\ \mathrm{m}$，试求该矿井的自然风压，并判断其风流方向。

解　假设风流方向由 0－1－2 井筒进入，由 3－4－5 井筒排出。

计算各测段的平均空气密度：

$$\rho_{01} = \frac{\rho_0 + \rho_1}{2} = \frac{1.3 + 1.26}{2} = 1.28(\mathrm{kg/m^3})$$

$$\rho_{12} = \frac{\rho_1 + \rho_2}{2} = \frac{1.26 + 1.16}{2} = 1.21(\mathrm{kg/m^3})$$

$$\rho_{34} = \frac{\rho_3 + \rho_4}{2} = \frac{1.14 + 1.15}{2} = 1.145(\mathrm{kg/m^3})$$

$$\rho_{45} = \frac{\rho_4 + \rho_5}{2} = \frac{1.15 + 1.3}{2} = 1.225(\mathrm{kg/m^3})$$

计算进、出风井两侧空气柱的平均密度：

$$\rho_{均进} = \frac{Z_{01} \times \rho_{01} + Z_{12} \times \rho_{12}}{Z_{01} + Z_{12}} = \frac{45 \times 1.28 + 100 \times 1.21}{45 + 100} = 1.23(\mathrm{kg/m^3})$$

$$\rho_{均回} = \frac{Z_{34} \times \rho_{34} + Z_{45} \times \rho_{45}}{Z_{34} + Z_{45}} = \frac{65 \times 1.145 + 80 \times 1.225}{65 + 80} = 1.189(\mathrm{kg/m^3})$$

则

$$H_{自} = (\rho_{均进} - \rho_{均回})gZ = (1.23 - 1.189) \times 9.81 \times 145 = 58.32(\mathrm{Pa})$$

求得的$H_{自}$为正值，说明风流方向与假设方向一致，从 0－1－2 井筒进入，由 3－4－5 井筒流出。

自然风压具有如下几种性质：

(1)形成矿井自然风压的主要原因是矿井进、出风井两侧的空气柱重量差。不论有无机械通风，只要矿井进、出风井两侧存在空气柱重量差，就一定存在自然风压。

(2)矿井自然风压的大小和方向，取决于矿井进、出风井两侧空气柱的重量差的大小和方向。这个重量差又受进、出风井两侧的空气柱的密度和高度影响，而空气柱的密度取决于大气压力、空气温度和湿度。由于自然风压受上述因素的影响，所以自然风压的大小和方向会随季节变化，甚至昼夜之间也可能发生变化，单独用自然风压通风是不可靠的。因此《规程》规定，每一个生产矿井必须采用机械通风。

(3)矿井自然风压与井深成正比，矿井自然风压与空气柱的密度成正比，因而与矿井空气大气压力成正比，与温度成反比。地面气温对自然风压的影响比较显著。地面气温与矿区地形、开拓方式、井深以及是否采用机械通风有关。一般来说，由于矿井出风侧气温常年变化不大，而浅井进风侧气温受地面气温变化影响较大，深井进风侧气温受地面气温变化影响较小，所以矿井进、出风井井口的标高差越大，矿井越浅，矿井自然风压受地面气温变化的影响也越大，一年之内不但大小会变化，甚至方向也会发生变化；反之，深井自然风压一年之内大小虽有变化，但一般没有方向上的变化。

(4)主要通风机工作对自然风压的大小和方向也有一定的影响。因为矿井主要通风机的工作决定了矿井风流的主要流向,风流长期与围岩进行热交换,在进风井周围形成了冷却带,此时即使通风机停转或通风系统改变,进、回风井筒之间仍然会存在气温差,从而仍在一段时间之内有自然风压起作用,有时甚至会干扰主要通风机的正常工作,这在建井时期表现尤为明显,需要引起注意。

二、自然风压的控制和利用

自然通风作用在矿井中普遍存在,它在一定程度上会影响矿井主要通风机的工况。要想很好地利用自然通风来改善矿井通风状况和降低矿井通风阻力,就必须根据自然风压的产生原因及影响因素,采取有效措施对自然风压进行控制和利用。

(一)对自然风压的控制

在深井中自然风压一般常年都帮助主要通风机通风,只是在季节改变时其大小会发生变化,可能影响矿井风量。但在某些深度不大的矿井中,夏季自然风压可能阻碍主要通风机的通风,甚至会使小风压风机通风的矿井局部地点风流反向。这在矿井通风管理工作中应予以重视,尤其在山区多井筒通风的高瓦斯矿井中应特别注意,以免造成风量不足或局部井巷风流反向酿成事故。为防止自然风压对矿井通风的不利影响,应对矿井自然通风情况做充分的调查研究和实际测量工作,掌握通风系统及各水平自然风压的变化规律,这是采取有效措施控制自然风压的基础。在掌握矿井自然风压特性的基础上,可根据情况采取安装高风压风机的方法对自然风压加以控制,也可适时调整主要通风机的工况点,使其既能满足矿井通风需要,又可节约电能。

(二)设计和建立合理的矿井通风系统

由于矿区地形、开拓方式和矿井深度的不同,地面气温变化对自然风压的影响程度也不同。在山区和丘陵地带,应尽可能利用进、出风井口的标高差,将进风井布置在较低处,出风井布置在较高处。如果采用平硐开拓,有条件时应将平硐作为进风井,并将井口尽量迎向常年风向,或者在平硐口外设置适当的导风墙,出风平硐口设置挡风墙。进、出风井口标高差较小时,可在出风井口修筑风塔,风塔高度以不低于 10 m 为宜,以增加自然风压。

(三)人工调节进、出风侧的气温差

在条件允许时,可在进风井巷内设置水幕或借井巷淋水冷却空气,以增加空气密度,同时可起到净化风流的作用。在出风井底处利用地面锅炉余热等措施来提高回风流气温,减小回风井空气密度。

(四)降低井巷风阻

尽量缩短通风路线或采用平行巷道通风;当各采区距离地表较近时,可用分区式通风;各井巷应有足够的通风断面,且应保持井巷内无杂物堆积,防止漏风。

(五)消灭独井通风

在建井时期可能会出现独井通风现象,此时可根据条件用风障将井筒隔成一侧进风另一侧出风;或用风筒导风,使较冷的空气由井筒进入,较热的空气从导风筒排出。也可利用钻孔构成通风回路,形成自然风压。

(六)注意自然风压在非常时期对矿井通风的作用

在制订《矿井灾害预防和处理计划》时,要考虑到万一主要通风机因故停转,如何采取措施利用自然风压进行通风以及此时自然风压对通风系统可能造成的不利影响,制定预防措施,防患于未然。

三、自然风压的测定

生产矿井自然风压的测定方法有两种:直接测定法和间接测定法。

(一)直接测定法

矿井在无通风机工作或通风机停止运转时,在总风流的适当地点设置临时隔断风流的密闭,将矿井风流严密遮断,而后用压差计测出密闭两侧的静压差,该静压差便是矿井的自然风压值。或将风硐中的闸门完全放下,然后由通风机房水柱计直接读出矿井自然风压值(见图4-2)。

(二)间接测定法

以抽出式通风矿井为例介绍自然风压的间接测定法。

如图4-3所示的抽出式通风矿井,因风硐中通风机入口风流的相对全压 $h_{全}$(Pa)与自然风压 $H_{自}$(Pa)的代数和等于矿井的通风阻力,即

$$h_{全} + H_{自} = RQ^2 \tag{4-3}$$

式中　R——矿井总风阻,Ns^2/m^8;

Q——矿井总风量,m^3/s。

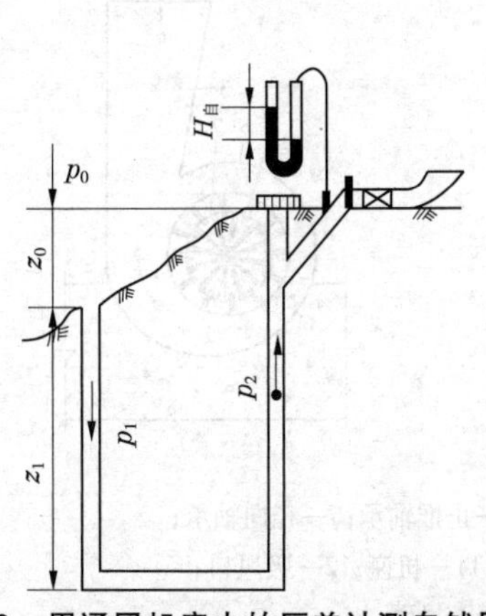

图4-2　用通风机房中的压差计测自然风压

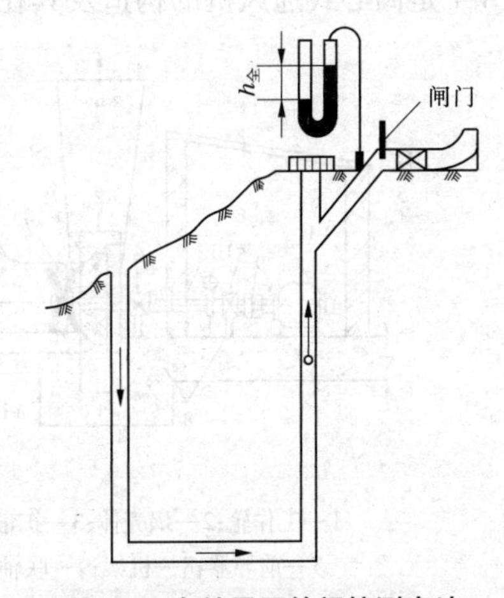

图4-3　自然风压的间接测定法

所以,首先在通风机正常运转时,测出矿井总风量 Q 及通风机入风口处风流的相对全压 $h_{全}$,而后停止主要通风机的运转,若有自然风流,立即测出自然风流的风速 $v_{自}$,计算出自然通风的风量 $Q_{自}=Sv_{自}$,S 是测 $v_{自}$ 处的风硐的断面面积,可得式(4-4):

$$H_{自} = RQ_{自}^2 \tag{4-4}$$

由式(4-3)和式(4-4)得矿井自然风压为

$$H_{自} = h_{全}\frac{Q_{自}^2}{Q^2 - Q_{自}^2} \tag{4-5}$$

任务二　认识矿井主要通风机及其附属装置

矿井通风动力中自然风压较小，且不稳定，不能保证矿井通风的要求，因此《规程》规定，每一个矿井都必须采用机械通风。我国煤矿已普遍使用机械通风。在全国统配煤矿中，主要通风机的平均电能消耗量占全矿电能消耗量的比重较大，据统计，国有煤矿主要通风机平均电耗占矿井电耗的20%～30%，个别矿井通风设备的耗电量可达50%。因此，合理选择和使用主要通风机，不但能使矿井安全得到根本的保证，同时对改善井下的工作条件、提高煤矿的主要技术经济指标也有重要作用。

矿用通风机按照其服务范围和所起的作用分为三种：

(1)主要通风机。担负整个矿井或矿井的一翼或一个较大区域通风的通风机，称为主要通风机。

(2)辅助通风机。用来帮助矿井主要通风机对一翼或一个较大区域克服通风阻力，增加风量的通风机，称为辅助通风机。

(3)局部通风机。供井下某一局部地点通风使用的通风机，称为局部通风机。一般服务于井巷掘进通风。

矿用通风机按照构造和工作原理不同，又可分为离心式通风机和轴流式通风机。

一、离心式通风机

图4-4是离心式通风机的构造及其在矿井通风井口作抽出式通风的示意图。

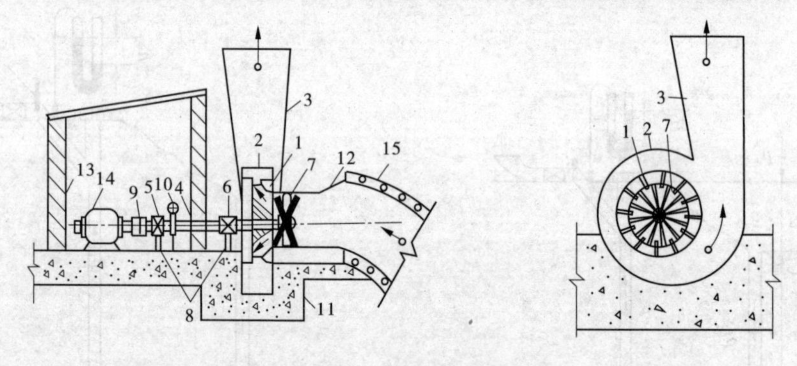

1—工作轮；2—蜗壳体；3—扩散器；4—主轴；5—止推轴承；6—径向轴承；
7—前导器；8—机架；9—联轴器；10—制动器；11—机座；12—吸风口；
13—通风机房；14—电动机；15—风硐

图4-4　离心式通风机的构造

离心式通风机主要由工作轮、蜗壳体、主轴和电动机等部件构成。工作轮是由固定在机轴上的轮毂以及安装在轮毂上的一定数量的机翼形叶片构成的。风流沿叶片间的流道流动。叶片按其在流道出口处安装角β_2的不同，可分为前倾式($\beta_2<90°$)、径向式($\beta_2=90°$)、后倾式($\beta_2>90°$)三种。因为后倾叶片的通风机当风量变化时风压变化较小，且效率较高，所以矿用离心式通风机多为后倾式。工作轮叶片的构造角度如图4-5所示。

空气进入通风机的形式，有单侧吸入和双侧吸入两种。其他条件相同时，双吸风口通风

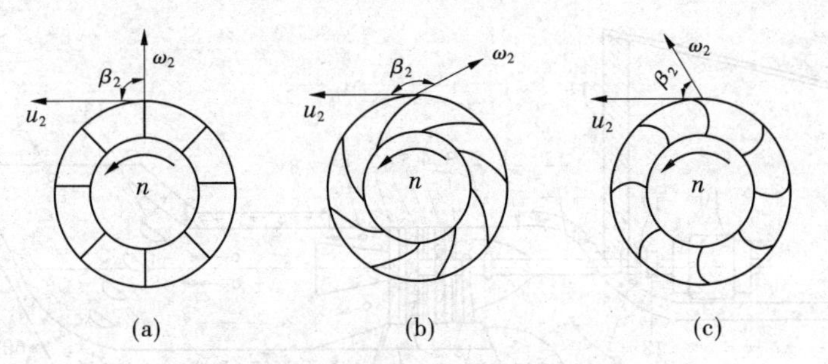

w_2—工作轮出风口叶片的切线速度；u_2—工作轮圆周速度

图 4-5　工作轮叶片的构造角度

机的动轮宽度和风量是单吸风口通风机的 2 倍。在吸风口与工作轮之间还装有前导器，使进入叶轮的气流发生预旋绕，以达到调节风压的目的。

当电动机传动装置带动工作轮在机壳中旋转时，叶片流道间的空气随叶片的旋转而旋转，获得离心力，经叶端被抛出工作轮，流到螺旋状机壳里。在机壳内，空气流速逐渐减小，压力升高，然后经扩散器排出。与此同时，在叶片的入口即叶根处形成较低的压力，使吸风口处的空气自叶根流入叶道，从叶端流出，如此源源不断形成连续流动。

目前，我国生产的离心式通风机较多，适用煤矿作主要通风机的有 4－72－11 型、G4－73－11 型、K4－73－01 型等。型号参数的含义以 K4－73－01№32 型为例说明如下：

K4－73－01№32

K——矿用；

4——效率最高点压力系数的 10 倍，取整数；

73——效率最高点比转速，取整数；

0——通风机进风口为双面吸入；

1——第一次设计；

№32——通风机机号，为叶轮直径，dm。

二、轴流式通风机

轴流式通风机的构造如图 4-6 所示。

轴流式通风机主要由进风口、工作轮、整流器、主体风筒、扩散器和传动轴等部件组成。进风口是由集风器和疏流罩构成的断面逐渐缩小的环形通道，使进入工作轮的风流均匀，以减少阻力，提高效率。

工作轮是由固定在轴上的轮毂和以一定角度安装在其上的叶片构成的。工作轮有一级和二级两种。二级工作轮产生的风压是一级的 2 倍。工作轮的作用是增加空气的全压。整流器（导叶）安装在每一级工作轮之后，为固定轮。其作用是整直由工作轮流出的旋转气流，减少动能和涡流损失。

环形扩散器是使从整流器流出的环状气流逐渐扩张，过渡到全断面。随着断面的扩大，空气的一部分动压转换为静压。

叶片用螺栓固定在轮毂上，呈中空梯形，横截面和机翼形状相似。在叶片迎风侧作一外切线，称为弦线，弦线与工作轮旋转方向（u）的夹角称为叶片安装角，以 θ 表示。θ 角是可调的。因为通风机的风压、风量的大小与 θ 角有关，所以工作时可根据所需要的风量、风压调

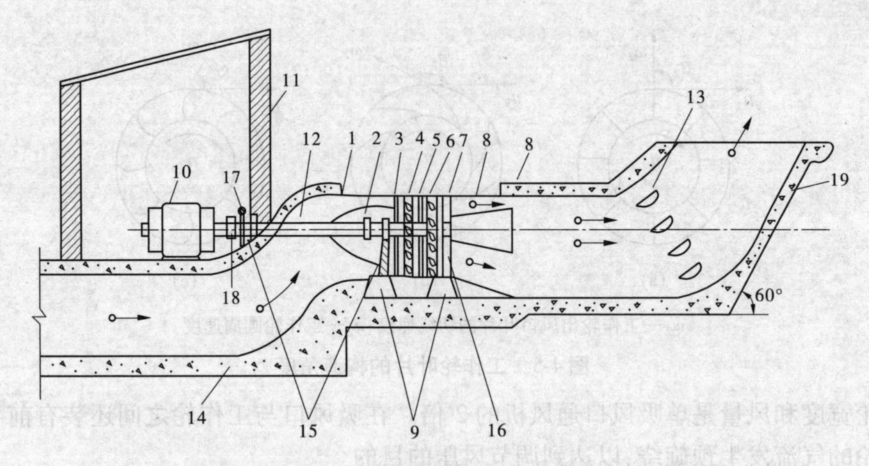

1—集风器;2—流线体;3—前导器;4—第一级工作轮;5—中间整流器;
6—第二级工作轮;7—后整流器;8—环形或水泥扩散器;9—机架;10—电动机;
11—通风机房;12—风硐;13—导流板;14—基础;15—径向轴承;16—止推轴承;
17—制动器;18—齿轮联轴节;19—扩散塔

图 4-6　轴流式通风机的构造

节 θ 的角度。一级通风机 θ 角的调节范围是 10° ~40°,二级通风机 θ 角的调节范围是 15° ~45°,可按相邻角度差 5°或 2.5°调节,但每个工作轮上的 θ 角必须严格保持一致。轴流式通风机叶片的构造如图 4-7 所示。

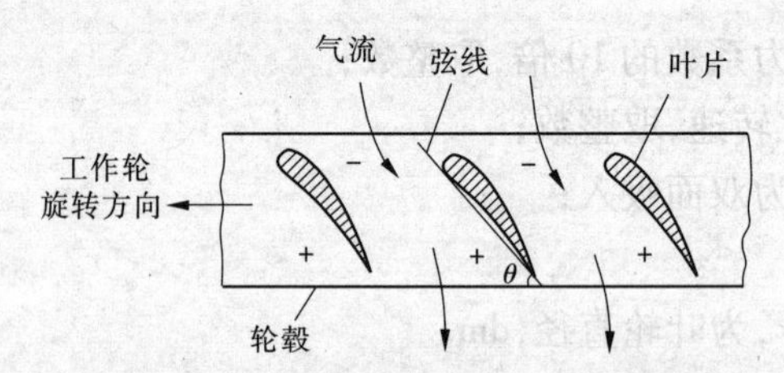

图 4-7　轴流式通风机叶片的构造

为减少能量损失和提高通风机的工作效率,还设有集风器和流线体。集风器是在通风机入风口处呈喇叭状圆筒的机壳,以引导气流均匀平滑地流入工作轮;流线体是位于第一级工作轮前方的呈流线型的半球状罩体,安装在工作轮的轮毂上,用以避免气流与轮毂冲击。

目前,我国生产的轴流式通风机中,适用于煤矿作主要通风机的有 2K60 型、GAF 型、2K56 型、KZS 型等。型号参数的含义以 2K60 - 1 - №24 型为例说明如下:

2K60 - 1 - №24

2——两级叶轮;

K——矿用;

60——轮毂比的 100 倍;

1——结构设计序号;

№24——通风机机号,为叶轮直径,dm。

三、对旋式通风机

对旋式通风机由集流器、一级通风机、二级通风机、扩散筒和扩散塔组成。通风机采用对旋式结构，一、二级叶轮相对安装，旋转方向相反；叶片采用机翼形扭曲叶片，叶面也互为反向，省去了一般轴流式通风机的中、后导叶，减少了压力损失，提高了通风机效率。此外，还具有噪声低，可调范围广，无喘振，防爆性能好，安装维修方便等优点。

目前，旋式通风机有数十个系列。作为煤矿主要通风机使用的有BD或BDK系列高效节能矿用防爆对旋式通风机，最高静压效率可达85%，噪声不大于85 dB(A)。局部通风机主要有FDC－1№6/30型、FSD－2×18.5型、DSF－6.3/60型、DSFA－5型、BDJ60系列、2BKJ－6.0/3.0型、KDF型等。型号参数的含义以BDK65A－8－№24型为例说明如下：

BDK65A－8－№24

B——防爆型；

D——对旋结构；

K——矿用；

65——轮毂比的100倍；

A——叶片数目配比为A种；

8——配用8极电机；

№24——通风机机号，为叶轮直径，dm。

四、主要通风机附属装置

矿井使用的主要通风机，除主机外尚有一些附属装置。主要通风机和附属装置总称为通风机装置。附属装置有风硐、扩散器、防爆门和反风装置等。

（一）风硐

风硐是连接通风机和风井的一段巷道，如图4-8所示。

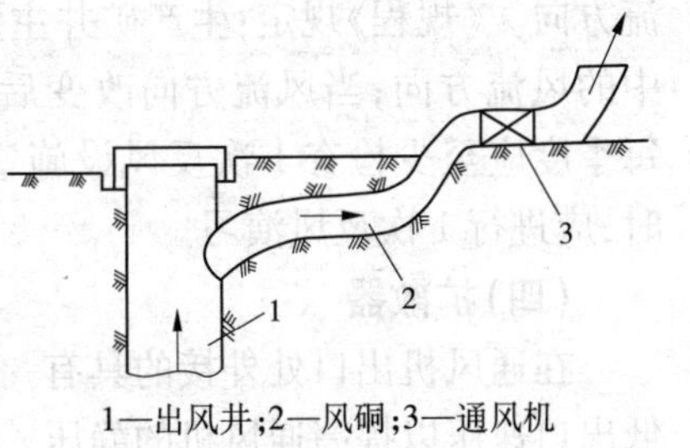

1—出风井；2—风硐；3—通风机

图4-8　风硐

因为通过风硐的风量很大，风硐内外压力差也较大，其服务年限长，所以风硐多用混凝土、砖石等材料建筑，对设计和施工的质量要求较高。

良好的风硐应满足以下要求：

(1)应有足够大的断面，风速不宜超过15 m/s。

(2)风硐的风阻不应大于0.019 6 Ns^2/m^8，阻力不应大于200 Pa。风硐不宜过长，与井筒连接处要平缓，转弯部分要呈圆弧形，内壁要光滑，并无堆积物，拐弯处应安设导流叶片，以减少阻力。

(3)风硐及闸门等装置，结构要严密，以防止漏风。

(4)风硐内应安设测量风速和风流压力的装置，风硐和主要通风机相连的一段长度不应小于(10～12)D(D为通风机工作轮的直径)。

(5)风硐与倾角大于30°的斜井或立井的连接口距风井1～2 m处应安设保护栅栏，以防止检查人员和工具等坠落到井筒中；在距主要通风机入风口1～2 m处也应安设保护栅栏，以防止风硐中的脏、杂物被吸入通风机。

(6)风硐直线部分要有流水坡度，以防积水。

（二）防爆门

防爆门是在装有通风机的井口上为防止瓦斯或煤尘爆炸时毁坏通风机而安装的安全

装置。

如图4-9所示为出风井口的防爆门,防爆门1用铁板焊成,四周用4条钢丝绳绕过滑轮3,用挂有配重的平衡锤4牵住防爆门,其下端放入井口圈2的凹槽中。正常通风时,它可以隔离地面大气与井下空气。当井下发生爆炸事故时,防爆门即能被爆炸波冲开,起到卸压作用以保护通风机。具体要求是:

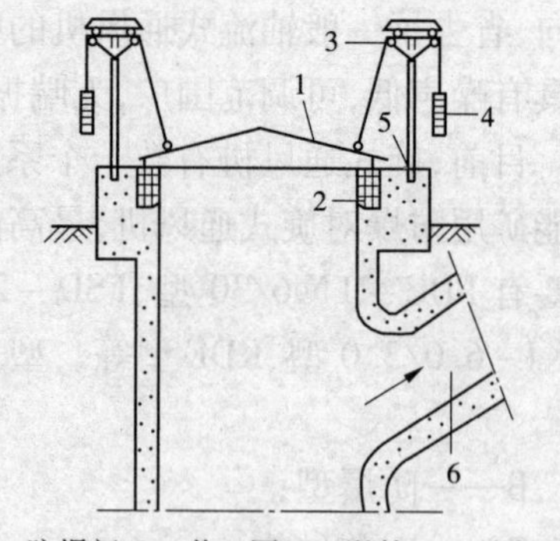

1—防爆门;2—井口圈;3—滑轮;4—平衡锤;5—支撑杆;6—风硐

图4-9 风井防爆门

防爆门应布置在出风井轴线上,其面积不得小于出风井口的断面面积。从出风井与风硐的交叉点到防爆门的距离应比从该交叉点到主要通风机吸风口的距离至少短10 m。防爆门必须有足够的强度,并有防腐和防抛出的措施。为了防止漏风,防爆门应该封闭严密。如果采用液体作密封,在冬季应选用不燃的不冻液,且要求以当地出现的十年一遇的最低温度时不冻为准。槽中应经常保持足够的液量,槽的深度必须使其内盛装的液体的压力大于防爆门内外的空气压力差。井口壁四周还应安装一定数量的压脚,当反风时用它压住防爆门,以防掀起防爆门造成风流短路。

(三)反风装置

当矿井在进风井口附近、井筒或井底车场及其附近的进风巷中发生火灾、瓦斯和煤尘爆炸时,为了防止事故蔓延,缩小灾情,以便进行灾害处理和救护工作,有时需要改变矿井的风流方向。《规程》规定:生产矿井主要通风机必须装有反风设施,并能在10 min内改变巷道中的风流方向;当风流方向改变后,主要通风机的供给风量不应小于正常供风量的40%。每季度应至少检查1次反风设施,每年应进行1次反风演习;当矿井通风系统有较大变化时,应进行1次反风演习。

(四)扩散器

在通风机出口处外接的具有一定长度、断面逐渐扩大的风道,称为扩散器。其作用是降低出口速压以提高通风机的静压。小型离心式通风机的扩散器由金属板焊接而成,大型离心式通风机的扩散器用砖或混凝土砌筑,其纵断面呈长方形,扩散器的敞角不宜过大,一般为8°~10°,以防脱流。出口断面与入口断面之比为3~4。轴流式通风机的扩散器由环形扩散器与水泥扩散器组成。环形扩散器由圆锥形内筒和外筒构成,外圆锥体的敞角一般为7°~12°,内圆锥体的敞角一般为3°~4°。水泥扩散器为一段向上弯曲的风道,它与水平线所成的夹角为60°,其高为叶轮直径的2倍,长为叶轮直径的2.8倍,出风口为长方形断面(长为叶轮直径的2.1倍,宽为叶轮直径的1.4倍)。扩散器的拐弯处为双曲线形,并安设一组导流叶片,以降低阻力。

五、主要通风机的使用及安全要求

为了保证通风机安全可靠的运转,《规程》规定:

(1)主要通风机必须安装在地面;装有通风机的井口必须封闭严密,其外部漏风率在无提升设备时不得超过5%,有提升设备时不得超过15%。

(2)必须保证主要通风机连续运转。

(3)必须安装2套同等能力的主要通风机装置,其中一套作备用,备用通风机必须能在10 min内启动。在建井期间可安装1套通风机和1部备用电动机。生产矿井现有的2套不同能力的主要通风机,在满足生产要求时,可继续使用。

(4)严禁采用局部通风机或局部通风机群作为主要通风机使用。

(5)装有主要通风机的出风井口应安装防爆门,防爆门每6个月检查、维修1次。

(6)新安装的主要通风机投入使用前,必须进行1次通风机性能测定和试运转工作,以后每5年至少进行1次性能测定。主要通风机至少每月检查1次。改变通风机转速或叶片角度时,必须经矿井技术负责人批准。

(7)主要通风机因检修、停电或其他原因停止运转时,必须制定停风措施。

主要通风机停止运转时,受停风影响的地点,必须立即停止工作、切断电源,工作人员撤到进风巷道中,由值班矿长迅速决定全矿井是否停止生产、工作人员是否全部撤出。

主要通风机在停止运转期间,对由1台主要通风机担负全矿井通风的矿井,必须打开井口防爆门和有关风门,利用自然风压通风;对由多台主要通风机联合通风的矿井,必须正确控制风流,防止风流紊乱。

任务三 通风机风压及实际特性分析与测算

一、通风机的工作参数

反映通风机工作特性的基本参数有4个,即通风机的风量$Q_{通}$、风压$H_{通}$、功率$N_{通入}$和效率η。

(一)通风机的风量$Q_{通}$

$Q_{通}$表示单位时间内通过通风机的风量,单位为m^3/s。当通风机抽出式工作时,通风机的风量等于回风道总排风量与井口漏入风量之和;当通风机压入式工作时,通风机的风量等于进风道的总进风量与井口漏出风量之和。所以,通风机的风量要用风表或皮托管与压差计在风硐或通风机扩散器处实测。

(二)通风机的风压$H_{通}$

通风机的风压有通风机全压($H_{通全}$)、静压($H_{通静}$)和动压($h_{通动}$)之分。通风机的全压表示单位体积的空气通过通风机后所获得的能量,单位为Nm/m^3或Pa,其值为通风机出口断面与入口断面上的总能量之差。因为出口断面与入口断面高差较小,其位压差可忽略不计,所以通风机的全压$H_{通全}$(Pa)为通风机出口断面与入口断面上的全压之差,即

$$H_{通全} = P_{全出} - P_{全入} \tag{4-6}$$

式中 $P_{全出}$——通风机出口断面上的全压,Pa;

$P_{全入}$——通风机入口断面上的全压,Pa。

通风机的全压$H_{通全}$(Pa)包括通风机的静压与动压两个部分,即

$$H_{通全} = H_{通静} + h_{通动} \tag{4-7}$$

由于通风机的动压是用来克服风流自扩散器出口断面进到地表大气(抽出式)或风硐(压入式)的局部阻力,所以扩散器出口断面的动压等于通风机的动压,即

$$h_{扩动} = h_{通动} \tag{4-8}$$

式中　$h_{扩动}$——扩散器出口断面的动压，Pa。

（三）通风机的功率 $N_{通入}$

通风机的输入功率 $N_{通入}$ 表示通风机轴从电动机得到的功率，单位为 kW，通风机的输入功率可用式(4-9)计算：

$$N_{通入} = \frac{\sqrt{3}\,UI\cos\varphi}{1\,000}\eta_{电}\eta_{传} \tag{4-9}$$

式中　U——线电压，V；

I——线电流，A；

$\cos\varphi$——功率因数；

$\eta_{电}$——电动机效率（%）；

$\eta_{传}$——传动效率（%）。

通风机的输出功率 $N_{通出}$ 也叫有效功率，单位为 kW，是指单位时间内通风机对通过的风量为 Q 的空气所做的功，即

$$N_{通出} = \frac{H_{通}Q}{1\,000} \tag{4-10}$$

因为通风机的风压有全压与静压之分，所以式(4-10)中当 $H_{通}$ 为全压时，即为全压输出功率 $N_{通全出}$；当 $H_{通}$ 为静压时，即为静压输出功率 $N_{通静出}$。

（四）通风机的效率 η

通风机的效率是指通风机输出功率与输入功率之比。因为通风机的输出功率有全压输出功率与静压输出功率之分，所以通风机的效率分全压效率 $\eta_{通全}$ 与静压效率 $\eta_{通静}$，即

$$\eta_{通全} = \frac{N_{通全出}}{N_{通入}} = \frac{H_{通全}Q}{1\,000N_{通入}} \tag{4-11}$$

$$\eta_{通静} = \frac{N_{通静出}}{N_{通入}} = \frac{H_{通静}Q}{1\,000N_{通入}} \tag{4-12}$$

很显然，通风机的效率越高，说明通风机的内部阻力损失越小，性能也越好。

二、通风机的个体特性及合理工作范围

（一）个体特性曲线

通风机的风量、风压、功率和效率这四个基本参数可以反映出通风机的工作特性。每一台通风机，在额定转速的条件下，对应于一定的风量，就有一定的风压、功率和效率，风量如果变动，其他三者也随之改变。表示通风机的风压、功率和效率随风量变化而变化的关系曲线，称为通风机的个体特性曲线。这些个体特性曲线不能用理论计算方法来绘制，必须通过实测来绘制。

1. 风压特性曲线

图 4-10 为离心式通风机的静压特性曲线。图 4-11 为轴流式通风机的全压、静压特性曲线以及全压效率与静压效率曲线。在煤矿中因主要通风机多采用抽出式通风，因此要绘制静压特性曲线；当采用压入式通风时，则绘制全压特性曲线。

从图 4-10 与图 4-11 可以看出，离心式通风机与轴流式通风机的风压特性曲线各有其特

点:离心式通风机的风压特性曲线比较平缓,当风量变化时,风压变化不太大;轴流式通风机的风压特性曲线较陡,并有一个"马鞍形"的"驼峰"区,当风量变化时,风压变化较大。

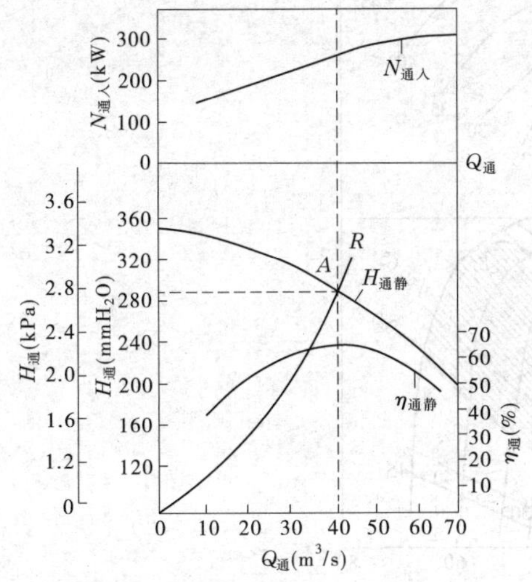

图 4-10　离心式通风机风压特性曲线

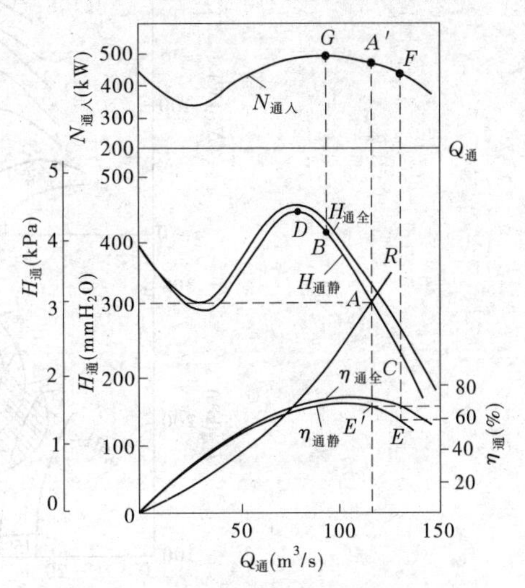

图 4-11　轴流式通风机风压特性曲线

2. 功率曲线

$N_{通入}$为通风机的输入功率曲线。从图 4-10、图 4-11 中可以看出:离心式通风机当风量增加时,功率也随之增大,所以启动时,为了避免因启动负荷过大而烧毁电动机,应先关闭闸门,然后待通风机达到正常工作转速后再逐渐打开。当供风量超过需风量过多时,矿井常常利用闸门加阻来减少工作风量,以节省电能。轴流式通风机在 B 点的右下侧功率随着风量的增加而减小,所以启动时应先全敞开或半敞开闸门,待运转稳定后再逐渐关闭闸门至其合适位置,以防止启动时电流过大,引起电动机过负荷。

3. 效率曲线

如图 4-10、图 4-11 中 η 为通风机的效率曲线。当风量逐渐增加时,效率也逐渐增大,当增大到最大值后便逐渐下降。因为轴流式通风机叶片的安装角是可调控的,因此叶片的每个安装角 θ 都相应地有一条风压曲线和功率曲线。为了使图清晰,轴流式通风机的效率一般用等效率曲线来表示,如图 4-12 所示。

等效率曲线是把各条风压曲线上的效率相同的点连接起来绘制成的。等效率曲线的绘制方法如图 4-13 所示,轴流式通风机两个不同的叶片安装角 θ_1 与 θ_2 的风压特性曲线分别为 1 与 2,效率曲线分别为 3 与 4。自各个效率值(如 0.2、0.4、0.6、0.8)画水平虚线,分别和曲线 3 与 4 相交,可得 4 对效率相等的交点,从这 4 对交点作垂直虚线分别与相应的个体风压曲线 1 与 2 相交,又在曲线 1 与 2 上得出 4 对效率相等的交点,然后把相等效率的交点连接起来,即得出图中 4 条等效率曲线:$\eta=0.2$、0.4、0.6、0.8。

(二)通风机的工况点及合理工作范围

当以同样的比例把矿井总风阻曲线绘制于通风机个体特性曲线图中时,则风阻曲线与风压曲线交于 A 点,此点就是通风机的工作点,如图 4-10、图 4-11 所示。从图 4-11 中工作点 A 可看出,此时通风机的静压为 3 kPa,风量为 115 m^3/s,功率为 450 kW(A'点决定),静压效率为 0.68(E'点决定)。试验证明,如果轴流式通风机的工作点位于风压曲线"驼峰"的左

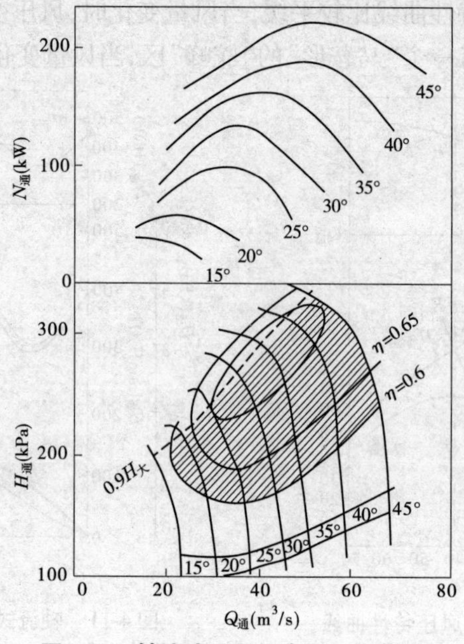

图 4-12　轴流式通风机合理工作范围

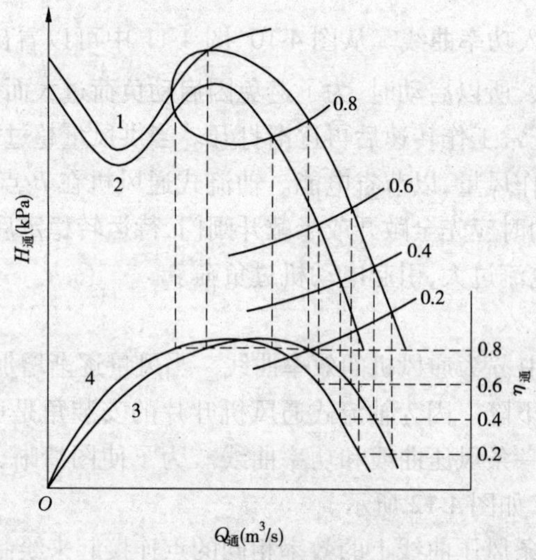

图 4-13　等效率曲线的绘制

侧（D 点左侧），通风机的运转就可能产生不稳定状况，即工作点发生跳动，风量忽大忽小，声音极不正常，所以通风机的工作风压不应大于最大风压的 90%，即工作点应在 B 点以下。为了经济，主要通风机的效率不应低于 60%，即工作点应在 C 点以上。BC 段就是通风机合理的工作范围。对于图 4-12，其合理工作范围为图中阴影部分。

三、比例定律和类型特性曲线

（一）比例定律

同类型（或同系列）通风机是指通风机的几何尺寸、运动和动力相似的一组通风机。两个通风机相似是气体在通风机内流动过程相似，或者说它们之间在任一对应点的同名物理量之比保持常数。同一系列通风机在相似工况点的流动是彼此相似的。对同类型的通风机,当转速 n、叶轮直径 D 和空气密度 ρ 发生变化时,通风机的性能也发生变化。这种变化可应用通风机的比例定律说明其性能变化规律。根据通风机的相似条件,可求出通风机的比例定律为

$$\frac{H_{通1}}{H_{通2}} = \frac{\rho_1}{\rho_2}\left(\frac{n_1}{n_2}\right)^2\left(\frac{D_1}{D_2}\right)^2 \tag{4-13}$$

$$\frac{Q_{通1}}{Q_{通2}} = \frac{n_1}{n_2}\left(\frac{D_1}{D_2}\right)^3 \tag{4-14}$$

$$\frac{N_1}{N_2} = \frac{\rho_1}{\rho_2}\left(\frac{n_1}{n_2}\right)^3\left(\frac{D_1}{D_2}\right)^5 \tag{4-15}$$

$$\eta_1 = \eta_2 \tag{4-16}$$

式(4-13)~式(4-16)说明:通风机的风压与空气密度的一次方、转速的二次方、叶轮直径的二次方成正比,通风机的风量与转速的一次方、叶轮直径的三次方成正比,通风机的功率与空气密度的一次方、转速的三次方、叶轮直径的五次方成正比,通风机对应工作点的效率相等。

【例4-2】 某矿使用 4－72－11№20B 离心式通风机作主要通风机,在转速 $n=630$ r/min时,矿井的风量 $Q=58\ m^3/s$。后来由于生产需要,矿井总风阻增大,风量 Q 减少为 $51.5\ m^3/s$,不能满足生产要求。拟采用调整主要通风机转速的方法来维持原风量 $Q=58\ m^3/s$,试求转速应调整为多少?

解 由通风机比例定律可知,当通风机的叶轮直径 D 不变时,通风机的风量与转速成正比,即

$$n_2 = \frac{Q_2}{Q_1}n_1 = \frac{58}{51.5}\times 630 = 710(\text{r/min})$$

通风机的比例定律,在实际工作中有着重要的用途。应用比例定律,可以根据一台通风机的个体特性曲线,推算和绘制转速、叶轮直径或空气密度不相同的另一台同类型通风机的个体特性曲线。通风机制造厂就是根据通风机相似模型试验的个体特性曲线,应用比例定律,推算、绘制空气密度为 $1.2\ kg/m^3$ 时各种叶轮直径、各种转速的同类型通风机的个体特性曲线,供用户选择通风机使用。

(二)类型特性曲线

在同类型通风机中,当转速、叶轮直径各不相同时,其个体特性曲线会有很多组。为了简化和有利于比较,可将同一类型中各种通风机的特性只用一组特性曲线来表示。这一组特性曲线称为通风机的类型特性曲线或无因次特性曲线。通风机类型特性曲线的有关参数,可由比例定律得出。

1. 压力系数($\overline{H}$)

压力系数计算公式为

$$\overline{H} = \frac{H_{通}}{\rho u^2} = c(常数) \tag{4-17}$$

式中　$\overline{H}$——压力系数,无因次。

式(4-17)中,如果 $H_{通}$ 为通风机的全压,则压力系数称为全压系数;如果 $H_{通}$ 为通风机

的静压，则压力系数称为静压系数。式(4-17)表明，同类型通风机在相似工况点，其压力系数 $\overline{H}$ 为常数。

2. 流量系数($\overline{Q}$)

流量系数($\overline{Q}$)计算公式为

$$\overline{Q} = \frac{Q_{通}}{\frac{\pi}{4}D^2 u} = c(常数) \tag{4-18}$$

式中　$\overline{Q}$——流量系数，无因次。

式(4-18)表明，同类型通风机在相似工况点，其流量系数 $\overline{Q}$ 为常数。

3. 功率系数($\overline{N}$)

功率系数($\overline{N}$)计算公式为

$$\overline{N} = \frac{1\,000N}{\frac{\pi}{4}\rho D^2 u^3} = \frac{\overline{H}\,\overline{Q}}{\eta} = c(常数) \tag{4-19}$$

式中　$\overline{N}$——功率系数，无因次。

式(4-19)表明，同类型通风机在相似工况点，其效率相等，功率系数 $\overline{N}$ 为常数。

因为 $u = \frac{\pi D n}{60}$，所以通风机的风压 $H_{通}$、风量 $Q_{通}$、功率 N 与相应的无因次系数的关系式为

$$H_{通} = 0.002\,74\rho D^2 n^2 \overline{H} \tag{4-17a}$$

$$Q_{通} = 0.041\,08 D^3 n \overline{Q} \tag{4-18a}$$

$$N = 1.127 \times 10^{-7} \rho D^5 n^3 \overline{N} \tag{4-19a}$$

同类型通风机的 $\overline{H}$、$\overline{Q}$、$\overline{N}$ 和 η 可以用通风机的相似模型试验来获得，即将通风机模型与试验管道相连接运转，并利用试验管道依次调节通风机的工况点，然后测算与各工况点相对应的 $H_{通}$、$Q_{通}$、N 和 η 值，利用式(4-17a)～式(4-19a)计算出各工况点相应的 $\overline{H}$、$\overline{Q}$、$\overline{N}$ 和 η 值。然后以 $\overline{Q}$ 为横坐标，以 $\overline{H}$、$\overline{N}$ 和 η 为纵坐标绘制出 $\overline{H}—\overline{Q}$，$\overline{N}—\overline{Q}$ 和 $\eta—\overline{Q}$ 曲线，即为该类型通风机的类型特性曲线，如图 4-14 为 4－72－11 型离心式通风机类型特性曲线。

对于不同类型的通风机，可以用类型特性曲线比较其性能，可根据类型特性曲线和通风机的直径、转速推算得到个体特性曲线，由个体特性曲线亦可推算得到类型特性曲线。需要指出的是，对同一系列通风机，当几何尺寸(D)相差较大时，在加工和制造过程中很难保证流道表面相对粗糙度、叶片厚度及机壳间隙等参数完全相似，为了避免因尺寸相差较大而产生误差，有些通风机类型特性曲线有多条，可根据不同尺寸选用。在应用图 4-14 推算个体特性曲线时，№10、№12、№16、№20 号通风机就按№10 模型推算，№5、№6、№8 号通风机就按№5 模型推算。

四、通风机风压与通风阻力的关系

(一)抽出式通风矿井

抽出式通风矿井如图 4-15 所示。

对于抽出式通风矿井，通风机的全压为通风机扩散器出口断面 5 与进口断面 4 的绝对全压之差，即

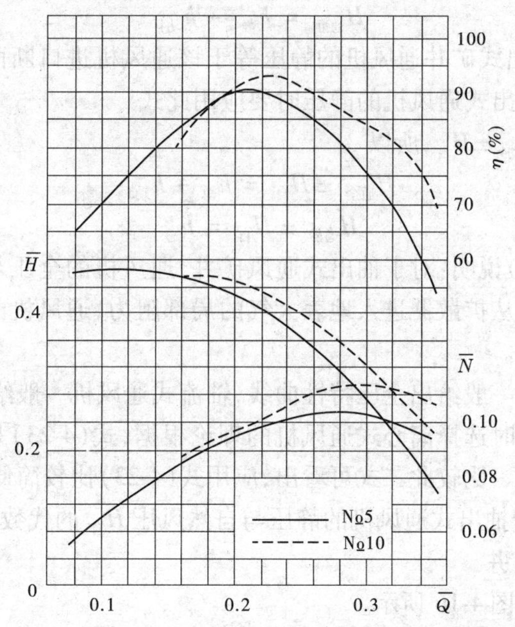

图 4-14　4－72－11 型离心式通风机类型特性曲线

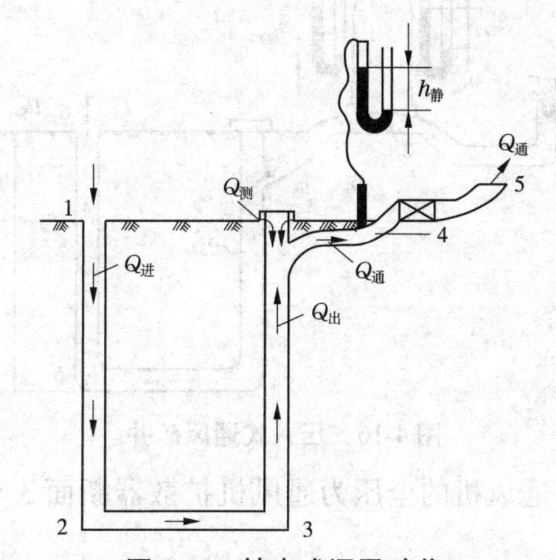

图 4-15　抽出式通风矿井

$$H_{通全} = P_{全5} - P_{全4} = (P_{静5} + h_{动5}) - (P_{静4} + h_{动4}) = (P_{静5} - P_{静4}) + (h_{动5} - h_{动4})$$

式中　$P_{全5}$、$P_{全4}$——断面 5、4 上的绝对全压；

$P_{静5}$、$P_{静4}$——断面 5、4 上的绝对静压；

$h_{动5}$、$h_{动4}$——断面 5、4 上的动压。

因为断面 5 的绝对静压就等于与该断面同标高的地表大气压力 P_0，所以 $P_{静5} - P_{静4} = P_0 - P_{静4} = h_{静4}$。$h_{静4}$ 就是断面 4 的相对静压，也是通风机房静压压差计的读数，故 $H_{通全}$ 计算式可写为

$$H_{通全} = h_{静4} - h_{动4} + h_{动5} = h_{全4} + h_{动5} \tag{4-20}$$

式(4-20)说明，抽出式通风矿井的全压等于该通风机进口断面上的相对静压减去该断面上的动压，再加上扩散器出口断面上的动压。

因为 $h_{动5} = h_{通动}$，$H_{通全} - h_{通动} = H_{通静}$，所以式(4-20)也可写为

$$H_{通静} = h_{静4} - h_{动4} \tag{4-21}$$

式(4-21)说明:抽出式矿井通风机的静压等于该通风机进口断面4的相对静压减去该断面上的动压。测算抽出式通风机的静压时要应用此式。

因为 $h_{总} = h_{静4} - h_{动4} \pm H_{自}$,所以

$$H_{通全} \pm H_{自} = h_{总} + h_{动5} \tag{4-22}$$

$$H_{通静} \pm H_{自} = h_{总} \tag{4-23}$$

式(4-22)、式(4-23)说明:对于抽出式通风矿井,通风机的全压与自然风压都用来克服矿井通风总阻力与风流从扩散器进入地表大气的局部阻力,通风机的静压与自然风压都用来克服矿井通风总阻力。

因为离心式通风机一般给出全压特性曲线,轴流式通风机一般给出静压特性曲线,所以式(4-22)是抽出式通风时选择离心式通风机的理论根据,式(4-23)是抽出式通风时选择轴流式通风机的理论根据。比较此二式可看出,应用式(4-23)比较简便,这是因为在设计时只需计算 $h_{总}$ 一项,它等于抽出式通风机的静压与自然风压 $H_{自}$ 的代数和。

(二)压入式通风矿井

压入式通风矿井如图4-16所示。

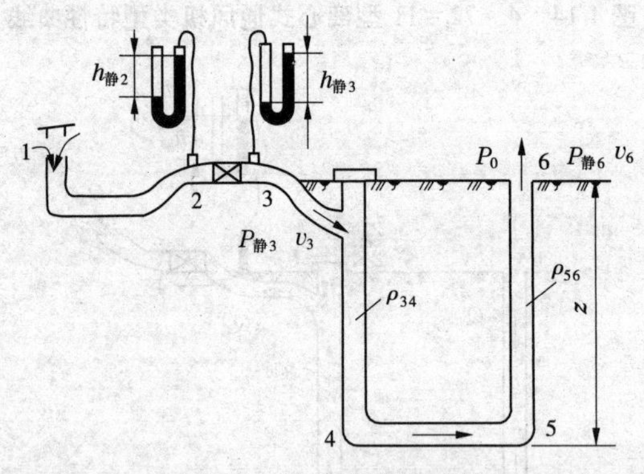

图4-16 压入式通风矿井

对于压入式通风矿井,通风机的全压为通风机扩散器断面3与通风机吸风侧断面2上绝对全压之差,即

$$H_{通全} = P_{全3} - P_{全2} = (P_{全3} - P_0) + (P_0 - P_{全2}) = h_{全3} + h_{全2} \tag{4-24}$$

因为 $h_{全3} = h_{静3} + h_{动3}$,且 $h_{动3} = h_{通动}$,则由式(4-24)得

$$H_{通静} = h_{静3} + h_{全2} = h_{静3} + h_{静2} - h_{动2} \tag{4-25}$$

当采用压入式通风时,测算通风机的全压时要应用式(4-24),测算通风机的静压时要应用式(4-25)。

因为 $h_{总} = h_{全3} + h_{全2} \pm H_{自}$,所以

$$H_{通全} \pm H_{自} = h_{总} \tag{4-26}$$

$$H_{通静} \pm H_{自} = h_{总} - h_{动3} \tag{4-27}$$

式(4-26)说明:压入式通风矿井,通风机的全压与自然风压的代数和是用来克服矿井通风总阻力的。因此,对于压入式通风的矿井,就必须选用通风机的全压特性曲线来进行工作,并使用通风机的全压效率来衡量它的工作质量。所以,此式也是采用压入式通风时选择离心式通风机的理论根据。

式(4-27)说明:压入式通风矿井,通风机的静压与自然风压 $H_{自}$ 的代数和用来克服矿井通风总阻力与通风机动压之差。这就是说,如果要使用压入式通风机的静压特性曲线,就必须用此式进行换算,即在矿井通风总阻力中减去通风机的动压,然后绘制通风机的静压特性曲线。所以,此式也是采用压入式通风时选择轴流式通风机的理论根据。

压入式通风矿井,如果主要通风机不设置抽风段,使其进风口 2 直接和地表大气相通,则通风机的全压和静压为

$$H_{通全} = P_{全3} - P_0 = (P_{静3} + h_{动3}) - P_0 = h_{静3} + h_{动3} \tag{4-28}$$

$$H_{通静} = h_{静3} \tag{4-29}$$

式(4-28)、式(4-29)就是压入式通风矿井,当主要通风机不设置抽风段时通风机的全压与静压的测算式。

因为 $h_{总} = h_{静3} + h_{动3} \pm H_{自}$,所以

$$H_{通全} \pm H_{自} = h_{总}$$

$$H_{通静} \pm H_{自} = h_{总} - h_{动3}$$

因此,对压入式通风矿井,主要通风机不设抽风段与设抽风段,风压与阻力关系的结论相同。

【例 4-3】 某主要通风机对矿井作抽出式通风,已知矿井自然风压为 $H_{自} = +200$ Pa,$H_{通静} = 1\ 320$ Pa,$Q_{通} = 104$ m^3/s,$\eta = 0.65$,试求该矿井的通风总阻力 $h_{总}$、通风机的输入功率 $N_{通}$。

解 由抽出式矿井主要通风机风压与矿井通风总阻力关系 $H_{通静} \pm H_{自} = h_{总}$,得

$$h_{总} = H_{通静} + H_{自} = 1\ 320 + 200 = 1\ 520(\text{Pa})$$

$$N_{通入} = \frac{H_{通静} Q_{通}}{1\ 000\eta} = \frac{1\ 320 \times 104}{1\ 000 \times 0.65} = 211.2(\text{kW})$$

任务四　通风机联合运转分析

两台或两台以上的通风机串联或并联在一起运行,以增加总风量,升高总风压,称为通风机的联合工作或联合运转。

一、通风机的串联

在长巷掘进局部通风中,当风筒的通风阻力过大,而风量却不需要很大时,可采用局部通风机串联工作。图 4-17 为两台局部通风机集中串联。若两台局部通风机间隔较远,则为间隔串联。现以集中串联压入式通风为例来分析其工作状况。

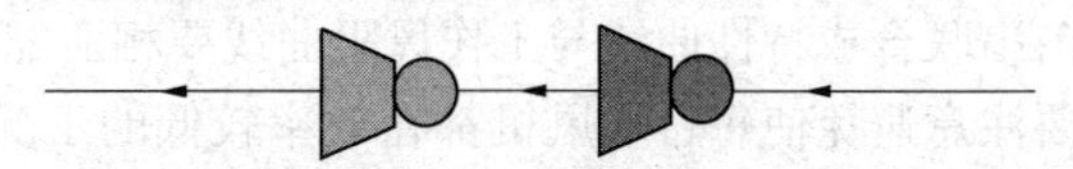

图 4-17　局部通风机集中串联

通风机串联工作时,其总风压等于各台通风机风压之和,其总风量为通过各台通风机的风量。根据上述特性,串联通风时,通风机的合成特性曲线可按“风量相等,风压相加”的原则绘制。局部通风机集中串联的合成特性曲线如图 4-18 所示。

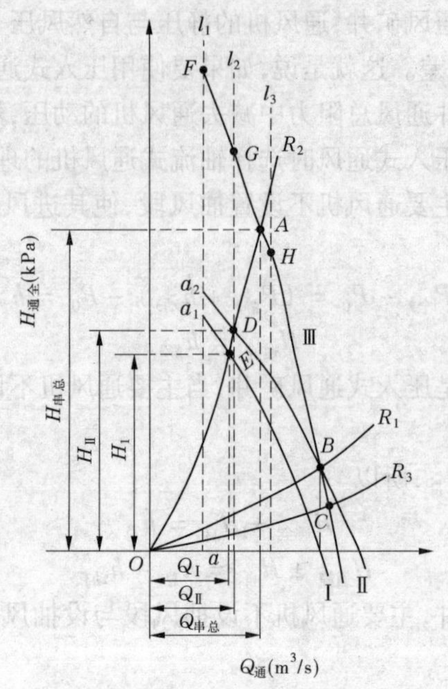

图 4-18　通风机集中串联的图解分析

在 l_1 的等风量线上，两台通风机特性曲线Ⅰ和Ⅱ上对应的风压为 aa_1 和 aa_2，将线段 aa_1 加于 aa_2 线段上即得 F 点；同理在等风量线 l_2、l_3 上可得 G、H 等点，将各点连接成光滑的曲线即可绘出串联工作时的合成特性曲线Ⅲ。

根据网络的风阻特性曲线的不同，通风机集中串联工作可能出现下述三种情况：

(1) 当网络风阻特性曲线为 R_1 时，它与合成特性曲线Ⅲ的交点为 B 点，而此 B 点就是从小通风机曲线Ⅰ与横轴的交点作垂线交于大通风机曲线Ⅱ的交点。这时串联通风的总风压和总风量与通风机Ⅱ单独工作的风压和风量一样，通风机Ⅰ在空运转，串联无效果。

(2) 当网络风阻特性曲线为 R_2 时，它与合成特性曲线Ⅲ交于 A 点（在 B 点上侧）。这时通风机串联工作的总风压 $H_{串总}$ 大于任何一台通风机单独工作时的风压，总风量 $Q_{串总}$ 大于任何一台通风机单独工作时的风量，这时串联通风是有效的。

(3) 当网络风阻特性曲线为 R_3 时，它与合成特性曲线Ⅲ交于 C 点（在 B 点下侧），这时通风机串联工作的总风压与总风量均小于通风机Ⅱ单独工作时的风压和风量，通风机Ⅰ不仅不起作用，反而成为通风阻力了。

由上述分析可知，B 点即为通风机串联工作时的临界点，通过 B 点的风阻 R_1 为临界风阻。若工作点位于 B 点的上侧，串联通风是有效的；若工作点位于 B 点的下侧，串联通风则是有害的。所以，通风机串联工作适用于因风阻过大而风量不足的风网；风压特性曲线相同的通风机串联工作较好；串联合成特性曲线与工作风阻曲线要相匹配，不能出现小能力通风机阻碍通风的情况，也要注意避免使每台通风机都在效率较低的工况下工作。当单孔长距离掘进通风风筒风阻很大时，采用局部通风机串联通风效果才显著。

二、通风机的并联

当矿井通风阻力不大，而需风量很大时，可采用通风机并联工作。通风机并联工作分为集中并联和分区并联。图 4-19 为运转主要通风机与备用主要通风机同时启动的集中并联。

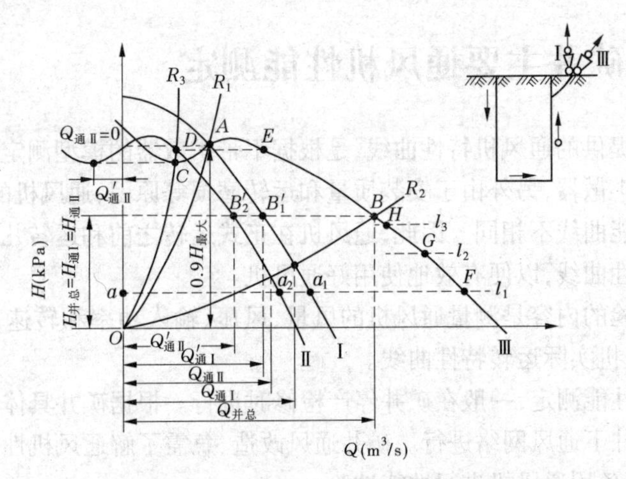

图 4-19　通风机集中并联的图解分析

通风机并联工作时，其总风压等于各台通风机的风压，总风量等于各台通风机风量之和。根据上述特性，并联通风时通风机的合成特性曲线可按“风压相等，风量相加”的原则来绘制。如图 4-19 所示，在 l_1 的风压等量线上，两台通风机特性曲线Ⅰ和Ⅱ上对应的风量为 aa_1 和 aa_2。将 aa_2 线段加于 aa_1 线段上即得 F 点，同理在各风压等量线 l_2、l_3 上可得 G、H 等点，将各点连接成光滑的曲线即可绘出并联工作时的合成特性曲线Ⅲ。

根据矿井通风网络风阻值的不同，通风机并联工作可能出现下述不同情况：

(1) 当通风网络风阻特性曲线为 R_1 时，它与合成特性曲线Ⅲ的交点 A 恰好就是通风机Ⅰ的特性曲线与同一网络风阻特性曲线的交点，此时并联通风的总风量就等于通风机Ⅰ单独工作时的风量，通风机Ⅱ通过的风量为零，不起作用，即并联通风是无效的。

(2) 当通风网络风阻特性曲线为 R_2 时，它与合成特性曲线Ⅲ的交点 B（位于 A 点右下侧）即为并联通风的工作点。从 B 点作水平线与两通风机特性曲线分别交于 B_1' 和 B_2'，由这两点确定通过两台通风机各自的风量分别为 $Q'_{通Ⅰ}$ 和 $Q'_{通Ⅱ}$，而且 $Q_{并总}=Q'_{通Ⅰ}+Q'_{通Ⅱ}$，$H_{并总}=H_{通Ⅰ}=H_{通Ⅱ}$。从图 4-19 中可看出，通风机并联工作时的总风量 $Q_{并总}$ 大于任一台通风机单独对该网络工作时的风量 $Q_{通Ⅰ}$ 或 $Q_{通Ⅱ}$，并且风阻 R 值越小，两台通风机单独对该网络工作的风量之和与并联总风量的差值越小，这就是说通风机并联工作时，其工作点在 A 点的右下侧，并联通风才有效，而且风阻值越小，其效果越好。

(3) 当通风网络风阻特性曲线为 R_3 时，它与合成特性曲线Ⅲ交于 C 点（在 A 点左侧）。此时并联通风的总风量将小于通风机Ⅰ单独对该网络工作时的风量，通风机Ⅱ出现负风量（$-Q'_{通Ⅱ}$），这就是说通风机Ⅱ并不帮助通风机Ⅰ对矿井网络通风，而成为通风机Ⅰ的进风通路，这种并联工作是不允许的。

从上述分析可知，从增加风量观点看，只要工作点位于 A 点的右下侧，通风机并联工作就有效。但是并联运转时还必须保证每台通风机处于稳定运转状态，为了保证通风机运转稳定，可由较小的一台通风机静压曲线Ⅱ的 $0.9H_{最大}$ 的 D 点，引平行线与合成特性曲线Ⅲ交于 E 点，此点即为通风机稳定工作的上临界点，即并联工作时工作点应在 E 点的右下侧，而不是在 A 点的右下侧。通风机并联工作时工作点的下临界点必须保证大通风机的效率 $\eta_{静}\geqslant 0.6$，小通风机的效率 $\eta_{静}\geqslant 0.5$。

任务五 矿井主要通风机性能测定

通风机制造厂提供的通风机特性曲线，是根据不带扩散器的模型测定获得的，而实际运行的通风机都装有扩散器，另外由于安装质量和运转磨损等原因，通风机的实际运转性能往往与厂方提供的性能曲线不相同。因此，通风机在正式运转之前和运转几年后，必须通过测定以测绘其个体特性曲线，以便有效地使用好通风机。

通风机性能试验的内容是测量通风机的风量、风压、输入功率和转速，并计算通风机的效率，然后绘出通风机实际运转特性曲线。

主要通风机的性能测定，一般在矿井停产检修时进行。根据矿井具体情况，可以采用由回风井短路或带上井下通风网络进行。矿井通风改造、急需了解通风机性能时，也可在矿井不停产条件下，采用备用通风机进行性能试验。

抽出式通风矿井，一般测算通风机的静压特性曲线、输入功率曲线和静压效率曲线；压入式通风矿井，一般测算通风机的全压特性曲线、输入功率曲线和全压效率曲线。

一、测定前的准备

（一）制订试验方案

制订试验方案时，应对回风井、风硐、通风机设备的周围环境作系统的周密调查，然后根据本矿的具体情况，确定合理可行的试验方案。

（二）准备仪表、工具和记录表格

通风机性能试验所需的仪表、工具必须经过校正，记录表格要能翔实记录试验数据，操作人员应能正确地使用。

（三）其他准备工作

（1）记录通风机和电动机的铭牌技术数据，并检查通风机和电动机各部件的完好状况。

（2）测量测风地点和安设工况调节框架处的巷道断面尺寸。

（3）在工况调节地点安装调节框架，并准备足够的木板。在测风地点安装皮托管。在电路上接入电工仪表。

（4）安装临时的联络通信设施。

（5）检查地面漏风情况，并采取堵漏措施。

（6）清除风硐内碎石等杂物和积水。

（四）组织分工

矿井总工程师负责组织通风、机电和矿山救护队等部门成立通风机试验指挥组，设总指挥一人。同时下设工况调节组、测风组、测压组、电气测量组、通信联络组、安全组和速算组，每组的人数由工作任务而定。主要通风机操作工在整个测定过程中都要参加，了解全部安排，并听从总指挥的命令。

二、测定方法与步骤

通风机性能试验的布置方式应根据具体情况因地制宜地确定，其总的要求是要选择风流稳定区为测量风量和风压的地点，以使测出的数据准确可靠。对于生产矿井，一般都是利用通风机风硐进行试验，其布置如图 4-20 所示。

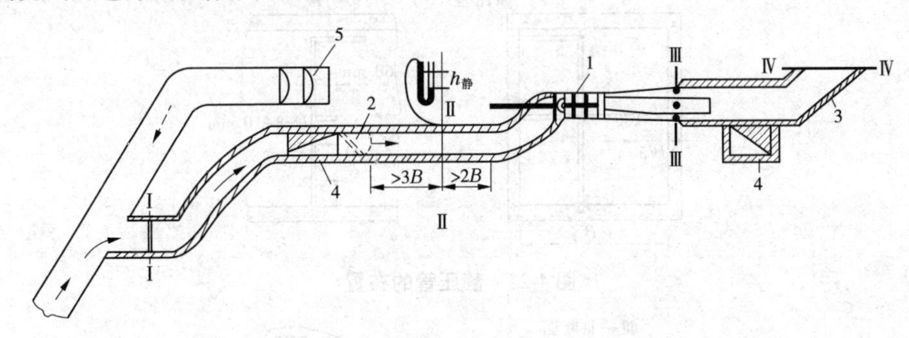

图 4-20　通风机性能试验时的布置

在Ⅰ—Ⅰ断面处设框架，用木板调节通风机的工况，在Ⅱ—Ⅱ断面处设静压管，测该断面的相对静压，用风表在Ⅱ—Ⅱ断面之后测风速，或者在Ⅲ—Ⅲ断面的圆锥形扩散器的环形空间用皮托管测算风速。

(一)工况调节的位置和方法

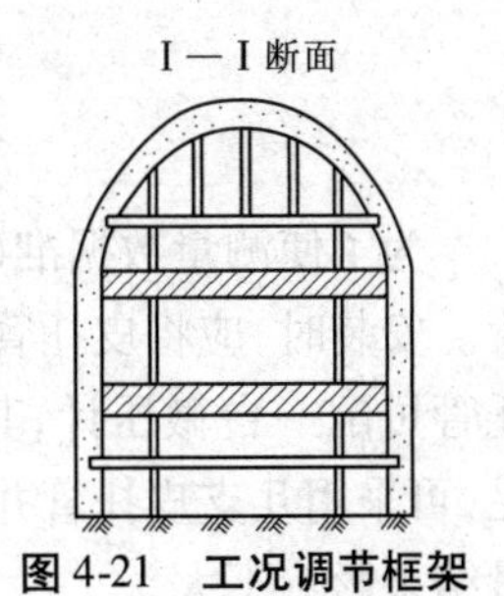

图 4-21　工况调节框架

通风机性能试验时，工况调节地点一般设在与回风井交接处的风硐口，如图 4-21 中Ⅰ—Ⅰ断面位置（当条件不许可时，可设在总回风道或利用风硐闸门与井口防爆门调节）。其方法是在调节地点的巷道内安设稳固的框架（用工字钢、木料都可），如图 4-21 所示。

靠通风机风压的吸力将薄木板吸附在其上，缩小有效断面面积以改变通风阻力。框架必须牢固、结实，安装时插入巷壁的深度应不小于 150 mm。木板也应有足够的强度，并备有多种规格，以便使用。调节工况点的数目不应少于 8 ~ 10 个，以保证测得的特性曲线光滑、连续。在轴流式通风机风压曲线的"驼峰"区，测点要密些，在稳定区测点可疏些。

离心式通风机一般采用封闭启动，即网络风阻最大时启动（又称关闸门启动），然后逐渐提升闸门降阻调节工况。轴流式通风机一般采用开路启动，即网络风阻最小时启动（又称开闸门启动），然后逐渐放下闸门增阻调节工况。

(二)通风机性能参数的测定

1. 静压的测定

静压测量的位置应在工况调节处与通风机入口之间的直线段上，距通风机入风口的 2 倍叶轮直径以外的稳定风流中，如图 4-22 中Ⅱ—Ⅱ断面处。

为了测出测压断面上的平均相对静压，可在风硐内设十字形连通管，在连通管上均匀设置静压管，然后将总管连接到压差计上，如图 4-22 所示。

2. 风速的测定

(1)用风表在工况调节处与通风机入口之间的风流稳定区测平均风速，并计算风量，例如可在图 4-22 中Ⅱ—Ⅱ断面附近测风速。

(2)用皮托管和微压计测量风流动压，然后换算成平均风速，并计算风量。皮托管可安设在测量静压的Ⅱ—Ⅱ断面处，也可以安设在通风机圆锥形扩散器的环形空间，如图 4-23 所示。

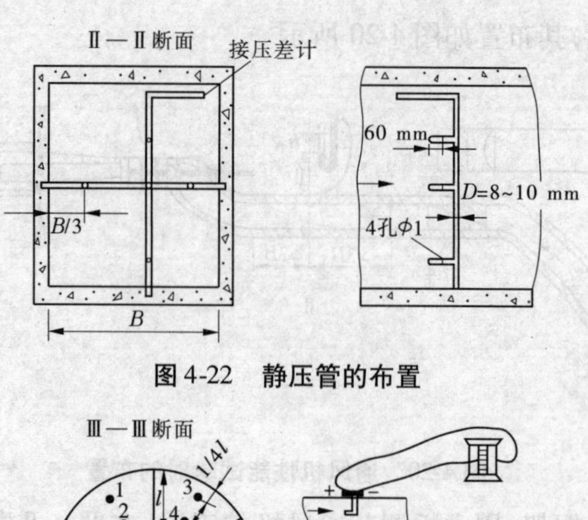

图 4-22　静压管的布置

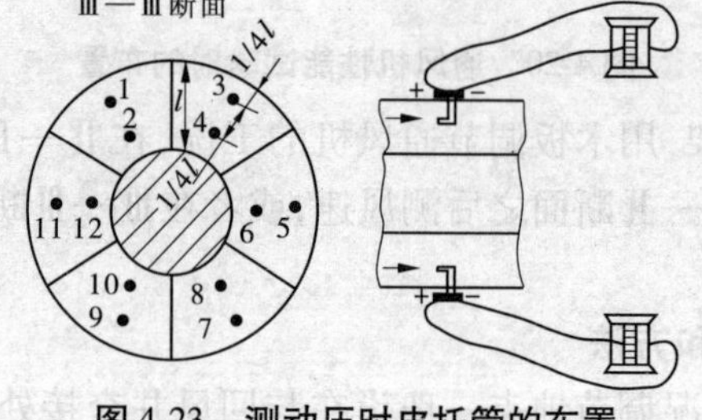

图 4-23　测动压时皮托管的布置

为了使测量数据准确可靠,在测量断面上按等面积布置多根(图 4-23 中为 12 根)皮托管。安装时,应将皮托管固定牢靠,务必使头部正对风流方向。若微压计台数充足,每支皮托管可配一台微压计,其连接方法见图 4-23,然后求动压的算术平均值。若微压计台数不足,可采用几支皮托管并联于一台微压计上,这样使读数与计算都较简便,虽有误差,但对测量结果影响不大。

3. 电动机功率及其效率的测定

电动机输入功率可用两个单相瓦特表或一个三相瓦特表来测量,也可以采用电压表、电流表和功率因数表来测量。电动机的效率可根据制造厂家的特性曲线选取,使用时间较久的电动机可采用间接方法即损耗法测定。

4. 通风机与电动机转速的测定

通风机与电动机的转速,可用转速表测定。通风机与电动机直接联动时,应测定电动机的转速。如果用皮带轮传动,应分别测定通风机和电动机的转速。

5. 空气密度的测定

用空盒气压计或数字式气压计测量风流的大气压力,用干湿球温度计测量风流的干温度和湿温度,根据大气压力和干湿球温度读数计算空气密度。

(三)操作程序及步骤

在工况调节之前,应先把防爆门打开,使矿井保持自然通风。然后由总指挥发出信号,启动通风机,待风流稳定后,即可正式测量。每个工况点按下述步骤操作:

第一声信号:进行工况调节,完毕后通知总指挥,5 min 后发出第二声信号。

第二声信号:各组调整仪器,其中用风表的测风组可开始测风。

第三声信号:各组同时读数,将测量结果记录于基础记录表中,并将结果通知速算组。速算组将各组测量结果进行速算、绘图,若认为工况点间隔合适,测量数据准确,此点测量工作即可结束,通知总指挥,转入第二点的测量工作。如此继续进行,直到将预定的测点数目测完。

在通风机性能试验中应注意以下事项：

(1)通风机应在低负荷工况下启动，随时注意电动机的负荷和各部件的温升。轴流式通风机在“驼峰”点附近应特别注意。如果发现超负荷或其他异常现象，必须立即关掉电动机进行处理。

(2)同一工况的各个参数尽可能同时测量，测量数据波动较大时，应取其平均值。

(3)测定过程中，当工况改变引起井下风量变小时，应密切注意井下瓦斯变化情况，必要时组织矿山救护队员在井下巡视，以应对紧急情况。

(4)进入风硐的工作人员，务必注意安全，工作时精力要集中，不可粗心大意。

(5)通风机试验工作宜在停产检修日进行，试验期间要停止提升与运输工作，不要开闭井下巷道中的风门，以免引起压力波动，影响试验的精确程度。

三、数据的整理与特性曲线的绘制

(一)测定数据的整理

1. 风量的计算

(1)用风表测风速时，通风机的风量 $Q'_{通}$(m^3/s)计算公式为

$$Q'_{通} = Sv$$

式中 S——测风地点风硐的断面面积，m^2；

$\bar{v}$——测风断面上的平均风速，m/s。

(2)用皮托管测风时，测压断面上的平均风速 $\bar{v}$(m/s)计算公式为

$$\bar{v} = \sqrt{\frac{2}{\rho}}\,\frac{\sum_{i=1}^{n}\sqrt{h_{动i}}}{n}$$

式中 $h_{动i}$——第 i 个测点的动压值，Pa；

n——测点数；

ρ——空气密度，kg/m^3。

(3)计算风量：

$$Q'_{通} = S_0\bar{v}$$

式中 S_0——安设皮托管处风流通过的面积，m^2。

2. 抽出式通风机静压的计算

由式(4-21)知，抽出式通风机的静压为

$$H'_{通静} = h_{静} - h_{动}$$

式中 $h_{静}$——风硐内测静压断面的相对静压，Pa。

风硐内测静压断面上的平均动压 $h_{动}$ 计算公式为

$$h_{动} = \frac{\rho}{2}\left(\frac{Q'_{通}}{S'}\right)^2$$

式中 S'——风硐内测静压断面的面积，m^2。

3. 通风机输入功率和静压输出功率的计算

通风机输入功率和静压输出功率的计算公式为

$$N'_{通入} = \frac{\sqrt{3}UI\cos\varphi}{1\ 000}\eta_{电}\eta_{传}$$

$$N'_{通静出} = \frac{H'_{通静}Q'_{通}}{1\ 000}$$

4. 通风机静压效率的计算

为了便于比较,要将通风机的上述四项数据换算到额定转速和空气密度 $\rho = 1.2\ kg/m^3$ 的条件下,然后再绘制通风机特性曲线。

(1)通风机转速的校正系数为

$$K_n = \frac{n_{额}}{n_i}$$

式中 $n_{额}$——通风机的额定转速,r/min;

n_i——第 i 个工况点实测的转速,r/min。

(2)空气密度的校正系数 K_ρ 为

$$K_\rho = \frac{\rho_0}{\rho_i} = \frac{1.2}{\rho_i}$$

式中 ρ_0——井下标准空气密度,取 $1.2\ kg/m^3$;

ρ_i——第 i 个工况点实测的空气密度,kg/m^3。

(3)校正后的通风机风量为

$$Q_{通} = Q'_{通} K_n$$

(4)校正后的通风机静压为

$$H_{通静} = H'_{通静}K_n^2K_\rho$$

(5)校正后的通风机输入功率和输出静压功率为

$$N_{通入} = N'_{通入}K_n^3K_\rho$$

$$N_{通静出} = N'_{通静出}K_n^3K_\rho$$

(6)由于静压效率为通风机的输出功率与输入功率之比,故校正前后静压效率相同。

(二)特性曲线的绘制

将上述计算结果整理,然后以 $Q_{通}$ 为横坐标,分别以 $H_{通静}$、$N_{通入}$、$\eta_{通静}$ 为纵坐标,将所对应的各点描绘于坐标图上,即可得出若干个点,用光滑的曲线将这些点连接,便可绘出通风机的个体特性曲线。

复习思考题

4-1 矿井自然风压是如何产生的?两井筒深度相同时有无自然风压?机械通风矿井中有无自然风压?

4-2 影响自然风压的大小和方向的因素有哪些?能否用人为的方法产生或增加自然风压?

4-3 机械通风的矿井如何对自然风压加以控制和利用?

4-4 自然风压如何测定?

4-5 在如图4-1所示的通风系统中,当井巷中空气流动时,2、3两点的绝对静压之差是否等于自然风压？为什么？

4-6　通风机在运转时，通风机房水柱计能否反映自然风压的大小？为什么？自然风压如何测量？

4-7　《规程》中对通风机及其附属装置的安装和使用有何规定？

4-8　用什么方法实现通风机的反风？在什么情况下才反风？《规程》中对通风机反风有何规定？

4-9　反映通风机工作特性的基本参数有哪些？它们各代表什么含义？

4-10　什么叫通风机的个体特性曲线？什么叫通风机的类型特性曲线？

4-11　轴流式通风机和离心式通风机风压特性曲线及功率特性曲线有何差异？在启动时，应注意什么问题？

4-12　什么叫通风机的工况点和工作区域？通风机的工况点应在什么区域内变动才合理？

4-13　通风机为什么要安装扩散器？

4-14　在什么情况下通风机要串联工作？在什么情况下通风机要并联工作？怎样保证通风机联合工作时安全、经济、有效？

4-15　为什么要进行通风机性能试验？试验时应测定哪些数据？使用哪些仪器？最后用什么形式表达试验结果？

习　题

4-1　在如图4-24所示的通风系统中，各测点的空气物理参数如表4-1所示，求该系统的自然风压。

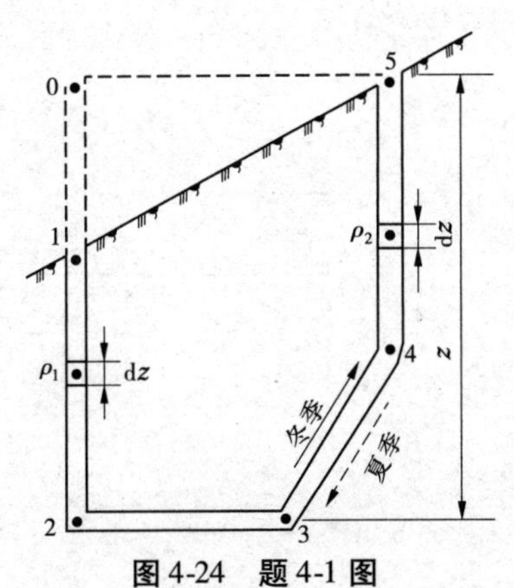

图4-24　题4-1图

表4-1　各测点的空气物理参数

测点	0	1	2	3	4	5
T(K)	268.15	270.15	283.15	288.15	296.15	296.15
P(Pa)	98 924.9	100 178.2	102 751.2	105 284.4	102 404.6	100 071.5
φ(%)	0.5			0.95		

4-2　某矿为抽出式通风，主要通风机型号为4－72－11№20型，转速$n=630$ r/min，矿井总风阻$R=0.735\ 75$ Ns^2/m^8，扩散器出口断面面积$S_{扩}=6.72$ m^2，风阻$R_{扩}=0.035\ 76$ Ns^2/m^8，不考虑自然风压，用作图法求主要通风机的工况点。

4-3　如图4-24所示的矿井，若通风机风硐中的相对静压$h_{静}=2\ 256.3$ Pa，风硐断面4的平均风速$v_4=14$ m/s，断面面积$S_4=9$ m^2，扩散器断面面积$S_5=14$ m^2，$Z_{01}=150$ m，$Z_{12}=200$ m，$\rho_{01}=1.22$ kg/m^3，$\rho_{12}=1.25$ kg/m^3，$\rho_{34}=1.2$ kg/m^3。试求该矿井的自然风压$H_{自}$、矿井通风总阻力$H_{总}$和通风机的静压$H_{通静}$、动压$h_{通动}$、全压$H_{通全}$各为多少？

（$H_{自}=127.5$ Pa，$H_{总}=2\ 266.2$ Pa，$H_{通静}=2\ 138.7$ Pa，$h_{通动}=48.6$ Pa，$H_{通全}=2\ 187.3$ Pa）

4-4　某抽出式通风矿井，从通风机房的水柱计读得$h_{静}=1\ 353.8$ Pa，风硐中测静压断面的风速为12 m/s，空气密度$\rho=1.2$ kg/m^3。当停止通风机运转关上闸板时，在通风机房水柱计上读得的读数为215.8 Pa，此时水柱计液面移动方向与通风机运转时的移动方向相反，试求该矿井的通风总阻力为多少？（$h_{总}=1\ 483.2$ Pa）

学习情境五　通风网络中风量的分配

矿井空气在井巷中流动时，风流分岔、汇合线路的结构形式，称为通风网络。用直观的几何图形来表示通风网络就得到通风网络图。本学习情境将介绍矿井通风网络图的绘制、通风网络的基本形式与特性、风量分配的基本定律、复杂通风网络解算的方法及计算机解算通风网络软件与应用等。

任务一　矿井通风网络图的绘制

一、通风网络的基本术语和概念

在通风网络中，常用到以下一些术语。

（一）分支

分支是指表示一段通风井巷的有向线段，线段的方向代表井巷风流的方向。每条分支可有一个编号，称为分支号。如图5-1中的每一条线段就代表一条分支。用井巷的通风参数如风阻、风量和风压等，可对分支赋权。不表示实际井巷的分支，如图5-1中的连接进、回风井口的地面大气分支8，可用虚线表示。

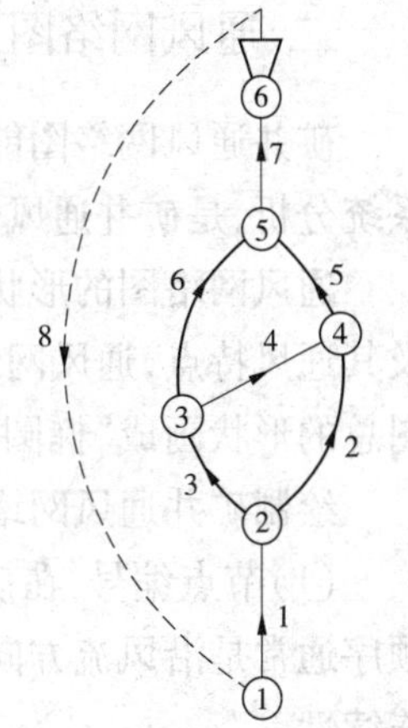

（二）节点

节点是指两条或两条以上分支的交点。每个节点有唯一的编号，称为节点号。在网络图中用圆圈加节点号表示节点，图5-1中的①~⑥均为节点。

图5-1　简单通风网络图

（三）回路

由两条或两条以上分支首尾相连形成的闭合线路，称为回路。单个回路中没有分支的，该回路又称网孔。图5-1中，1－2－5－7－8、2－5－6－3和4－5－6等都是回路，其中4－5－6是网孔，而2－5－6－3不是网孔，因为其回路中有分支4。

（四）树

由包含通风网络图的全部节点且任意两节点间至少有一条通路和不形成回路的部分分支构成的一类特殊图，称为树；由网络图余下的分支构成的图，称为余树。如图5-2所示，各图中的实线图和虚线图就分别表示图5-1的树和余树。由此可见，由同一个网络图生成的树各不相同。组成树的分支称为树枝，组成余树的分支称为余树枝。一个节点数为m、分支数为n的通风网络的余树枝数为$n-m+1$。

（五）独立回路

由通风网络图的一棵树及其余树中的一条余树枝形成的回路，称为独立回路。如

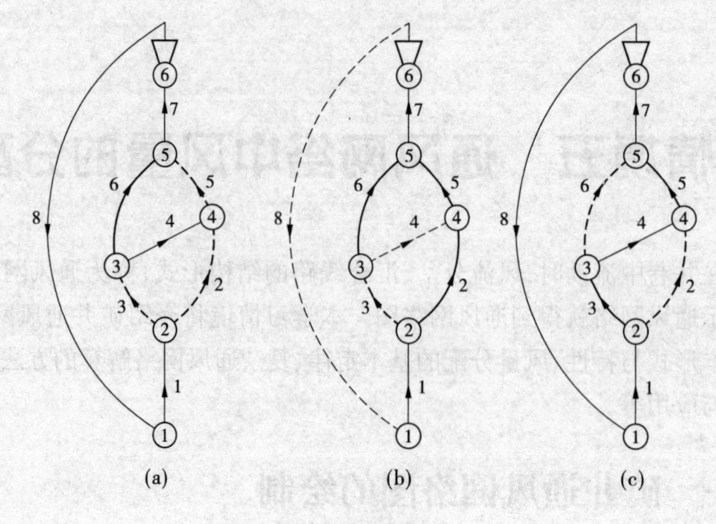

图 5-2 树和余树

图 5-2(a)中的树与余树枝 5、2、3 可组成的三个独立回路分别是 5-6-4、2-4-6-7-8-1 和 3-6-7-8-1。由 $n-m+1$ 条余树枝可形成 $n-m+1$ 个独立回路。

二、通风网络图的绘制

矿井通风网络图能清楚地反映风流的方向和分合关系，便于进行通风网络解算和通风系统分析，是矿井通风管理的重要图件之一。

通风网络图的形状是可以变化的。为了更清晰地表达通风系统中各井巷间的连接关系及其通风特点，通风网络图的节点可以移位，分支可以曲直、伸缩。通常，习惯上把通风网络图总的形状画成"椭圆"形。

绘制矿井通风网络图，一般可按如下步骤进行：

(1)节点编号：在矿井通风系统图上，沿风流方向将井巷风流的分合点进行编号。编号顺序通常是沿风流方向从小到大，亦可按系统、按翼分开编号。节点编号不能重复且要保持连续性。

(2)分支连线：将有风流连通的节点用单线条(直线或弧线)连接。

(3)图形整理：通风网络图的形状不是唯一的。在正确反映风流分合关系的前提下，应把图形画得简明、清晰、美观。

(4)标注：除标出各分支的风向、风量外，还应将进回风井、用风地点、主要漏风地点及主要通风设施等加以标注，并以图例说明。

绘制通风网络图的一般原则如下：

(1)某些距离相近的节点，其间风阻很小时，可简化为一个节点。

(2)风压较小的局部网络，可并为一个节点，如井底车场等。

(3)同标高的各进风井口与回风井口可视为一个节点。

(4)用风地点并排布置在网络图的中部，进风系统和回风系统分别布置在图的下部和上部，进回风井口节点分别位于图的最下端和最上端。

(5)分支方向(除地面大气分支外)基本应由下而上。

(6)分支间的交叉应尽可能少。

(7)节点间应有一定的间距。

【例5-1】 如图5-3所示为某矿井通风系统示意图,试绘出该矿井的通风网络图。

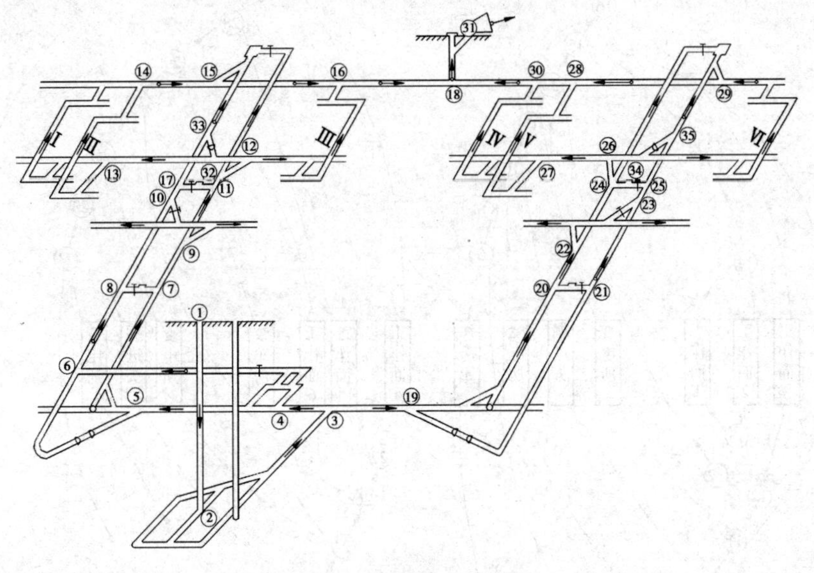

图5-3 矿井通风系统示意图

解 图5-3中矿井两翼各布置一个采区,共有6个采煤工作面和4个掘进头;独立通风硐室共有7个。矿井漏风主要考虑4处风门漏风。根据上述绘制通风网络图的一般步骤与一般原则,绘制的矿井通风网络图如图5-4所示。

绘制步骤简述如下:

(1)在通风系统示意图上标注节点。距离较近且无通风设施等处可并为一个节点,如图5-3中的5、13、14等处;1和3之间也可不取节点2;进、回风井口可视为一个节点。

(2)确定主要用风地点。在通风网络图中可用长方形方框表示用风地点,框内填写相应的名称,如图5-4中所示的采、掘工作面,独立通风各硐室等。将它们在网络图中部以一字形排开。

(3)确定进风节点。根据用风地点的远近,布置在用风地点的下部并一一清楚标明。

(4)确定回风节点。根据用风地点的远近,布置在用风地点的上部并一一清楚标明。

(5)节点连线。连接风流相通的节点,可先连进风节点至用风地点;再连回风节点至用风地点;然后连各进、回风节点间的线路。各步连线方向基本一致,总体方向从下向上。

(6)按步骤(2)~(5)绘出网络图草图,经检查分合关系无误后,开始整理图形。调整好各节点与用风地点的位置,使整体布局趋于合理。此步较烦琐,需耐心反复修改到满意为止。

(7)最后标注主要通风设施。主要通风机和局部通风机型号及其他通风参数等本图不作标示。

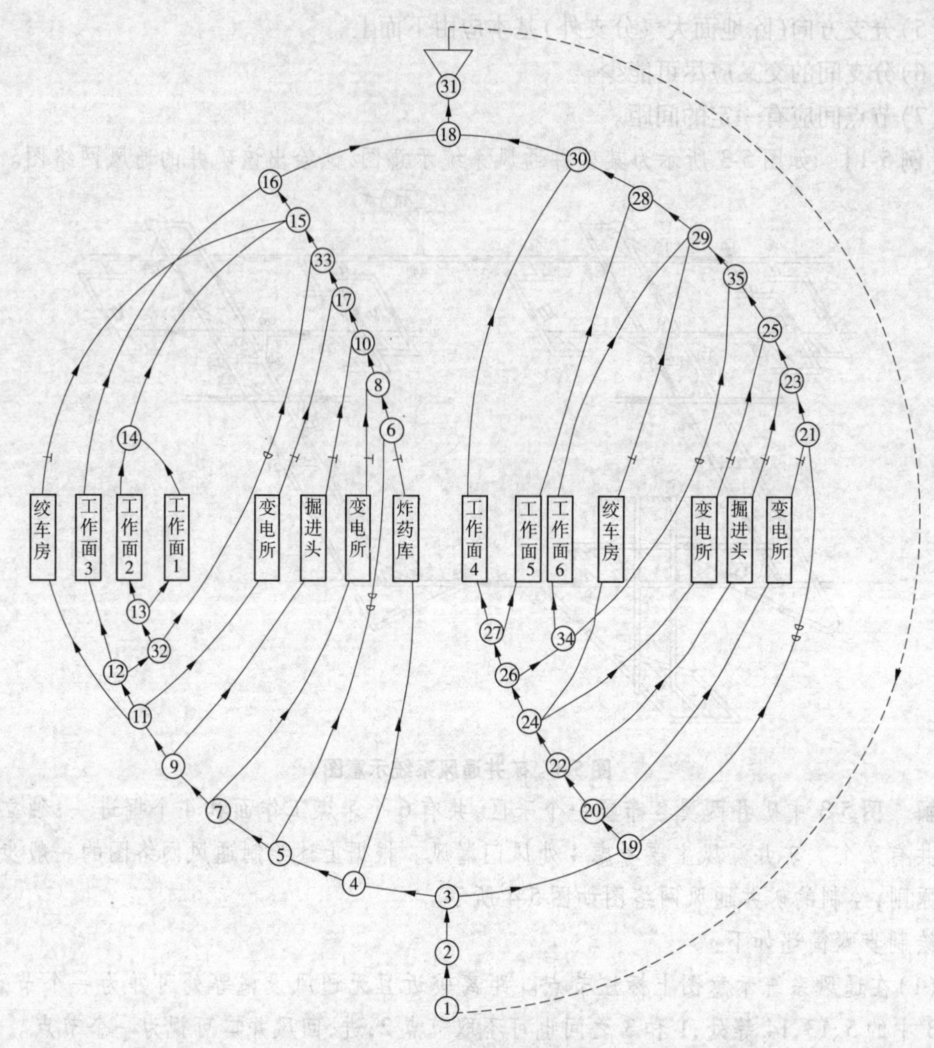

图 5-4　矿井通风网络图

任务二　认识简单通风网络及其性质

通风网络可分为简单通风网络和复杂通风网络两种。仅由串联和并联组成的通风网络,称为简单通风网络。含有角联分支,通常是包含多条角联分支的网络,称为复杂通风网络。通风网络中各分支的基本连接形式有串联、并联和角联三种,不同的连接形式具有不同的通风特性和安全效果。

一、串联通风及其特性

两条或两条以上风路彼此首尾相连在一起,中间没有风流分合点时的通风,称为串联通风,如图 5-5 所示。串联通风也称为“一条龙”通风,其特性如下:

(1)串联网络的总风量(m^3/s)等于各段风路的分风量,即

$$Q_{串} = Q_1 = Q_2 = \cdots = Q_n \tag{5-1}$$

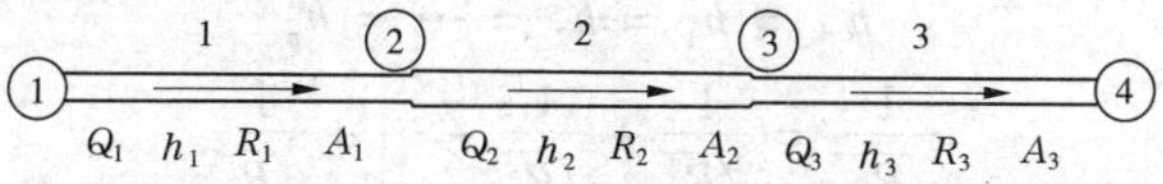

图 5-5　串联网络

(2)串联网络的总风压(Pa)等于各段风路的分风压之和,即

$$h_{串} = h_1 + h_2 + \cdots + h_n = \sum_{i=1}^{n} h_i \tag{5-2}$$

(3)串联网络的总风阻(Ns^2/m^8)等于各段风路的分风阻之和。

根据通风阻力定律 $h = RQ^2$,式(5-2)可写为

$$R_{串} Q_{串}^2 = R_1 Q_1^2 + R_2 Q_2^2 + \cdots + R_n Q_n^2$$

因为

$$Q_{串} = Q_1 = Q_2 = \cdots = Q_n$$

所以

$$R_{串} = R_1 + R_2 + \cdots + R_n = \sum_{i=1}^{n} R_i \tag{5-3}$$

(4)串联网络的总等积孔(m^2)平方的倒数等于各段风路等积孔平方的倒数之和。

由 $A = \frac{1.19}{\sqrt{R}}$ 得 $R = \frac{1.19^2}{A^2}$,将其代入式(5-3)并整理得

$$\frac{1}{A_{串}^2} = \frac{1}{A_1^2} + \frac{1}{A_2^2} + \cdots + \frac{1}{A_n^2} \tag{5-4}$$

或

$$A_{串} = \frac{1}{\sqrt{\frac{1}{A_1^2} + \frac{1}{A_2^2} + \cdots + \frac{1}{A_n^2}}} \tag{5-5}$$

二、并联通风及其特性

两条或两条以上的分支在某一节点分开后,又在另一节点汇合,其间无交叉分支时的通风,称为并联通风,如图 5-6 所示。并联网络的特性如下:

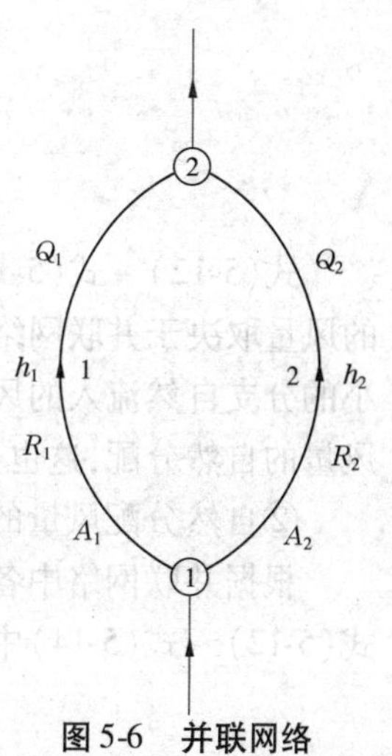

图 5-6　并联网络

(1)并联网络的总风量(m^3/s)等于并联各分支风量之和,即

$$Q_{并} = Q_1 + Q_2 + \cdots + Q_n = \sum_{i=1}^{n} Q_i \tag{5-6}$$

(2)并联网络的总风压(Pa)等于任一并联分支的风压,即

$$h_{并} = h_1 = h_2 = \cdots = h_n \tag{5-7}$$

(3)并联网络的总风阻(Ns^2/m^8)平方根的倒数等于并联各分支风阻平方根的倒数之和。

由 $h = RQ^2$ 得 $Q = \sqrt{\frac{h}{R}}$,将其代入式(5-6)得

$$\sqrt{\frac{h_{并}}{R_{并}}} = \sqrt{\frac{h_1}{R_1}} + \sqrt{\frac{h_2}{R_2}} + \cdots + \sqrt{\frac{h_n}{R_n}}$$

因为 $$h_{并}=h_1=h_2=\cdots=h_n$$

所以 $$\frac{1}{\sqrt{R_{并}}}=\frac{1}{\sqrt{R_1}}+\frac{1}{\sqrt{R_2}}+\cdots+\frac{1}{\sqrt{R_n}} \tag{5-8}$$

或 $$R_{并}=\frac{1}{\left(\frac{1}{\sqrt{R_1}}+\frac{1}{\sqrt{R_2}}+\cdots+\frac{1}{\sqrt{R_n}}\right)^2} \tag{5-9}$$

当 $R_1=R_2=\cdots=R_n$ 时,有

$$R_{并}=\frac{R_1}{n^2}=\frac{R_2}{n^2}=\cdots=\frac{R_n}{n^2} \tag{5-10}$$

(4)并联网络的总等积孔(m^2)等于并联各分支等积孔之和。

由 $A=\frac{1.19}{\sqrt{R}}$ 得 $\frac{1}{\sqrt{R}}=\frac{A}{1.19}$,将其代入式(5-8),得

$$A_{并}=A_1+A_2+\cdots+A_n \tag{5-11}$$

(5)并联网络的风量自然分配。

①风量自然分配的概念。

在并联网络中,其总风压等于各分支风压,即

$$h_{并}=h_1=h_2=\cdots=h_n$$

也即 $$R_{并}Q_{并}^2=R_1Q_1^2=R_2Q_2^2=\cdots=R_nQ_n^2$$

由此可以得出如下各关系式:

$$Q_1=\sqrt{\frac{R_{并}}{R_1}}Q_{并} \tag{5-12}$$

$$Q_2=\sqrt{\frac{R_{并}}{R_2}}Q_{并} \tag{5-13}$$

$$\vdots$$

$$Q_n=\sqrt{\frac{R_{并}}{R_n}}Q_{并} \tag{5-14}$$

式(5-12)~式(5-14)表明:当并联网络的总风量一定时,并联网络的某分支所分配得到的风量取决于并联网络总风阻与该分支风阻之比。风阻大的分支自然流入的风量小,风阻小的分支自然流入的风量大。这种按并联各分支风阻值的大小自然分配风量的性质,称为风量的自然分配,这也是并联网络的一种特性。

②自然分配风量的计算。

根据并联网络中各分支的风阻,计算各分支自然分配的风量。可将式(5-9)依次代入式(5-12)~式(5-14)中,整理后得各分支分配的风量(m^3/s)计算公式为

$$Q_1=\frac{Q_{并}}{1+\sqrt{\frac{R_1}{R_2}}+\sqrt{\frac{R_1}{R_3}}+\cdots+\sqrt{\frac{R_1}{R_n}}} \tag{5-15}$$

$$Q_2=\frac{Q_{并}}{\sqrt{\frac{R_2}{R_1}}+1+\sqrt{\frac{R_2}{R_3}}+\cdots+\sqrt{\frac{R_2}{R_n}}} \tag{5-16}$$

$$\vdots$$

$$Q_n = \frac{Q_{并}}{\sqrt{\frac{R_n}{R_1}} + \sqrt{\frac{R_n}{R_2}} + \cdots + \sqrt{\frac{R_n}{R_{n-1}}} + 1} \tag{5-17}$$

当 $R_1 = R_2 = \cdots = R_n$ 时,有

$$Q_1 = Q_2 = \cdots = Q_n = \frac{Q_{并}}{n} \tag{5-18}$$

计算并联网络各分支自然分配的风量,也可根据并联网络中各分支的等积孔进行计算。将$\sqrt{R} = \frac{1.19}{A}$依次代入式(5-12)~式(5-14)中,整理后可得各分支分配的风量(m^3/s)计算公式为

$$Q_1 = \frac{A_1}{A_{并}} Q_{并} = \frac{A_1}{A_1 + A_2 + \cdots + A_n} Q_{并} \tag{5-19}$$

$$Q_2 = \frac{A_2}{A_{并}} Q_{并} = \frac{A_2}{A_1 + A_2 + \cdots + A_n} Q_{并} \tag{5-20}$$

$$\vdots$$

$$Q_n = \frac{A_n}{A_{并}} Q_{并} = \frac{A_n}{A_1 + A_2 + \cdots + A_n} Q_{并} \tag{5-21}$$

综上所述,在计算并联网络中各分支自然分配的风量时,可根据给定的条件,选择公式,以方便计算。

三、串联与并联的比较

在矿井通风网络中,既有串联通风,又有并联通风。矿井的进、回风风路多为串联通风,而工作面与工作面之间多为并联通风。从安全、可靠和经济角度看,并联通风与串联通风相比,具有如下明显优点。

(1)总风阻小,总等积孔大,通风容易,通风动力费用少。举例分析如下:

假设有两条风路1和2,其风阻 $R_1 = R_2$,通过的风量 $Q_1 = Q_2$,故有风压 $h_1 = h_2$。现将它们分别组成串联网络和并联网络,如图5-7所示。各参数比较如下:

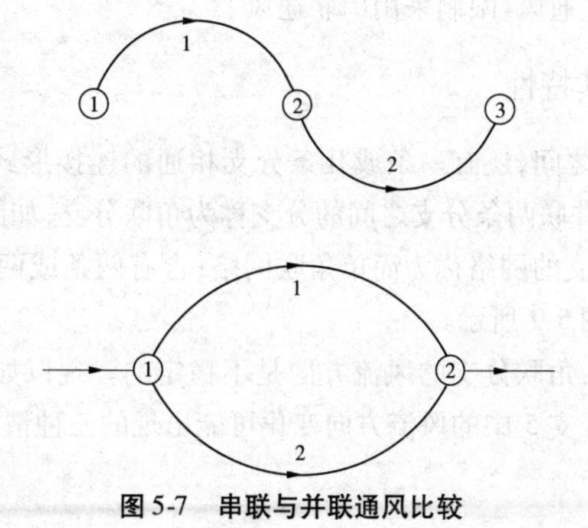

图5-7　串联与并联通风比较

①总风量比较。

串联时：
$$Q_{串} = Q_1 = Q_2$$
并联时：
$$Q_{并} = Q_1 + Q_2 = 2Q_1$$
因此
$$Q_{并} = 2Q_{串}$$
②总风阻比较。

串联时：
$$R_{串} = R_1 + R_2 = 2R_1$$
并联时：
$$R_{并} = \frac{R_1}{n^2} = \frac{R_1}{4}$$
因此
$$R_{并} = \frac{1}{8}R_{串}$$
③总风压比较。

串联时：
$$h_{串} = h_1 + h_2 = 2h_1$$
并联时：
$$h_{并} = h_1 = h_2$$
故
$$h_{并} = \frac{1}{2}h_{串}$$

通过上述比较可明显看出，在两条风路通风条件完全相同的情况下，并联网络的总风阻仅为串联网络总风阻的1/8；并联网络的总风压为串联网络总风压的1/2。也就是说，并联通风比串联通风的通风动力要节省一半，而总风量却大了一倍。这充分说明：并联通风比串联通风经济得多。

(2)并联各分支独立通风，风流新鲜，互不干扰，有利于安全生产；而串联时，后面风路的入风是前面风路排出的污风，风流不新鲜，空气质量差，不利于安全生产。

(3)并联各分支的风量，可根据生产需要进行调节；而串联各风路的风量则不能进行调节，不能有效地利用风量。

(4)并联的某一分支风路发生事故，易于控制与隔离，不致影响其他分支巷道，事故波及范围小，安全性好；而串联的某一风路发生事故，容易波及整个风路，安全性差。

所以，《规程》强调：井下各个生产水平和各个采区必须实行分区通风(并联通风)；各个采、掘工作面应实行独立通风，限制采用串联通风。

四、角联通风及其特性

在并联的两条分支之间，还有一条或几条分支相通的连接形式称为角联网络(通风)，如图5-8所示。连接于并联两条分支之间的分支称为角联分支，如图5-8中的分支5为角联分支。仅有一条角联分支的网络称为简单角联网络；含有两条或两条以上角联分支的网络称为复杂角联网络，如图5-9所示。

角联网络的特性是：角联分支的风流方向是不稳定的。现以如图5-8所示的简单角联网络为例，分析其角联分支5中的风流方向变化可能出现的三种情况：

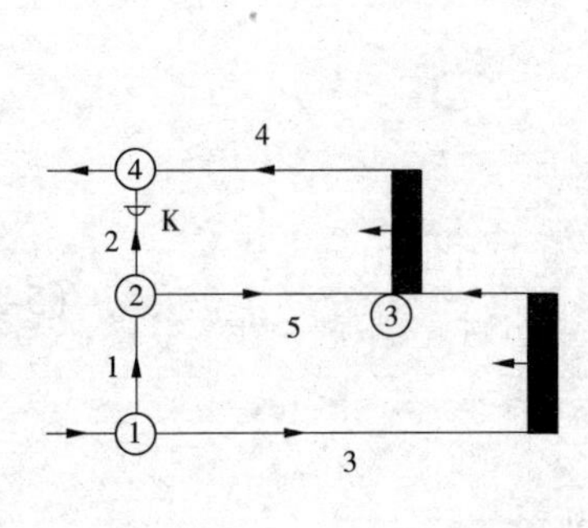

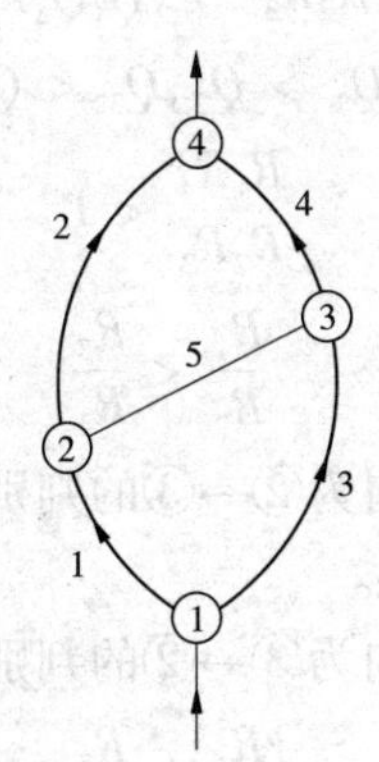

图 5-8 简单角联网络

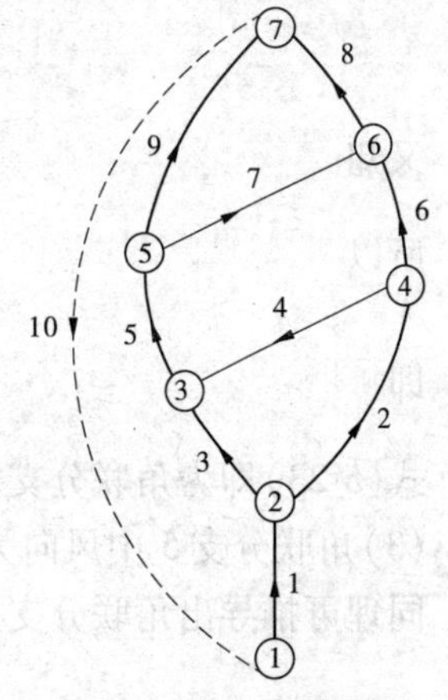

图 5-9 复杂角联网络

(1)角联分支 5 中无风流。

当分支 5 中无风时,②、③两节点的总压力相等,即

$$P_{总2} = P_{总3}$$

又①、②两节点的总压力差等于分支 1 的风压,即

$$P_{总1} - P_{总2} = h_1$$

①、③两节点的总压力差等于分支 3 的风压,即

$$P_{总1} - P_{总3} = h_3$$

所以

$$h_1 = h_3$$

同理可得

$$h_2 = h_4$$

则

$$\frac{h_1}{h_2} = \frac{h_3}{h_4}$$

亦即

$$\frac{R_1 Q_1^2}{R_2 Q_2^2} = \frac{R_3 Q_3^2}{R_4 Q_4^2}$$

又 $Q_5 = 0$,得 $Q_1 = Q_2, Q_3 = Q_4$

所以

$$\frac{R_1}{R_2} = \frac{R_3}{R_4} \tag{5-22}$$

式(5-22)即为角联分支 5 中无风流通过的判别式。

(2)角联分支 5 中风向为②→③。

当分支 5 中风向由②→③时,②节点的总压力大于③节点的总压力,即

$$P_{总2} > P_{总3}$$

又知

$$P_{总1} - P_{总2} = h_1$$

$$P_{总1} - P_{总3} = h_3$$

则

$$h_3 > h_1$$

即

$$R_3 Q_3^2 > R_1 Q_1^2$$

同理可得

$$h_2 > h_4$$

即

$$R_2 Q_2^2 > R_4 Q_4^2$$

将上述两不等式相乘,并整理得

$$\frac{R_1R_4}{R_2R_3} < \left(\frac{Q_2Q_3}{Q_1Q_4}\right)^2$$

又知

$$Q_1 > Q_2, Q_3 < Q_4$$

所以

$$\frac{R_1R_4}{R_2R_3} < 1$$

即

$$\frac{R_1}{R_2} < \frac{R_3}{R_4} \tag{5-23}$$

式(5-23)即为角联分支5中风向为②→③的判别式。

(3)角联分支5中风向为③→②。

同理可推导出角联分支5中风向为③→②的判别式为

$$\frac{R_1}{R_2} > \frac{R_3}{R_4} \tag{5-24}$$

由上述三个判别式可以看出,简单角联网络中角联分支的风向完全取决于两侧各邻近风路的风阻比,而与其本身的风阻无关。通过改变角联分支两侧各邻近风路的风阻,就可以改变角联分支的风向。

可见,角联分支一方面具有容易调节风向的优点,另一方面又有出现风流不稳定的可能性。角联分支风流的不稳定性不仅容易引发矿井灾害事故,而且可能使事故影响范围扩大。如图5-8所示,当风门K未关上使 R_2 减小,或分支巷道4中某处发生冒顶或堆积材料过多使 R_4 增大,这时因改变了巷道的风阻比,可能会使角联分支5中无风或风向为③→②,从而导致两工作面完全串联通风或上工作面风量不足而使其瓦斯浓度增加造成瓦斯事故。此外,在发生火灾事故时,由于角联分支的风流反向可能使火灾烟流蔓延而扩大了灾害范围。因此,保持角联分支风流的稳定性是安全生产所必须的。

角联网络中,对角分支风流存在着不稳定现象,对简单角联网络来说,角联分支的风向可由上述判别式确定;而对于复杂角联网络,其角联分支的风向的判断,一般通过通风网络解算确定。在生产矿井中,也可以通过测定风量确定。

任务三　风量分配及通风网络解算

一、风量分配的基本定律

风流在通风网络中流动时,都遵守通风阻力定律、风量平衡定律和风压平衡定律。它们反映了通风网络中三个最主要的通风参数——风量、风压和风阻间的相互关系,是复杂通风网络解算的理论基础。

(一)通风阻力定律

井巷中的正常风流一般均为紊流。因此,通风网络中各分支都遵守紊流通风阻力定律,即

$$h = RQ^2 \tag{5-25}$$

(二)风量平衡定律

风量平衡定律是指在通风网络中,流入与流出某节点或闭合回路的各分支的风量的代

数和等于零,即

$$\sum Q_i = 0 \tag{5-26}$$

若对流入的风量取正值,则流出的风量取负值。

如图5-10(a)所示,节点⑥处的风量平衡方程为

$$Q_{1-6} + Q_{2-6} + Q_{3-6} - Q_{6-4} - Q_{6-5} = 0$$

如图5-10(b)所示,回路②→④→⑤→⑦→②的风量平衡方程为

$$Q_{1-2} + Q_{3-4} - Q_{5-6} - Q_{7-8} = 0$$

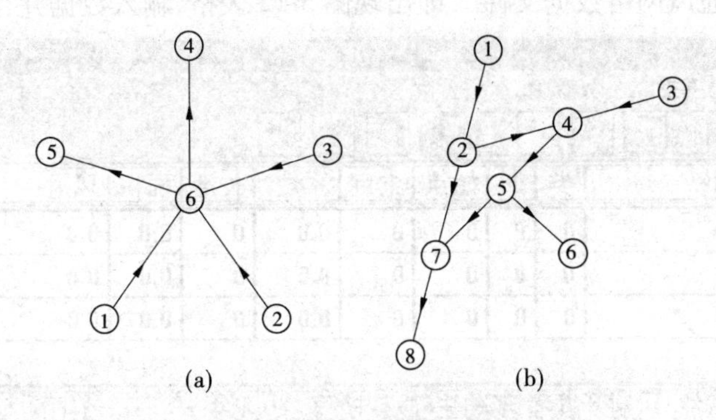

图5-10　节点和闭合回路

(三)风压平衡定律

风压平衡定律是指在通风网络的任一闭合回路中,各分支的风压(或阻力)的代数和等于零,即

$$\sum h_i = 0 \tag{5-27}$$

若回路中顺时针流向的分支风压取正值,则逆时针流向的分支风压取负值。

如图5-10(b)中的回路②→④→⑤→⑦→②,有:

$$h_{2-4} + h_{4-5} + h_{5-7} - h_{2-7} = 0$$

当闭合回路中有通风机风压和自然风压作用时,各分支的风压代数和等于该回路中通风机风压与自然风压的代数和,即

$$H_{通} \pm H_{自} = \sum h_i \tag{5-28}$$

其中,$H_{通}$ 和 $H_{自}$ 分别为通风机风压和自然风压,其正负号取法与分支风压的正负号取法相同。

二、计算机通风网络解算软件与应用简介

计算机解算复杂通风网络,速度快、精度高。随着计算机的发展与普及,计算机解算通风网络得到了迅速发展,并已有了一些较成熟的通风网络解算软件。下面介绍一个由安徽理工大学研制开发的通风网络解算软件MVENT。

(一)MVENT软件的使用方法

在中文Windows环境下,启动MVENT软件,出现软件运行的主窗口,如图5-11所示。

1.通风网络原始数据的输入

从“数据”菜单选择“表格式数据”命令后,出现数据输入窗口。选择“新建”命令,在对

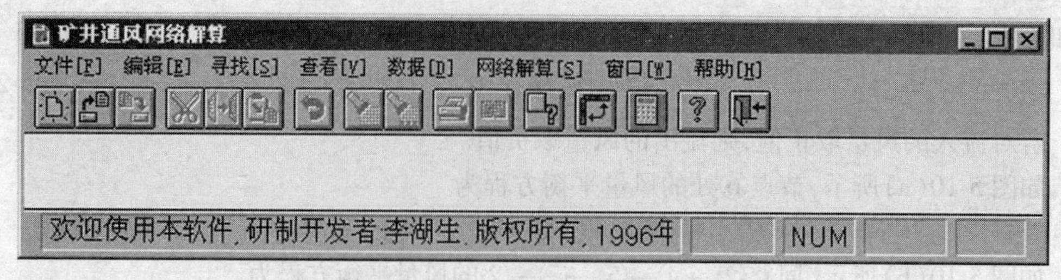

图 5-11　MVENT 软件主窗口

话框中选择“基本通风网络数据文件”,即出现图 5-12 表格,输入数据并存盘。

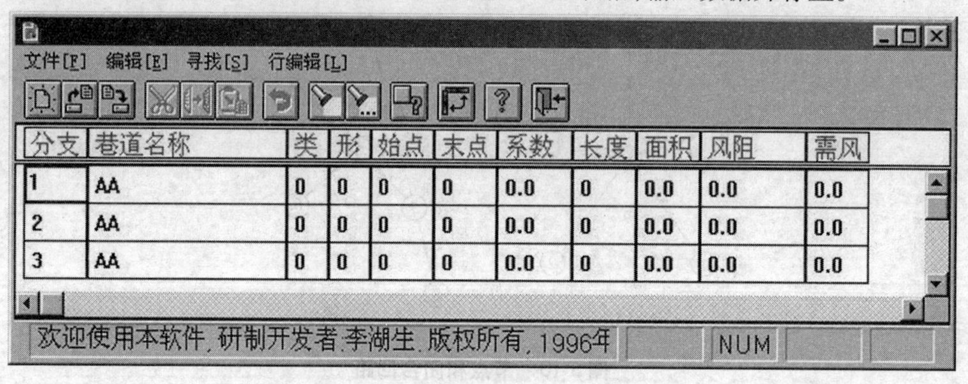

图 5-12　通风网络基础数据输入窗口

表中包括以下内容:

(1)分支:各分支在网络图中的编号,应为正整数。

(2)巷道名称:不超过 20 个字符的连续字符串,不能有空格。

(3)类:分支的类型,用来区别不同类型的井巷。其取值如下:1——一般分支,2——地面大气分支,3——风机分支,4——辅助风机分支,5——漏风分支。在本软件中,只要将风机分支正确标记,其余都可标为一般分支。

(4)形:巷道的断面形状等的标识。其取值如下:1——圆形,2——半圆形,3——三心拱,4——梯形(矩形),5——已知风阻,6——固定风量。当取值为 1 ~ 4 时,分支风阻要根据阻力系数、分支长度、断面等计算;取 5 时,则必须输入风阻值。

(5)始点、末点:分支的始节点和末节点号,应为正整数。

(6)系数:分支的摩擦阻力系数乘以 10 000 后的数值。当已知风阻时,可不输入(为 0)。单位可为国际单位或工程单位,注意单位应统一。

(7)长度:分支巷道的长度。当已知风阻时,可不输入(为 0)。单位:m。

(8)面积:分支巷道的平均断面面积。当已知风阻时可不输入(为 0)。单位:m^2。

(9)风阻:当已知风阻(形为 5)时输入。单位可为国际单位或工程单位,注意单位应统一。

(10)需风:当分支为固定风量分支(形为 6)时输入,否则无效。单位:m^3/s。

2. 通风网络各分支位能差的输入

如果需要考虑通风网络中的自然风压,应准备本文件。通过给定各分支的位能差,软件将根据所选择的独立回路计算各回路的自然风压,并且在网络解算时起作用。(解算前应在“选项”菜单中选择“读入分支位能差”)

从数据输入窗口的“文件”菜单下选择“新建”命令，选择对话框中“分支位能差数据文件”，即出现图 5-13 中的表格，输入数据并存盘。

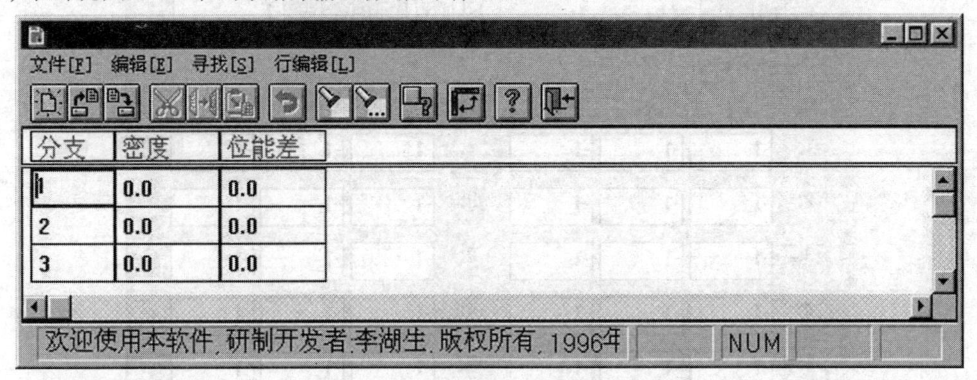

图 5-13　通风网络分支位能差数据输入窗口

表中包括以下内容：

(1)分支：同上。

(2)密度：是指分支的平均风流密度。如果输入 0 值，则软件自动赋为 1.2 kg/m^3。

(3)位能差：是指分支始、末节点的位能差，计算公式为

$$H_{位12} = \rho_{均12} g(Z_1 - Z_2)$$

式中　$\rho_{均12}$——分支平均密度，kg/m^3；

Z_1、Z_2——分支始、末节点的标高，m。

3. 风机特性数据的输入

从主窗口“数据”菜单中选择“风机数据”命令，即可调出风机特性数据输入对话框，如图 5-14 所示，输入数据并存盘。

风机特性数据输入对话框中包括如下数据输入项：

(1)风机名：不超过 20 个字符的连续字符串。

(2)分支：风机在通风网络中所在的分支号。

(3)Q：风机特性曲线上所取的一些特征点的风量，最多可输入 12 个特征点。

(4)H：对应于上述风机风量的特征点的风机静压。

(5)N：对应于上述风机风量的风机输入功率。

4. 选项设定

在“网络解算”中选择“选项”，即可调出如图 5-15 所示的选项设置对话框。可设置独立回路选择方法、网络解算方法、是否读入自然风压文件和独立回路文件。

5. 网络解算

在“网络解算”中选择“网络解算”命令或单击工具栏上的计算器图标。软件将自动提示输入所需的数据文件。如图 5-16 所示为提示输入“通风网络基础数据文件”的对话框。同样按提示可输入“风机数据文件”和“分支位能文件”。

6. 结果分析

解算结果以表格形式显示，如图 5-17 所示。

(二)网络解算应用

通风网络解算软件可用于解决矿井通风设计和矿井通风管理的实际问题：

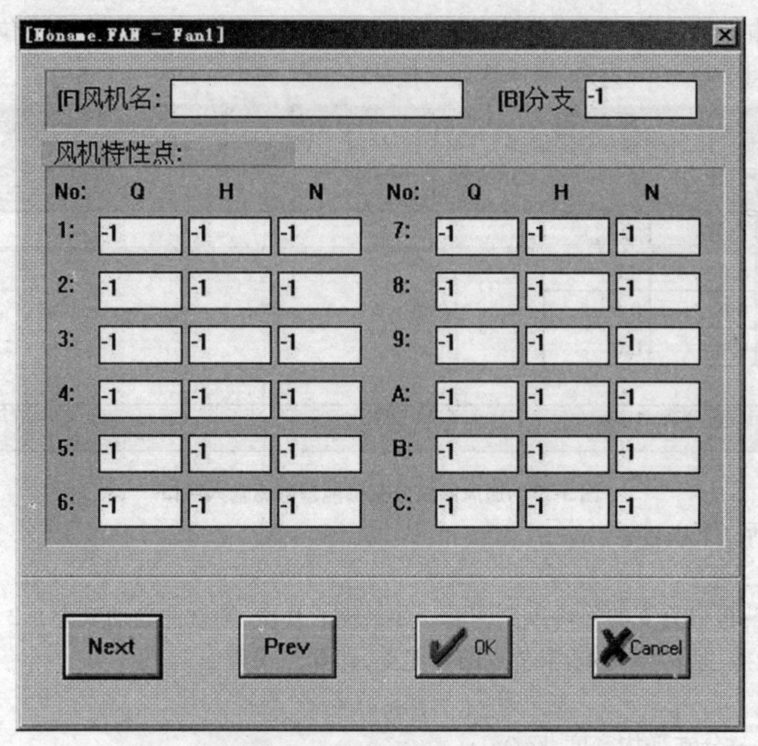

图 5-14　风机特性数据输入对话框

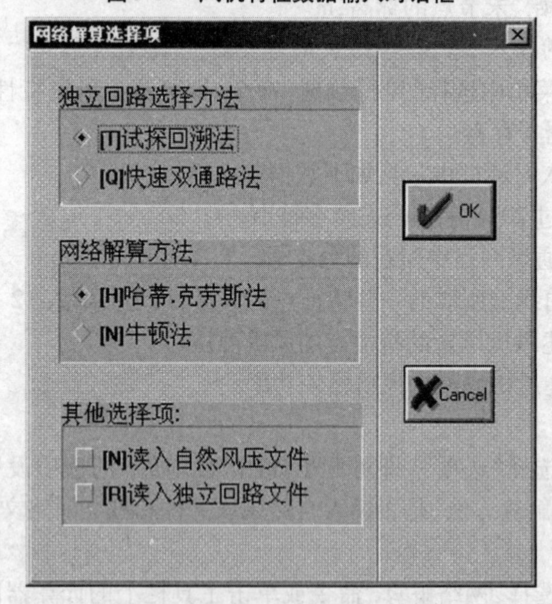

图 5-15　选项设置对话框

(1)矿井设计时的风量分配、通风总阻力、风机工况点等的计算及风机选型和通风系统优化。

(2)生产矿井的风量调节计算、通风状态预测及矿井系统改造等。

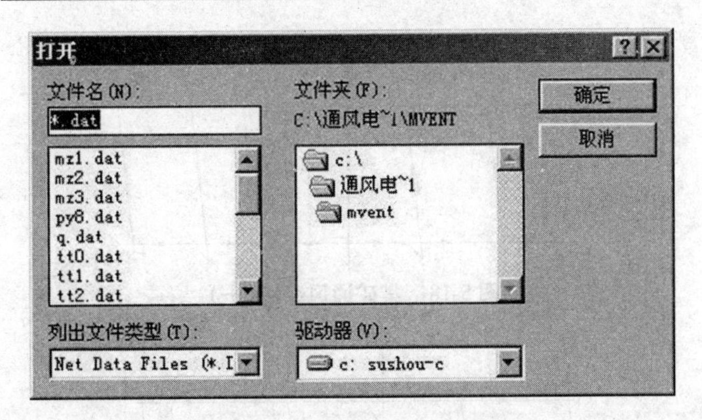

图 5-16　数据文件输入对话框

C:\通风电~1\MVENT\大例102.RST -.[Data Editor]

文件[F]　编辑[E]　寻找[S]　行编辑[L]

分支	巷道名称	始点	末点	风阻	风量	风压	调节
1	AA	0	0	0.0	0.0	0.0	0.0
2	AA	0	0	0.0	0.0	0.0	0.0
3	AA	0	0	0.0	0.0	0.0	0.0

欢迎使用本软件, 研制开发者.李湖生. 版权所有, 1996年　NUM

图 5-17　网络解算结果显示窗口

复习思考题

5-1　什么叫通风网络？简述分支、节点、回路、树、余树及独立回路等术语的含义。

5-2　什么叫通风网络图？绘制通风网络图的一般步骤与一般原则分别是什么？

5-3　什么叫串联通风、并联通风和角联通风？各有何特性？

5-4　比较串联通风与并联通风的特点。

5-5　什么叫风量的自然分配？影响流入并联网络分支风量的因素是什么？

5-6　写出简单角联网络中角联分支风向判别式，并分析影响其风向变化的因素。

5-7　风量分配的基本定律是什么？

习　题

5-1　某矿通风系统(一)如图 5-18 所示，试绘制其通风网络图。

5-2　某矿通风系统(二)如图 5-19 所示，试绘制其通风网络图。

5-3　某矿通风系统(三)如图 5-20 所示，试绘制其通风网络图。

5-4　某采区通风系统如图 5-21 所示，试绘制其通风网络图。

5-5　某回采工作面通风系统如图 5-22 所示，已知 $R_1=0.49\ \mathrm{Ns^2/m^8}$，$R_2=1.47\ \mathrm{Ns^2/m^8}$，$R_3=0.98\ \mathrm{Ns^2/m^8}$，$R_4=1.47\ \mathrm{Ns^2/m^8}$，$R_5=0.49\ \mathrm{Ns^2/m^8}$，该系统的总风压 $h_{16}=80$ Pa。

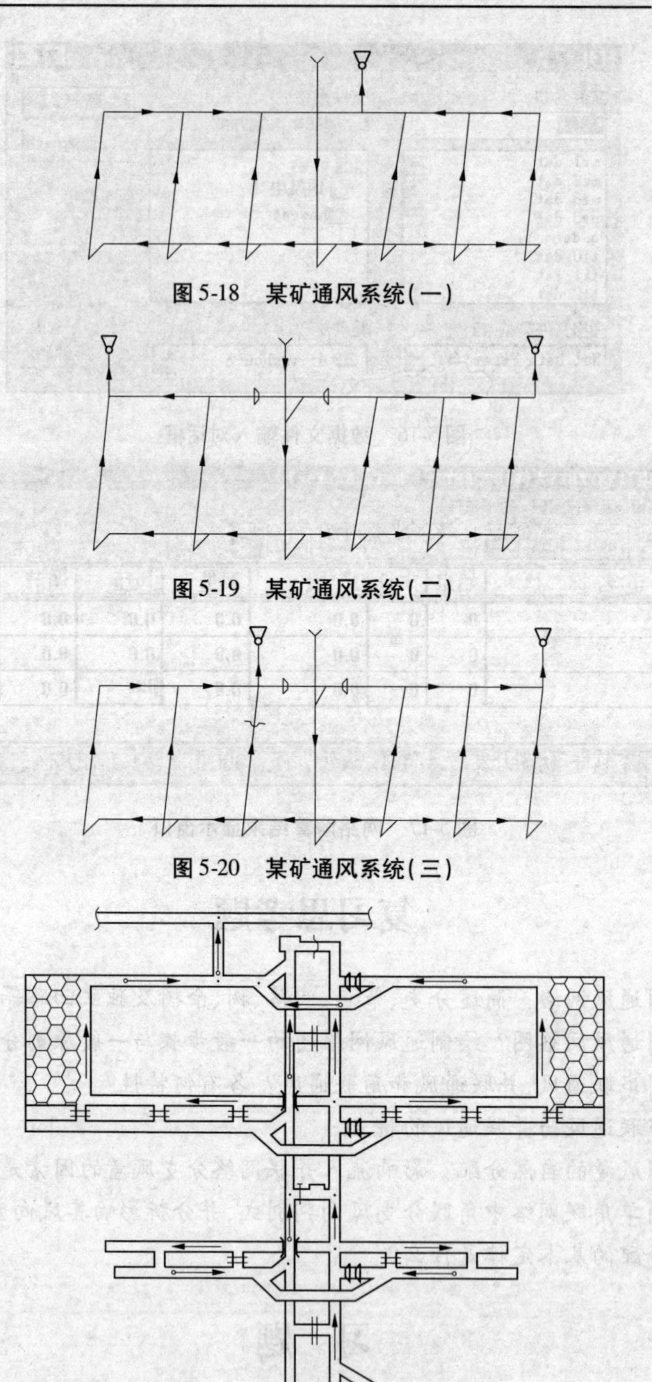

图 5-18　某矿通风系统(一)

图 5-19　某矿通风系统(二)

图 5-20　某矿通风系统(三)

图 5-21　某采区通风系统

(1)风门 K 关闭时,求工作面风量($Q_{关3}=4\ m^3/s$);

(2)当风门 K 打开时,在总风压保持不变的情况下,求工作面风量及流过风门 K 的风量。($Q_{开3}=2.5\ m^3/s$,$Q_{开6}=5\ m^3/s$)

5-6　某矿通风系统(四)如图 5-23 所示,已知井巷各段的风阻为 $R_{1-2}=0.225\ Ns^2/m^8$,

$R_{2-3}=0.372\ Ns^2/m^8$，$R_{3-4}=0.176\ Ns^2/m^8$，$R_{4-5}=0.431\ Ns^2/m^8$，$R_{2-6}=0.441\ Ns^2/m^8$，$R_{6-7}=0.176\ Ns^2/m^8$，$R_{7-5}=0.51\ Ns^2/m^8$，$R_{5-8}=0.245\ Ns^2/m^8$。试绘制该矿通风网络图，并计算矿井的总风阻、总阻力、总等积孔和每翼自然分配的风量。（$0.732\ Ns^2/m^8$；421.63 Pa；1.39 m^2；12.4 m^3/s、11.6 m^3/s）

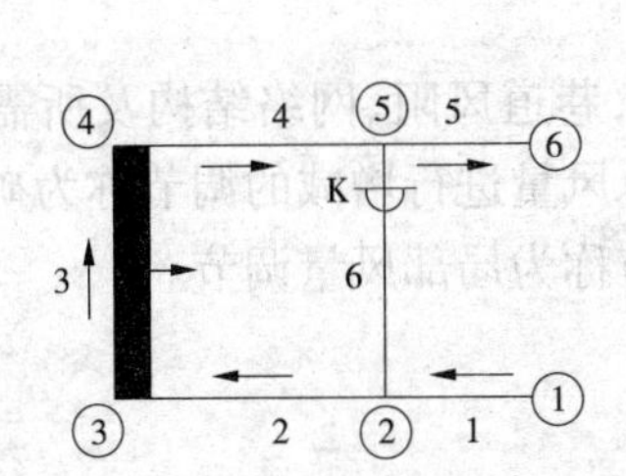

图 5-22　某回采工作面通风系统

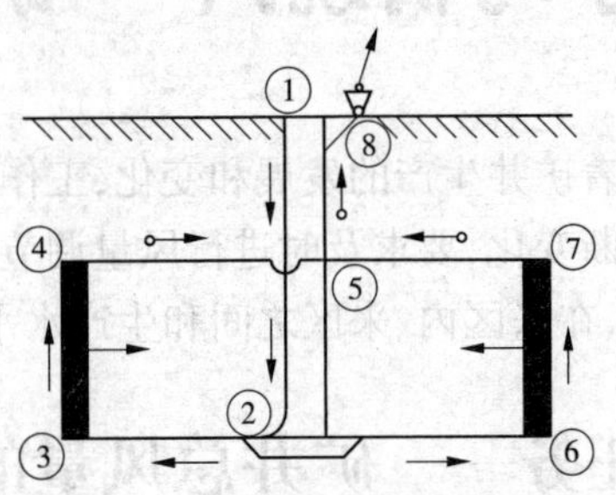

图 5-23　某矿通风系统（四）

5-7　某并联网络如图 5-24 所示，已知各分支风阻为 $R_1=1.03\ Ns^2/m^8$，$R_2=1.68\ Ns^2/m^8$，$R_3=1.27\ Ns^2/m^8$，$R_4=1.98\ Ns^2/m^8$，总风量为 40 m^3/s。求：

（1）并联网络的总风阻；（$0.087\ Ns^2/m^8$）

（2）各分支风量。（11.7 m^3/s、9.2 m^3/s、10.6 m^3/s、8.5 m^3/s）

5-8　某简单角联网络如图 5-25 所示，已知各分支风阻为 $R_1=1.02\ Ns^2/m^8$，$R_2=0.95\ Ns^2/m^8$，$R_3=0.77\ Ns^2/m^8$，$R_4=0.56\ Ns^2/m^8$。试判断角联分支 5 的风向。（③→②）

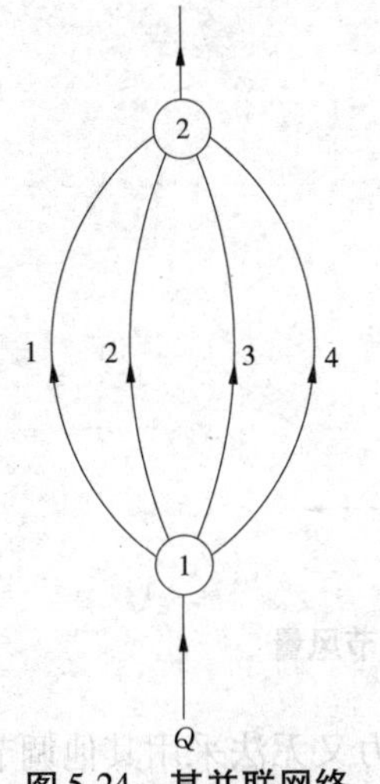

图 5-24　某并联网络

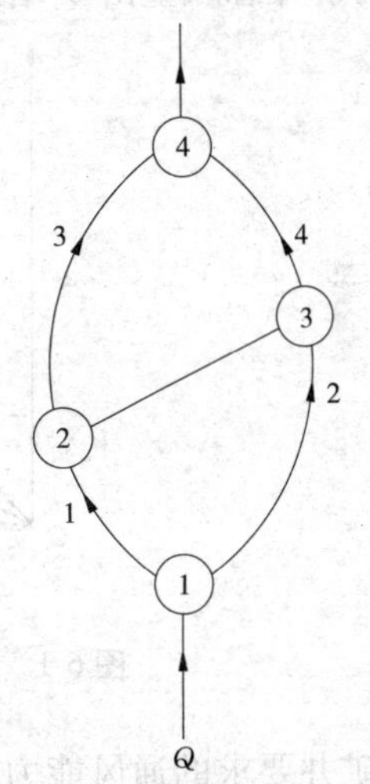

图 5-25　某简单角联网络

学习情境六　矿井风量调节

随着矿井生产的发展和变化，工作面的推进和更替，巷道风阻、网络结构及所需的风量均在不断变化，要求及时进行风量调节。通常，对全矿总风量进行增减的调节称为矿井总风量调节，在采区内、采区之间和生产水平之间的风量调节称为局部风量调节。

任务一　矿井总风量的调节

矿井总风量调节主要是调整主要通风机的工作点。其方法是改变主要通风机的特性曲线，或是改变主要通风机的工作风阻。

一、改变矿井总风阻

如图 6-1 所示为改变主通风机的工作风阻调节风量，通风机特性曲线为 n，当矿井风阻特性曲线 R 增大为 R_1 时，通风机的工作点由 a 变为 b，矿井总风量由 Q 减到 Q_1；反之，工作点由 a 变为 c，矿井总风量由 Q 增至 Q_2。

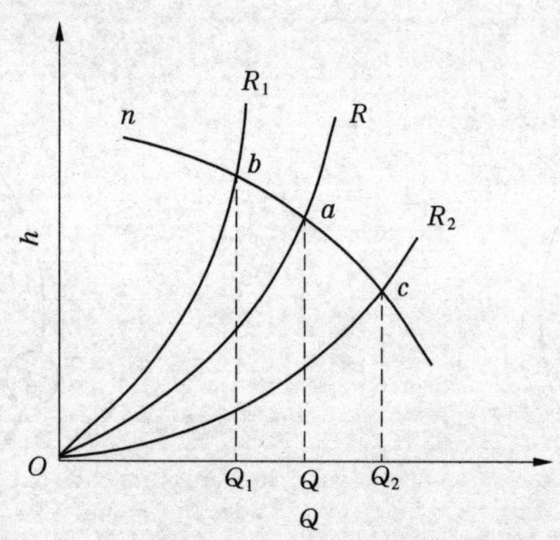

图 6-1　改变主通风机的工作风阻调节风量

因此，当矿井要求的通风能力超过主要通风机最大潜力又无法采用其他调节法时，就必须降低矿井总风阻，以满足矿井通风要求。

如果主要通风机的风量大于矿井实际需要，可以增加主要通风机的工作风阻，使总风量下降。由于离心式通风机的输入功率随风量的减少而降低，所以对于离心式风机，当所需风量变小时，可利用风硐中的闸门增加风阻，减小风量；对于轴流式风机，通风机的输入功率随风量的减小而增加，故一般不用闸门调节而多采用改变通风机的叶片安装角，或降低风机转速进行调节；对于有前导器的通风机，当需风量变小时，可用改变前导器叶片安装角的方法来调节，但其调节幅度比较小。

二、改变主要通风机特性调节法

(一)离心式通风机

对于在矿井中使用的一台离心式通风机,其实际工作特性曲线主要取决于风机的转速。如图6-2所示,一台离心式通风机在转速为n_1时,其风压特性曲线为Ⅰ。如果实际产生的风量(Q_1)不能满足矿井需风量(Q_2),可用比例定律求出该风机所需新的转速n_2(r/min),即

$$n_2 = n_1 \frac{Q_2}{Q_1}$$

绘制出新转速n_2时的全风压特性曲线Ⅱ,它和矿井总风阻曲线R的交点M即为通风机新的工作点。同时,根据新转速的效率特性曲线和功率特性曲线,检查新工作点是否在合理的工作范围内,并验算电动机的能力。

改变通风机转速是改变离心式通风机特性曲线的主要方法。其具体做法是:如果通风机和电动机之间是间接传动,可以改变传动比或改变电动机的转速;如果通风机和电动机是直接传动,则可改变电动机的转速或更换电动机。

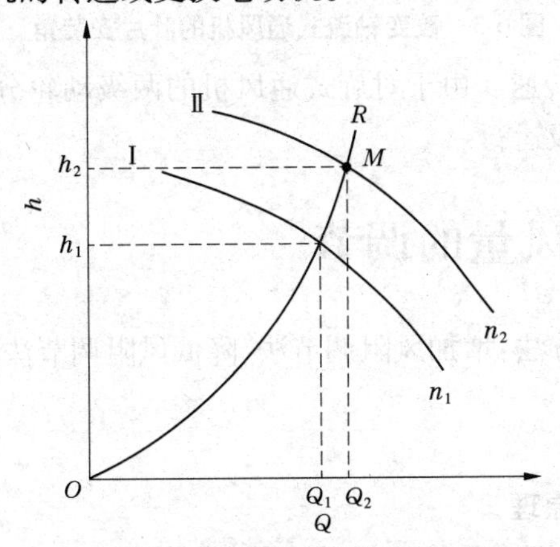

图6-2　改变通风机的转速调节风量

(二)轴流式通风机

轴流式通风机特性曲线的改变,主要取决于通风机动轮叶片安装角和通风机转速两个因素。在矿井生产中,常采用改变轴流式通风机叶片安装角的方法实施调节。如图6-3所示,正常运转时,叶片安装角为θ_1(27.5°),运转工况点为特性曲线Ⅰ′上的a点;由于生产需要,矿井总阻力增加,为保证原有的风量,主要通风机运转工况点移至b点,此时,把叶片安装角调整到θ_2(30°),才能使风压特性曲线Ⅰ通过b点,从而保证矿井总风量的需要。

轴流式通风机的叶片,是用双螺帽固定于轮毂上,调整时只需将螺帽拧开,调整好角度后再拧紧即可。这种方法的调节范围比较大,一般每次可调5°(每次最小可调2.5°),而且可使通风机在最佳工作区域内工作。采用变频技术控制主要通风机的矿井,在一定范围内,也可通过调整电动机转速,方便地实现总风量的调节。

(三)对旋式通风机

对旋式通风机是近年来开发应用的新型高效轴流式风机。其调节方法和一般轴流式通风机相似,可以调整通风机两级动轮上的叶片安装角(可调整其中一级,也可同时调整两

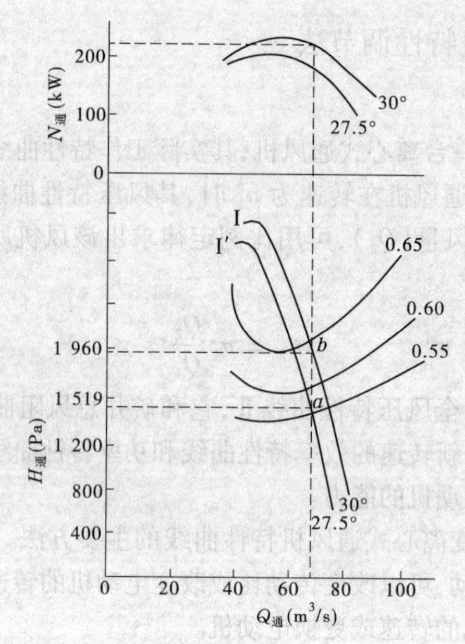

图 6-3　改变轴流式通风机的叶片安装角

级)，也可以改变电动机的转速。由于对旋式通风机的两级动轮分别由各自的电动机驱动，在矿井投产初期甚至可单级运行。

任务二　局部风量的调节

局部风量调节有三种方法：增加风阻调节法、降低风阻调节法和辅助通风机调节法。

一、增加风阻调节法

(一)增加风阻调节法原理

如图 6-4 所示为某采区两个采煤工作面的通风网络图。已知两风路的风阻值 $R_1 = 0.8\ \mathrm{Ns^2/m^8}$，$R_2 = 1.0\ \mathrm{Ns^2/m^8}$，若总风量 $Q = 12\ \mathrm{m^3/s}$，则该并联网络中自然分配的风量分别为

$$Q_1 = \frac{Q}{1 + \sqrt{\frac{R_1}{R_2}}} = \frac{12}{1 + \sqrt{\frac{0.8}{1.0}}} = 6.3(\mathrm{m^3/s})$$

$$Q_2 = Q - Q_1 = 12 - 6.3 = 5.7(\mathrm{m^3/s})$$

如按生产要求，分支 1 的风量应为 $Q_1 = 4.0\ \mathrm{m^3/s}$，分支 2 的风量应为 $Q_2 = 8.0\ \mathrm{m^3/s}$，显然自然分配的风量不符合生产要求。若要满足生产要求的风量，两分支的阻力分别为

$$h_1 = R_1 Q_1^2 = 0.8 \times 4.0^2 = 12.8(\mathrm{Pa})$$

$$h_2 = R_2 Q_2^2 = 1.0 \times 8.0^2 = 64.0(\mathrm{Pa})$$

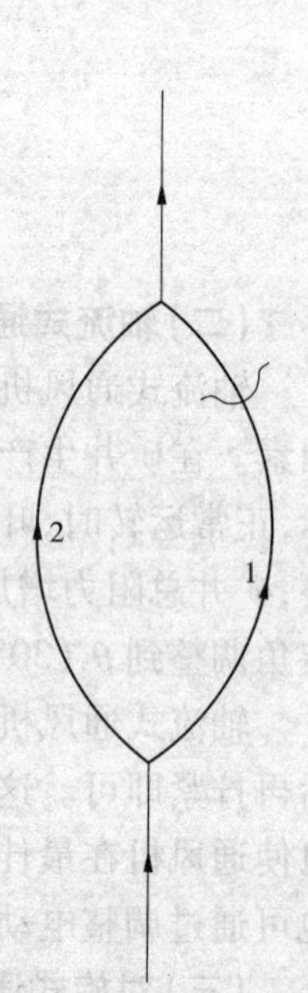

图 6-4　并联通风网络

风路 2 的阻力大于风路 1 的阻力，这与并联网络两分支分压平衡的规律不符。因此，必须进行调节。采用增加风阻调节法，即以 h_2 的

数值为并联风网的总阻力,在风路 1 上增加一项局部阻力 $h_{窗}$,使两风路的阻力相等,这时进入两风路的风量即为需要的风量。

$$h_1 + h_{窗} = h_2$$

或
$$h_{窗} = h_2 - h_1$$

即
$$h_{窗} = 64 - 12.8 = 51.2(\text{Pa})$$

以上说明,增加风阻调节法的实质就是以并联风网中阻力较大的分支阻力值为依据,在阻力较小的分支中增加一项局部阻力,使并联各分支的阻力达到平衡,以保证风量按需供应。

增加风阻调节法的主要措施,是在调节支路回风侧设置调节风窗(见图 6-5)、临时风帘、风幕(见图 6-6)等调节装置。其中,调节风窗由于其调节风量范围大,制造和安装都较简单,在生产中使用得最多。

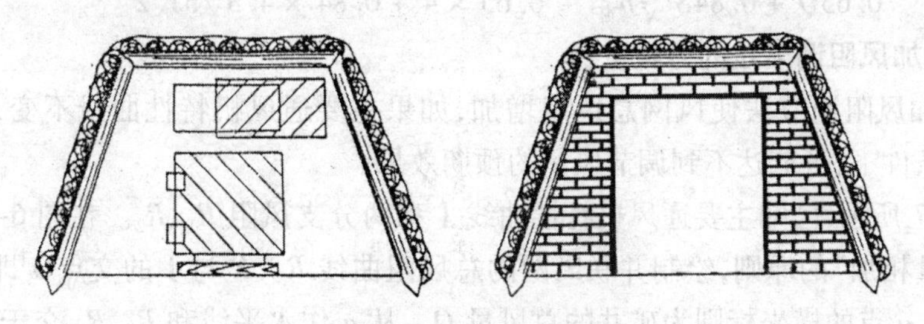

图 6-5　调节风窗

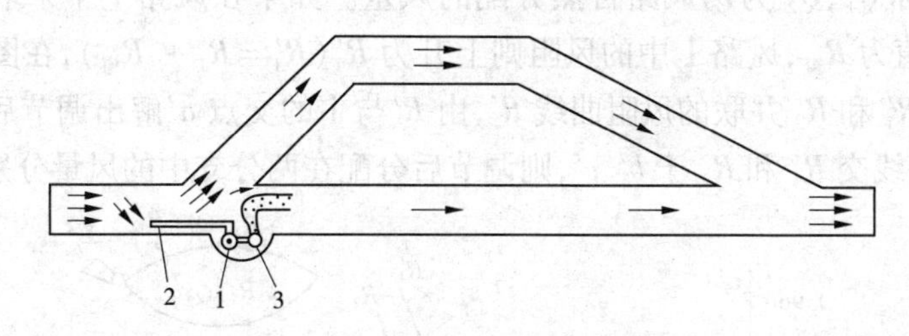

1—扇风机;2—吸风管;3—圆筒

图 6-6　风幕

调节风窗的开口断面面积计算:

当 $S_{窗}/S \leqslant 0.5$ 时,

$$S_{窗} = \frac{QS}{0.65Q + 0.84S\sqrt{h_{窗}}} \tag{6-1}$$

或

$$S_{窗} = \frac{S}{0.65 + 0.84S\sqrt{R_{窗}}} \tag{6-2}$$

当 $S_{窗}/S > 0.5$ 时,

$$S_{窗} = \frac{QS}{Q + 0.759S\sqrt{h_{窗}}} \tag{6-3}$$

或

$$S_{窗} = \frac{S}{1 + 0.759S\sqrt{R_{窗}}} \tag{6-4}$$

式中　$S_{窗}$——调节风窗的断面面积,m^2;

S——巷道的断面面积,m^2;

Q——通过的风量,m^3/s;

$h_{窗}$——调节阻力,Pa;

$R_{窗}$——调节风窗的风阻,Ns^2/m^8,$R_{窗}=h_{窗}/Q^2$。

上例中,若分支1回风侧设置调节风窗处的巷道断面面积 $S_1=4.5\ m^2$,则调节风窗的开口断面面积为

$$S_{窗}/S=\frac{Q}{Q+0.759S\sqrt{h_{窗}}}=\frac{4}{4+0.759\times 4.5\sqrt{51.2}}=0.14<0.5$$

则

$$S_{窗}=\frac{QS}{0.65Q+0.84S\sqrt{h_{窗}}}=\frac{4\times 4.5}{0.65\times 4+0.84\times 4.5\sqrt{51.2}}\approx 0.61(m^2)$$

(二)增加风阻调节法的分析

(1)增加风阻调节法使风网总风阻增加,如果主要通风机特性曲线不变,总风量会减少,在一定条件下,可能达不到调节风量的预期效果。

如图6-7所示,已知主要通风机特性曲线Ⅰ和两分支风阻 R_1、R_2。在图6-7上按照"风压相等,风量相加"的原则,绘制并联风网的总风阻曲线 R。R 与Ⅰ的交点 a 即为主要通风机的工作点,a 点的横坐标则为矿井的总风量 Q。从 a 作水平线和 R_1、R_2 交于 b、c 两点,则 b、c 两点的横坐标 Q_1、Q_2 为两风路自然分配的风量。如果在风路1中采取增加风阻法调节,增加的风阻值为 $R_{窗}$,风路1中的风阻则上升为 R_1'($R_1'=R_1+R_{窗}$),在图6-7中绘出 R_1' 的曲线,并绘出 R_1' 和 R_2 并联的风阻曲线 R',由 R' 与Ⅰ的交点 a' 解出调节后的矿井总风量 Q'。由 a' 作水平线交 R_1' 和 R_2 于 b'、c',则调节后分配在两分支中的风量分别为 Q_1'、Q_2'。可

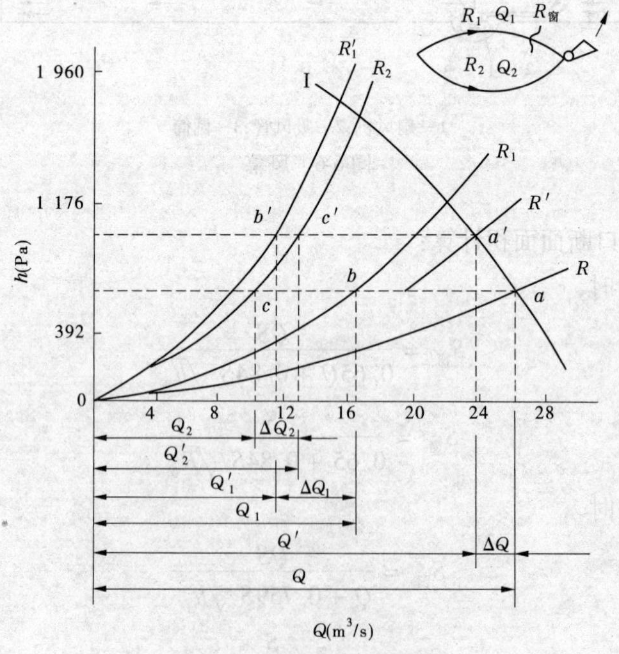

图6-7　增阻法调节分析

以看出,风量调节后由于矿井总风阻值的增加,使总风量减少,其减少值为 $\Delta Q = Q - Q'$;增加风阻的分支 1 中风量也减少,其减少值为 $\Delta Q_1 = Q_1 - Q_1'$;另一支风量增加,其增加值为 $\Delta Q_2 = Q_2' - Q_2$。显然减少得多,增加得少,其差值 ΔQ(m³/s)就等于总风量的减少值,即

$$\begin{aligned}\Delta Q &= (Q_1 + Q_2) - (Q_1' + Q_2') \\ &= (Q_1 - Q_1') - (Q_2' - Q_2) \\ &= \Delta Q_1 - \Delta Q_2\end{aligned}$$

(2)总风量的减少值与主要通风机性能曲线的陡缓有关。如图 6-8 所示,Ⅰ为轴流式通风机风压特性曲线,Ⅱ为离心式通风机风压特性曲线。R、R'分别为调节前后的风阻曲线。可以看出,$\Delta Q < \Delta Q'$,表明通风机风压特性曲线越陡,总风量减少值越小;反之,则越大。

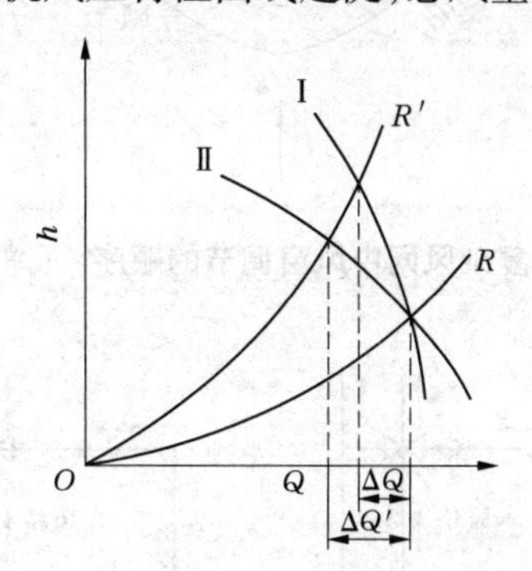

图 6-8　通风机风压曲线陡缓对调风的影响

(三)增加风阻调节法的使用

(1)调节风窗一般安设在回风侧,以免影响运输。当必须安设在运输巷道时,可采取多段调节,即用若干个面积较大的调节风窗代替一个面积较小的调节风窗,且满足面积较小的调节风窗的阻力等于这些面积较大的调节风窗的阻力之和。

(2)在复杂风网中采用增加风阻调节法时,应按先内后外的顺序逐渐调节,使每个网孔的阻力达到平衡。要合理确定风窗的位置,防止重复设置。例如,图 6-9 中,若每条风路所需的风压值已确定,合理的调节顺序应该按 $A \to B \to C \to D \to E$ 网孔,依次调节,并分别在 ab(10 Pa)支路、cd(50 Pa)支路、ef 支路设置调节风窗,增加的风压值分别为 10 Pa、20 Pa、30 Pa。

(3)风窗一般安设在风桥之后(见图 6-10(b))。如果将风窗安设在风桥之前(见图 6-10(a)),由于风流经风窗后压降很大,造成风桥上、下风流的压差增大,可能导致风桥漏风增大。

增加风阻调节法具有简单、易行的优点,是采区内巷道间的主要调节措施。但这种方法会使矿井的总风阻增加,若主要通风机风压特性曲线不变,会导致矿井总风量下降;否则,就得改变主要通风机风压特性曲线,以弥补增加风阻后总风量的减少。

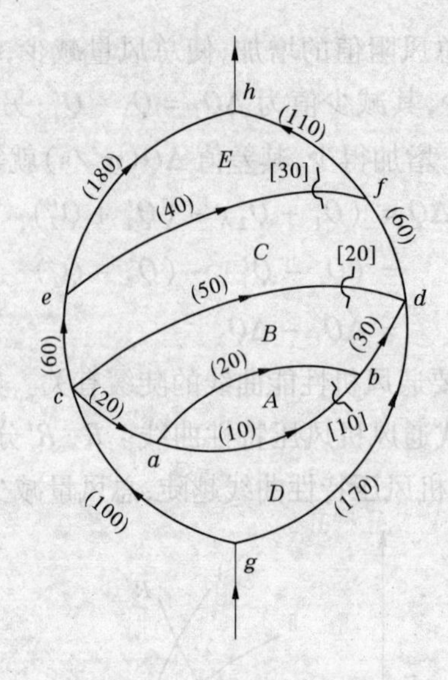

图 6-9　复杂风网中风窗调节的顺序　(单位:Pa)

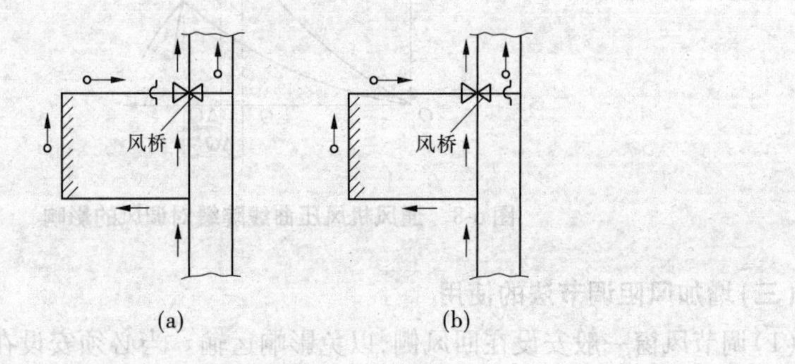

图 6-10　风桥前后风窗的位置

二、降低风阻调节法

(一)降低风阻调节法原理

如图 6-11 所示的并联风网,两分支风路的风阻分别为 R_1 和 R_2,所需风量分别为 Q_1 和 Q_2,则两条风路产生的阻力分别为

$$h_1 = R_1 Q_1^2$$
$$h_2 = R_2 Q_2^2$$

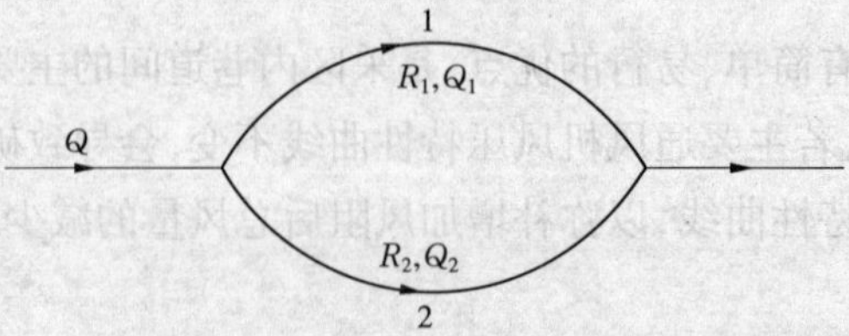

图 6-11　并联风网

如果 $h_2 > h_1$，采用降低风阻调节法调节时，则以 h_1 的数值为依据，使 h_2 减少到 $h_2' = h_1$。为此，需把 R_2 降到 R_2'，即

$$h_2' = R_2' Q_2^2 = h_1$$

$$R_2' = \frac{h_1}{Q_2^2} \tag{6-5}$$

以上表明，降低风阻调节法与增加风阻调节法相反。为了保证风量的按需分配，当两并联巷道的阻力不相等时，以小阻力分支为依据，设法降低大阻力巷道的风阻，使风网达到阻力平衡。

(二)降低风阻调节法及计算

降低风阻值的方法可根据所需降低风阻值的大小和矿井通风状况而定。当所需降低风阻值不大时，首先应考虑减小局部阻力，还可以在阻力大的巷道旁侧开掘并联巷道(可利用废旧巷)，也可以改变巷道壁面平滑程度或支架形式，通过减少摩擦阻力系数降低风阻；当所需降低风阻值较大时，可采用扩大巷道断面面积的方法，条件允许时，也可缩短通风路线总长度降低风阻。

如果将图6-11中支路2巷道全长 L_2(m)的断面面积扩大到 S_2'(m^2)，则

$$R_2' = \frac{\alpha_2' L_2 U_2'}{S_2'^3} \tag{6-6}$$

式中　α_2'——扩大后断面的摩擦阻力系数，Ns^2/m^4；

U_2'——分支2巷道扩大后的断面周长，m。

$$U_2' = K\sqrt{S_2'} \tag{6-7}$$

式中　K——巷道断面形状系数。

对梯形巷道：$K=4.03\sim4.28$，一般取4.16；

对三心拱巷道：$K=3.8\sim4.06$，一般取3.85；

对半圆拱巷道：$K=3.78\sim4.11$，一般取3.90。

将式(6-7)代入式(6-6)，得出巷道2扩大后的断面面积公式为

$$S_2' = \left(\frac{\alpha_2' L_2 K}{R_2'}\right)^{\frac{2}{5}} \tag{6-8}$$

如果采用改变摩擦阻力系数降低风阻，减小后的摩擦阻力系数公式为

$$\alpha_2' = \frac{R_2' S_2'^3}{L_2 U_2'} \tag{6-9}$$

降低风阻调节法可使矿井总风阻减少，若主要通风机风压特性曲线不变，矿井总风量会增加。但这种方法工程量大、投资多、施工时间较长，所以降低风阻调节法多在矿井增产、老矿挖潜改造或某些主要巷道年久失修的情况下，用来降低主要风路中某一段巷道的通风阻力。

三、辅助通风机调节法

(一)辅助通风机调节法原理

如图6-12所示，如果按需风量 Q_1、Q_2 计算出两风路的阻力 $h_2 > h_1$ 时，可在风路2中安

装一台辅助通风机，用辅助通风机的风压来克服该风网的阻力差，使其符合风压平衡，即

$$h_2 - h_{辅} = h_1 \tag{6-10}$$

式中 $h_{辅}$——辅助通风机风压，Pa；

h_1——风路 1 按需风量（Q_1）计算的阻力，Pa；

h_2——风路 2 按需风量（Q_2）计算的阻力，Pa。

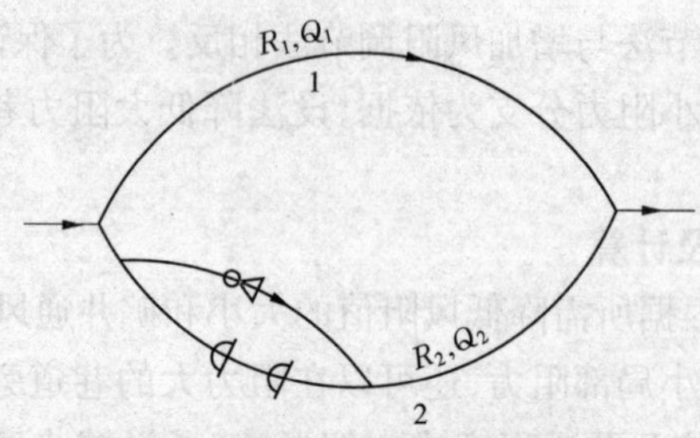

图 6-12　辅助通风机调节法原理

可以看出，辅助通风机调节就是以阻力小的风路阻力为依据，在阻力较大的风路中安装一台辅助通风机，利用辅助通风机的风压克服一部分通风阻力，使并联风网阻力达到平衡，从而实现风量调节的目的。

（二）辅助通风机的选择

辅助通风机的选择方法有多种，这里只介绍一种简单方法。

1. 辅助通风机的风压

辅助通风机的风压，就是并联风网的两分支的阻力差。由通风阻力计算公式可知：

$$h_{辅} = R_2Q_2^2 - R_1Q_1^2 \tag{6-11}$$

式中 R_1、R_2——两分支 1、2 的风阻，Ns^2/m^8；

Q_1、Q_2——两分支 1、2 的需风量，m^3/s。

2. 辅助通风机的风量

辅助通风机的风量，就是该巷道的需风量，即

$$Q_{辅} = Q_2 \tag{6-12}$$

通过计算出的辅助通风机的风压和风量，就可选择合适的通风机。

（三）辅助通风机的安装和使用

（1）为了保证新鲜风流通过辅助通风机而又不致妨碍运输，一般把辅助通风机安设在进风流的绕道中，如图 6-13 所示，但在进风巷道中至少要安设两道自动风门，其间距必须满足运输的要求，风门必须向压力大的方向开启。如果把辅助通风机安设在回风流中，安设方法基本相同，但要设法引入一股新鲜风流给通风机的电动机通风（如利用大钻孔等方法），使电动机在新鲜风流中运转。为此，安设电动机的硐室必须与回风流严密隔开。

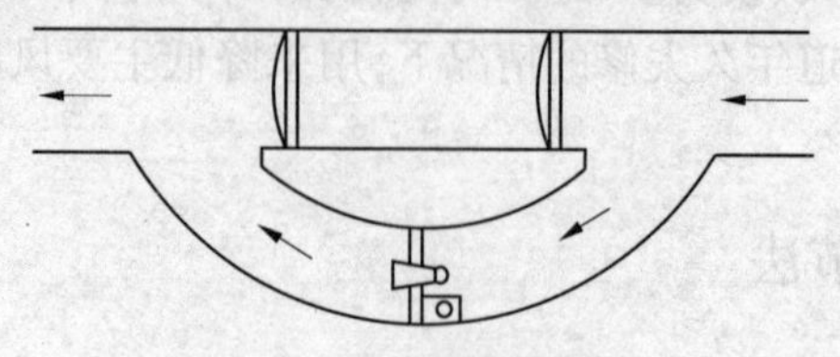

图 6-13　辅助通风机的安装

(2)如果辅助通风机停止运转,必须立即打开进风巷道中的风门,以免相邻区域的风流逆转,甚至产生循环风。此时,应根据具体情况,采取相应的安全措施。重新启动辅助通风机之前,应检查附近 20 m 内的瓦斯浓度,只有在不超过规定时,才允许启动通风机。

(3)采空区附近的巷道中安设辅助通风机时,要选择合适的位置;否则,有可能产生通过采空区的循环风或漏风,甚至引起采空区的煤炭自燃。

(4)严禁在煤(岩)与瓦斯(二氧化碳)突出的矿井中安设辅助通风机。

四、各种调节方法的评价

增加风阻调节法的优点是简便、经济、易行。但由于它增加了矿井总风阻,矿井总风量要减少,因此这种方法只适用于服务年限不长、调节区域的总风阻占矿井总风阻的比重不大的采区范围内。对于矿井主要风路,特别是在阻力搭配不均的矿井两翼调风,则要尽量避免采用;否则,不但不能达到预期效果,还会使全矿通风恶化。

降低风阻调节法的优点是减少了矿井总风阻,增加了矿井总风量。但实施工程量较大、费用高。因此,这种方法多用于服务年限长、巷道年久失修造成风网风阻很大而又不能使用辅助通风机调节的区域。

辅助通风机法调节的优点是简便、易行,且提高了矿井总风量。但管理复杂,安全性较差。因此,这种方法可在并联风路阻力相差悬殊、矿井主要通风机能力不能满足较大阻力风路要求时使用。

总之,上述三种风量调节方法各有特点,在运用中要根据具体情况,因地制宜选用。当单独使用一种方法不能满足要求时,可考虑上述方法的综合运用。

复习思考题

6-1　为什么风量调节是矿井通风管理的主要内容?

6-2　什么是局部风量调节?什么是矿井总风量调节?二者有什么不同?

6-3　增加风阻调节法的实质是什么?

6-4　增加风阻调节法对矿井通风网络有什么影响?

6-5　使用增加风阻调节法时应注意哪些问题?

6-6　降低风阻调节法的实质是什么?

6-7　使用降低风阻调节法时应注意哪些问题?

6-8　辅助通风机调节法的实质是什么?

6-9　使用辅助通风机调节法时应注意哪些问题?

6-10　矿井总风量调节的方法主要有哪些?

习　题

6-1　某采区通风系统中,各段巷道的风阻为:$R_1=0.08\ \mathrm{Ns^2/m^8}$,$R_2=0.15\ \mathrm{Ns^2/m^8}$,$R_3=0.18\ \mathrm{Ns^2/m^8}$,$R_4=0.15\ \mathrm{Ns^2/m^8}$,$R_5=0.10\ \mathrm{Ns^2/m^8}$,系统总风量 $Q_1=40\ \mathrm{m^3/s}$,各分支需要的风量为:$Q_2=15\ \mathrm{m^3/s}$,$Q_3=20\ \mathrm{m^3/s}$,$Q_4=5\ \mathrm{m^3/s}$。若采用风窗调节(见图 6-14),风窗设置处

巷道断面面积 $S=4\ \mathrm{m}^2$，应如何设置风窗，风窗的面积为多少？调节后系统的总风阻、总等积孔为多少？（$S_{窗2}=1.87\ \mathrm{m}^2$，$S_{窗4}=0.63\ \mathrm{m}^2$，$R_{总}=0.198\ \mathrm{Ns^2/m^8}$，$A=2.67\ \mathrm{m}^2$）

6-2　某采区通风系统中，已知：$R_{BCE}=1.5\ \mathrm{Ns^2/m^8}$，$R_{BDE}=0.9\ \mathrm{Ns^2/m^8}$，$L_{BCE}=1\ 500\ \mathrm{m}$，$L_{BDE}=1\ 000\ \mathrm{m}$。因生产需要，两分支 BCD、BDE 的风量均为 $20\ \mathrm{m^3/s}$，若采用全长扩大断面的调节措施（见图 6-15），问需要在哪个分支上扩大断面？断面扩大到多少 m^2（扩大后巷道断面形状为梯形，$\alpha=0.02$）？（$S_{BCE}=7.19\ \mathrm{m}^2$）

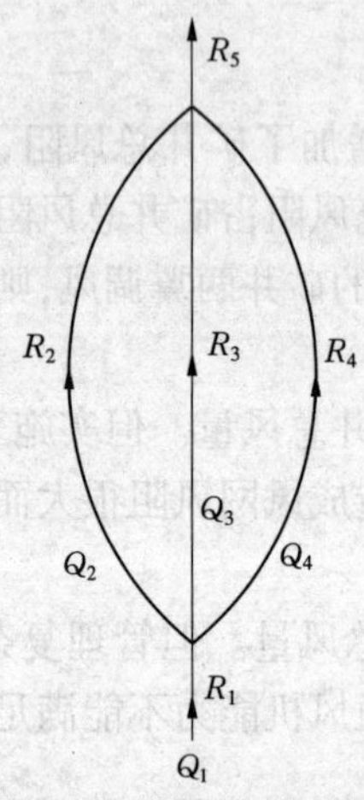

图 6-14　风窗调节风量

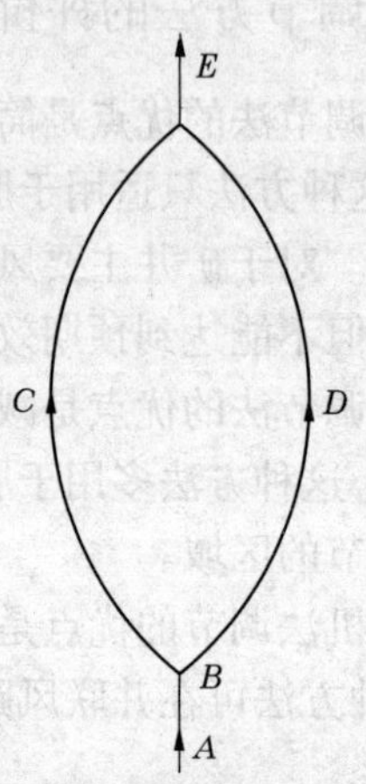

图 6-15　扩大断面调节风量

6-3　某巷道通风系统中，已知各分支风阻为：$R_1=1.2\ \mathrm{Ns^2/m^8}$，$R_2=0.4\ \mathrm{Ns^2/m^8}$，$R_3=R_4=3.2\ \mathrm{Ns^2/m^8}$，$R_5=0.6\ \mathrm{Ns^2/m^8}$，$R_6=2.8\ \mathrm{Ns^2/m^8}$，$R_7=0.3\ \mathrm{Ns^2/m^8}$。各分支需要的风量为：$Q=30\ \mathrm{m^3/s}$，$Q_2=10\ \mathrm{m^3/s}$，$Q_6=20\ \mathrm{m^3/s}$。若采用辅助通风机法调节风量（见图 6-16），试计算辅助通风机的风压及调节后系统的总阻力？（$h_{辅}=760\ \mathrm{Pa}$，$h=1\ 630\ \mathrm{Pa}$）

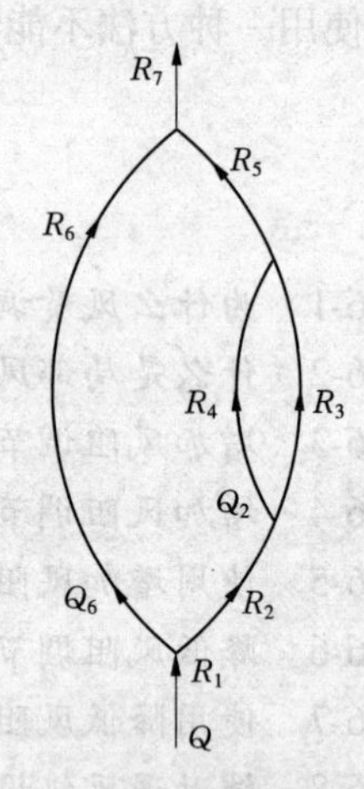

图 6-16　辅助通风机法调节风量

学习情境七　矿井通风系统

任务一　认识矿井通风系统

矿井通风系统是向矿井各作业地点供给新鲜空气、排出污浊空气的通风网络、通风动力和通风控制设施的总称。《规程》规定:矿井必须有完整独立的通风系统,必须按实际风量核定矿井产量。矿井通风系统是否合理,对整个矿井通风状况的好坏和能否保障矿井安全生产起着重要的作用,同时还应在保证安全生产的前提下,尽量减少通风工程量,降低通风费用,力求经济合理。

一、矿井通风方法

矿井通风方法是指主要通风机对矿井供风的工作方法。按主要通风机的安装位置不同,分为抽出式、压入式及压抽混合式三种。

(一)抽出式

如图7-1(a)所示,主要通风机安装在回风井口,在抽出式主要通风机的作用下,整个矿井通风系统处在低于当地大气压的负压状态。当主要通风机因故停止运转时,井下风流的压力提高,比较安全。

(二)压入式

如图7-1(b)所示,主要通风机安设在入风井口,在压入式主要通风机的作用下,整个矿井通风系统处在高于当地大气压的正压状态。在冒落裂隙通达地面时,压入式通风矿井采区的有害气体通过塌陷区向外漏出。当主要通风机因故停止运转时,井下风流的压力降低。

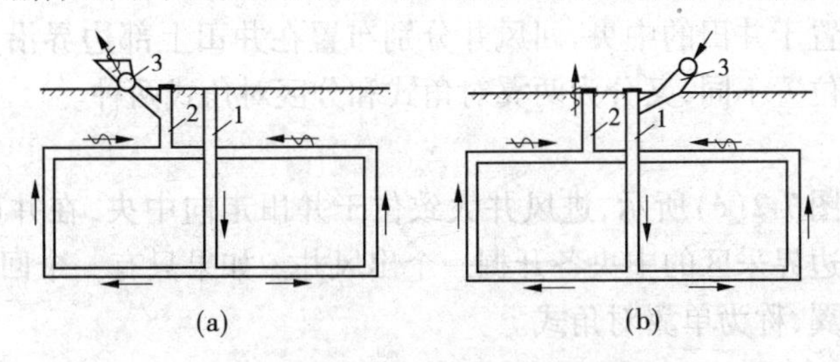

1—进风井;2—回风井;3—主要通风机

图7-1　矿井通风方法

(三)压抽混合式

在入风井口设一通风机作压入式工作,回风井口设一通风机作抽出式工作。通风系统的进风部分处于正压,回风部分处于负压,工作面大致处于中间,其正压或负压均不大,因此采空区通连地表的漏风较小。缺点是使用的通风机设备多,管理复杂。

二、矿井通风系统的选择

根据矿井设计生产能力、煤层赋存条件、表土层厚度、井田面积、地温、矿井瓦斯涌出量、煤层自燃倾向性等条件，在确保矿井安全、兼顾中后期生产需要的前提下，通过对多种可行的矿井通风系统方案进行技术经济比较后确定。

中央式通风系统具有井巷工程量少、初期投资省的优点。因此，矿井初期宜优先采用。有煤与瓦斯突出危险的矿井、高瓦斯矿井、煤层易自燃的矿井及有热害的矿井，应采用对角式或分区对角式通风；当井田面积较大时，初期可采用中央通风，逐步过渡为对角式或分区对角式通风。

矿井通风方法一般采用抽出式。当地形复杂、露头发育、老窑多、采用多风井通风有利时，可采用压入式通风。

三、矿井通风方式

矿井通风方式是指矿井进风井与回风井的布置方式。按进、回风井的位置不同，分为中央式、对角式、区域式和混合式四种。

（一）中央式

中央式是进、回风井均位于井田走向中央。按进、回风井沿倾斜方向相对位置的不同，又可分为中央并列式和中央边界式两种。

1. 中央并列式

中央并列式如图 7-2(a)所示。进、回风井均并列布置在井田走向和倾斜方向的中央，两井底可以开掘到第一水平，如图 7-2(a)(1)所示。也可以将回风井只掘至回风水平，如图 7-2(a)(2)所示。后者只适用于较小型矿井。

2. 中央边界式（又名中央分列式）

中央边界式如图 7-2(b)所示。进风井仍布置在井田走向和倾斜方向的中央，回风井大致布置在井田上部边界沿走向的中央，回风井的井底标高高于进风井的井底标高。

（二）对角式

进风井大致布置于井田的中央，回风井分别布置在井田上部边界沿走向的两翼上。根据回风井沿走向的位置不同，又分为两翼对角式和分区对角式两种。

1. 两翼对角式

两翼对角式如图 7-2(c)所示，进风井大致位于井田走向中央，在井田上部沿走向的两翼边界附近或两翼边界采区的中央各开掘一个出风井。如果只有一个回风井，且进、回风井分别位于井田的两翼，称为单翼对角式。

2. 分区对角式

分区对角式如图 7-2(d)所示。进风井位于井田走向的中央，在每个采区的上部边界各掘进一个回风井，无总回风巷。

（三）区域式

在井田的每一个生产区域开凿进、回风井，分别构成独立的通风系统，如图 7-2(e)所示。

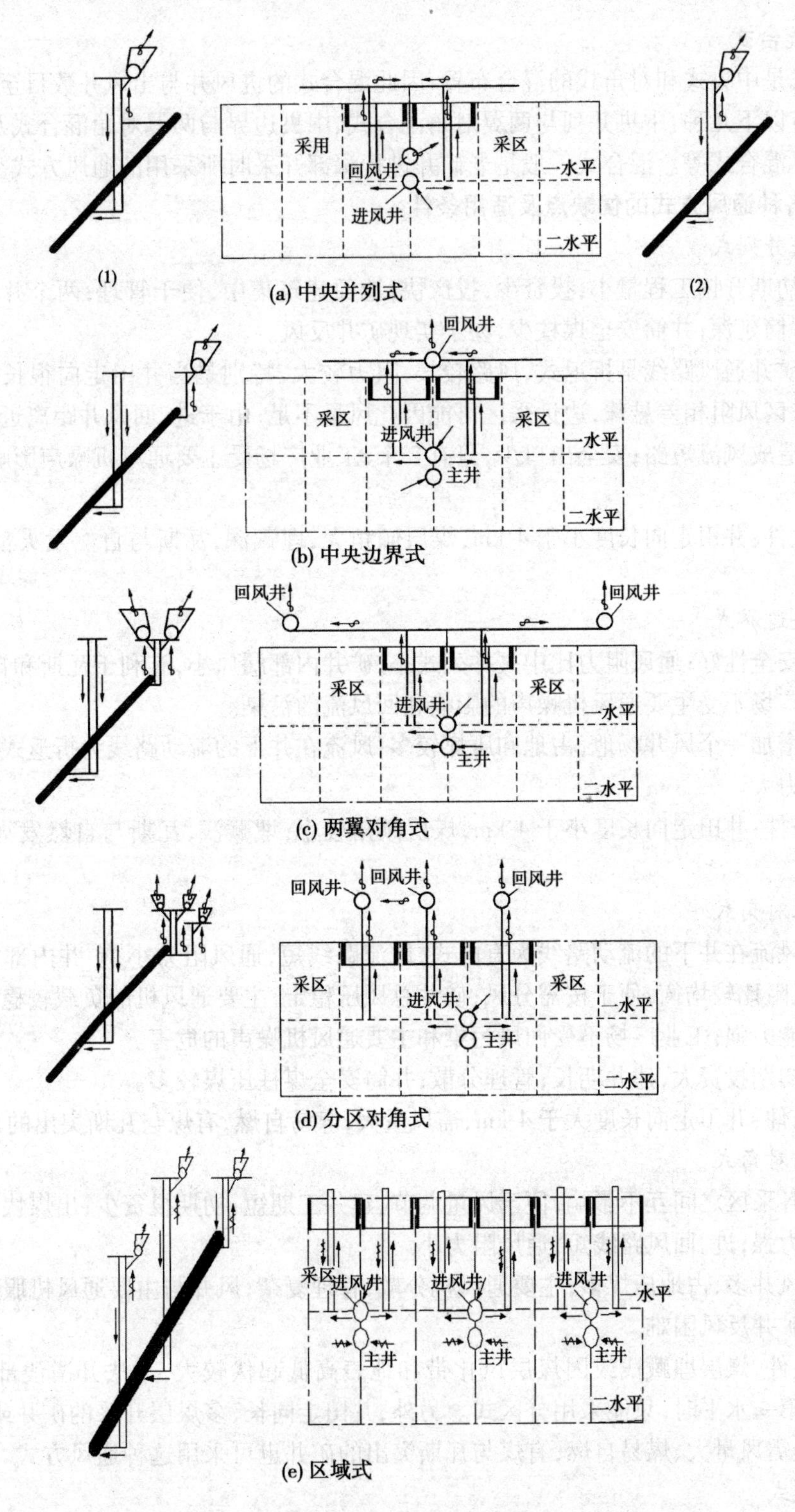

注:(1)表示进、回风井的两井底可以都开掘到第一水平;
(2)表示只将回风井掘至回风水平,进风井掘至第一水平

图 7-2　矿井通风方式

（四）混合式

混合式是中央式和对角式的混合布置，因此混合式的进风井与出风井数目至少有3个。混合式可有以下几种：中央并列与两翼对角混合式、中央边界与两翼对角混合式及中央并列与中央边界混合式等。混合式一般是老矿井进行深部开采时所采用的通风方式。

（五）各种通风方式的优缺点及适用条件

1. 中央并列式

优点：初期开拓工程量小，投资少，投产快；地面建筑集中，便于管理；两个井筒集中，便于开掘和井筒延深；井筒安全煤柱少，易于实现矿井反风。

缺点：矿井通风路线是折返式，风路较长，阻力较大，特别是当井田走向很长时，边远采区与中央采区风阻相差悬殊，边远采区可能因此风量不足；由于进、回风井距离近，井底漏风较大，容易造成风流短路；安全出口少，只有2个；工业广场受主要通风机噪声影响和回风风流的污染。

适用条件：井田走向长度小于4 km，煤层倾角大，埋藏深，瓦斯与自然发火都不严重的矿井。

2. 中央边界式

优点：安全性好；通风阻力比中央并列式小，矿井内部漏风小，有利于瓦斯和自然发火的管理；工业广场不受主要通风机噪声的影响和回风流的污染。

缺点：增加一个风井场地，占地和压煤较多；风流在井下的流动路线为折返式，风流路线长，通风阻力大。

适用条件：井田走向长度小于4 km，煤层倾角较小，埋藏浅，瓦斯与自然发火都比较严重的矿井。

3. 两翼对角式

优点：风流在井下的流动路线为直向式，风流路线短，通风阻力小；矿井内部漏风小；各采区间的风阻比较均衡，便于按需分风；矿井总风压稳定，主要通风机的负载较稳定；安全出口多，抗灾能力强；工业广场不受回风污染和主要通风机噪声的危害。

缺点：初期投资大，建井期长；管理分散；井筒安全煤柱压煤较多。

适用条件：井田走向长度大于4 km，需风量大，煤易自燃，有煤与瓦斯突出的矿井。

4. 分区对角式

优点：各采区之间互不影响，便于风量调节；建井工期短；初期投资少，出煤快；安全出口多，抗灾能力强；进、回风路线短，通风阻力小。

缺点：风井多，占地压煤多；主要通风机分散，管理复杂；风井与主要通风机服务范围小，接替频繁；矿井反风困难。

适用条件：煤层埋藏浅或因煤层风化带和地表高低起伏较大，无法开凿浅部的总回风巷，在开采第一水平时，只能采用分区式。另外，井田走向长，多煤层开采的矿井或井田走向长、产量大、需风量大、煤易自燃，有煤与瓦斯突出的矿井也可采用这种通风方式。

5. 区域式

优点：既可以改善矿井的通风条件，又能利用风井准备采区，缩短建井工期；风流路线短，通风阻力小；漏风少，网络简单，风流易于控制，便于主要通风机的选择。

缺点：通风设备多，管理分散，管理难度大。

适用条件:井田面积大、储量丰富或瓦斯含量大的大型矿井。

6. 混合式

优点:有利于矿井的分区分期建设,投资省,出煤快,效率高;回风井数目多,通风能力大;布置灵活,适应性强。

缺点:多台通风机联合工作,通风网络复杂,管理难度大。

适用条件:井田走向长度长,老矿井的改扩建和深部开采;多煤层多井筒的矿井;井田面积大、产量大、需风量大或采用分区开拓的大型矿井。

总之,矿井的通风方式,应根据矿井的设计生产能力、煤层赋存条件、地形条件、井田面积、走向长度及矿井瓦斯等级、煤层的自燃倾向性等情况,从技术、经济和安全等方面加以分析,通过方案比较确定。

四、矿井通风网络

详见学习情境五。

五、矿井通风设施

详见本学习情境任务三。

任务二 认识采区通风系统

采区通风系统是矿井通风系统的主要组成单元，主要包括采区进、回风巷道和工作面进、回风巷道及其风路连接形式、采区内的风流控制设施等。

一、采区通风系统的基本要求

采区通风系统是采区生产系统的重要组成部分。它包括采区主要进、回风巷道和工作面进、回风巷道的布置方式,采区通风路线的连接形式,工作面通风方式,以及采区内的通风设施等内容。在确定采区通风系统时,应满足下列基本要求:

(1)每个采区必须实行分区通风。

(2)采、掘工作面应实行独立通风。

(3)在采区通风系统中,要保证风流流动的稳定性,采掘工作面尽量避免处于角联风路中。

(4)在采区通风系统中,应力求通风系统简单,以便在发生事故时易于控制风流和撤退人员。

(5)对于必须设置的通风设施(风门、风桥、挡风墙等)和通风设备(局部通风机、辅助通风机等),要选择适当位置,严把规格质量,严格管理制度,保证通风设备安全运转。尽量将主要风门开关、局部通风机开停等状态参数和风流变化参数纳入到矿井安全监控系统中,以便及时发现和处理问题。

(6)在采区通风系统中,要保证通风阻力小,通风能力大,风流畅通,风量按需分配。因此,应特别注意加强巷道的维护,及时处理局部冒顶和堵塞,支护应良好,并保证有足够的断面。

(7)在采区通风系统中,尽量减少采区漏风量,并有利于采空区瓦斯的合理排放及防止采空区浮煤自燃,使新鲜风流在其流动路线上被加热与污染的程度最小。

二、采区进、回风上(下)山的布置

采区进、回风上(下)山,是采区通风系统的主要风路,是由采区巷道布置所决定的。上(下)山的数目,低瓦斯单一煤层开采可采用两条上(下)山,有时采用三条上(下)山;多煤层开采、高瓦斯矿井、煤(岩)与瓦斯(二氧化碳)突出矿井以及开采容易自燃煤层的采区一般为三条甚至四条上(下)山。具体布置如下。

(一)两条上(下)山

采用两条上山时,一条进风,另一条回风。可以采用轨道上山进风、运输上山回风,也可采用运输上山进风、轨道上山回风。

1. 轨道上山进风、运输上山回风

轨道上山进风的采区通风系统如图 7-3 所示。这种通风的好处是新鲜风流不受煤炭释放的瓦斯、煤尘污染及放热的影响,工作面卫生条件好;轨道上山的绞车房易于通风;下部车场不设风门。但轨道上山的上部和中部车场凡与回风巷相连处,均要设风门与回风巷隔开,为此车场巷道要有适当的长度,以保证两道风门之间有一定的间距,以解决通风与运输的矛盾。

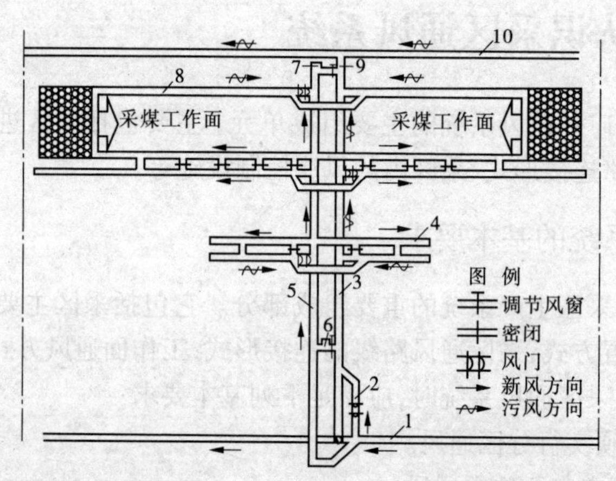

1—进风大巷;2—进风联络巷;3—运输机上山;4—运输机平巷;5—轨道上山;
6—采区变电所;7—采区绞车房;8—工作面回风巷;9—回风石门;10—总回风巷

图 7-3 轨道上山进风的采区通风系统

2. 运输上山进风、轨道上山回风

输送机上山进风的采区通风系统如图 7-4 所示。这种通风的特点是运煤设备处在新风中,比较安全。由于风流方向与运煤方向相反,容易引起煤尘飞扬,煤炭在运输过程中释放的瓦斯,可使进风流的瓦斯和煤尘浓度增大,影响工作面的安全卫生条件;输送机设备所散发的热量,使进风流温度升高。此外,须在轨道上山的下部车场内安设风门,这样易造成风流短路,同时影响材料的运输。

(二)三条上(下)山

单一煤层三条上山的采区通风系统如图 7-5 所示。上山均布置在煤层中,其中一条为胶带输送机上山,一条为轨道上山,一条为专用回风上山。这种采区通风系统,是采用胶带

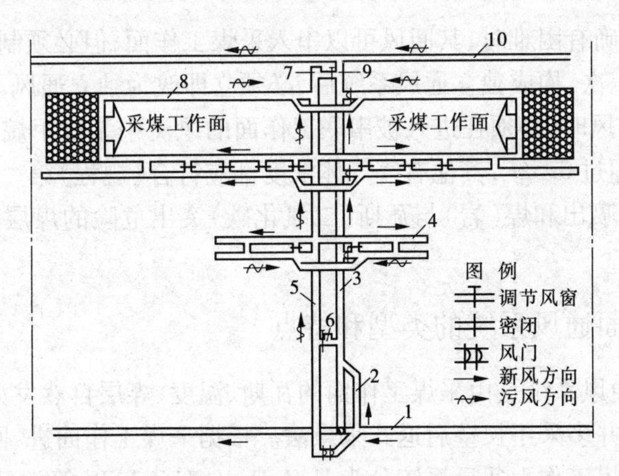

1—进风大巷;2—进风联络巷;3—运输机上山;4—运输机平巷;5—轨道上山;
6—采区变电所;7—采区绞车房;8—回风巷;9—回风石门;10—总回风巷

图 7-4　输送机上山进风的采区通风系统

输送机上山与轨道上山作采区主要进风巷,回风上山作采区专用回风巷。这样使专用回风上山中没有机械和电器设备,而且绞车运输与胶带运输又互不干扰,比较安全,采区通风系统简单,通风管理容易。

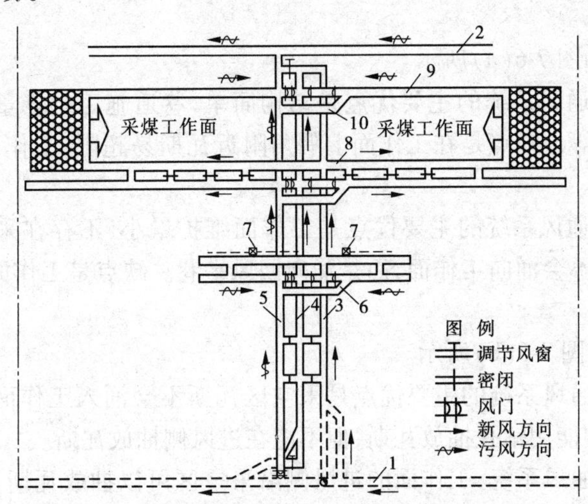

1—进风大巷;2—回风大巷;3—运输机上山;4—轨道上山;5—回风上山;6—中部回风石门;
7—局部通风机;8—运输机平巷;9—区段回风平巷;10—上部回风石门

图 7-5　单一煤层三条上山的采区通风系统

三、采、掘工作面的串联通风及要求

《规程》对采掘工作面的串联通风及要求作了如下规定:

(1)采、掘工作面应实行独立通风。

(2)同一采区内,同一煤层上下相连的 2 个同一风路的采煤工作面、采煤工作面与其相连的掘进工作面、相邻两个掘进工作面,布置独立通风有困难时,在制定措施后,可采用串联通风,但仅能串联 1 次。

(3)采区内为构成新区段通风系统的掘进巷道或采煤工作面遇到地质构造而重新掘进

巷道,布置独立通风确有困难时,其回风可以串入采煤工作面,但必须制定安全措施,且串联通风的次数不超过 1 次,构成独立通风系统后,必须立即改为独立通风。

(4)采用串联通风时,必须在进入被串联工作面的风流中装设甲烷断电仪,且瓦斯和二氧化碳的浓度不得超过 0.5%,其他有害气体浓度都应符合《规程》第一百条的规定。

(5)开采有瓦斯喷出和煤(岩)与瓦斯(二氧化碳)突出危险的煤层时,严禁任何两个工作面之间串联通风。

四、采煤工作面通风系统的类型和特点

采煤工作面的通风系统是由采煤工作面的瓦斯、温度、煤层自然发火及采煤方法等所确定的,我国大部分矿井多采用长壁后退式采煤法。根据采煤工作面进、回风巷的布置方式和数量,可将长壁式采煤工作面通风系统分为 U、Z、H、Y、双 Z 和 W 等类型,如图 7-6 所示。这些形式都是由 U 形改进而成的,其目的是预防瓦斯局部积聚,加大工作面长度,增加工作面供风量,改善工作面气候条件。

(一)U 形与 Z 形工作面通风系统

U 形与 Z 形工作面通风系统如图 7-6(a)、(b)所示。工作面通风系统只有一条进风巷道和一条回风巷道。我国大多数矿井采用 U 形后退式通风系统。

1. U 形通风系统

U 形通风系统如图 7-6(a)所示。

(1)U 形后退式通风系统的主要优点是结构简单,巷道施工维修量小,工作面漏风小,风流稳定,易于管理等。缺点是在工作面上隅角附近瓦斯易超限,工作面进、回风巷要提前掘进,掘进工作量大。

(2)U 形前进式通风系统的主要优点是工作面维护量小,不存在采掘工作面串联通风的问题,采空区瓦斯不会涌向工作面,而是涌向回风平巷。缺点是工作面采空区漏风大。

2. Z 形通风系统

Z 形通风系统如图 7-6(b)所示。

(1)Z 形后退式通风系统的主要优点是采空区瓦斯不会涌入工作面,而是涌向回风巷,工作面采空区回风侧能用钻孔抽放瓦斯,但不能在进风侧抽放瓦斯。

(2)Z 形前进式通风系统,工作面的进风侧沿采空区可以抽放瓦斯,但采空区的瓦斯易涌向工作面,特别是上隅角,回风侧不能抽放瓦斯。

Z 形通风系统的采空区的漏风,介于 U 形后退式通风系统和 U 形前进式通风系统之间,且该通风系统需沿空支护巷道和控制采空区漏风,难度较大。

(二)Y 形、W 形及双 Z 形通风系统

Y 形、W 形及双 Z 形通风系统均为两进一回或一进两回的采煤工作面通风系统。该类型的通风系统如图 7-6(c)~(e)所示。

1. Y 形通风系统

根据进、回风巷的数量和位置不同,Y 形通风系统可以有多种不同的方式。生产实际中应用较多的是在回风侧加入附加的新鲜风流,与工作面回风汇合后从采空区侧流出的通风系统。Y 形通风系统会使回风道的风量加大,但上隅角及回风道的瓦斯不易超限,并可以在上部进风侧抽放瓦斯。

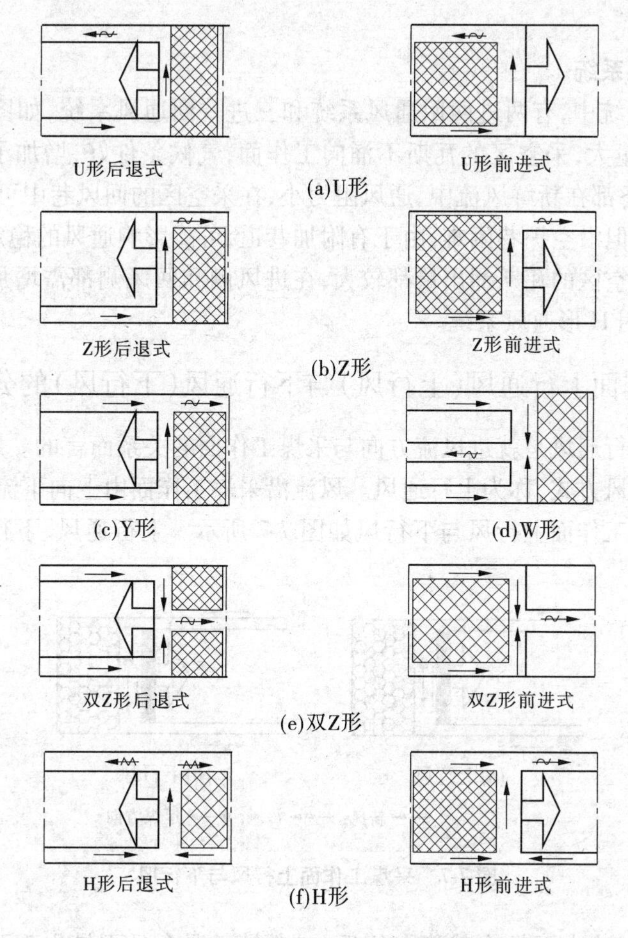

图 7-6　采煤工作面通风系统图

2. W 形通风系统

(1)后退式 W 形通风系统:用于高瓦斯的长工作面或双工作面。该系统的进、回风平巷都布置在煤体中,当由中间及下部平巷进风、上部平巷回风时,上、下段工作面均为上行通风(上行风),但上段工作面的风速高,对防尘不利,上隅角瓦斯可能超限。所以,瓦斯涌出量很大时,常采用上、下平巷进风,中间平巷回风的 W 形通风系统;反之,采用由中间平巷进风,上、下平巷回风的通风系统,以增加风量,提高产量。在中间平巷内布置钻孔抽放瓦斯时,抽放钻孔由于处于抽放区域的中心,因而抽放率比采用 U 形通风系统的工作面提高了50%。

(2)前进式 W 形通风系统:巷道维护在采空区内,巷道维护困难,漏风大,采空区的瓦斯涌出量也大。

3. 双 Z 形通风系统

双 Z 形通风系统其中间巷与上、下平巷分别在工作面的两侧。

(1)双 Z 形后退式通风系统:上、下进风巷布置在煤体中,漏风携出的瓦斯不进入工作面,比较安全。

(2)双 Z 形前进式通风系统:上、下进风巷布置在采空区中,漏风携出的瓦斯可能使工

作面的瓦斯超限。

(三)H 形通风系统

在 H 形通风系统中,有两进两回通风系统和三进一回通风系统,如图 7-6(f)所示。其特点是:工作面风量大,采空区的瓦斯不涌向工作面,气候条件好,增加了工作面的安全出口,工作面机电设备都在新鲜风流中,通风阻力小,在采空区的回风巷中可以抽放瓦斯,易控制上隅角的瓦斯。但沿空护巷困难;由于有附加巷道,可能影响通风的稳定性,管理复杂。

当工作面和采空区的瓦斯涌出量都较大,在进风侧和回风侧都需增加风量稀释工作面瓦斯时,可考虑采用 H 形通风系统。

五、采煤工作面上行通风(上行风)与下行通风(下行风)的分析

上行通风与下行通风是就进风流方向与采煤工作面的关系而言的。风流沿采煤工作面由下向上流动的通风方式,称为上行通风。风流沿采煤工作面由上向下流动的通风方式,称为下行通风。采煤工作面上行风与下行风如图 7-7 所示。上行通风、下行通风两种方式的特点如下:

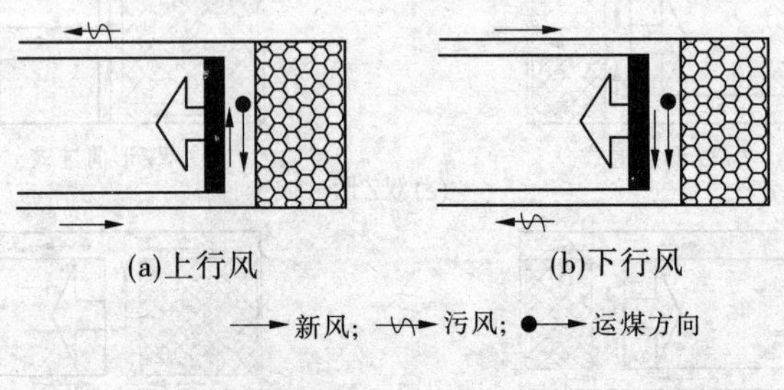

图 7-7　采煤工作面上行风与下行风

(1)下行风的方向与瓦斯自然流向相反,二者易于混合且不易出现瓦斯分层流动和局部积存的现象。

(2)上行风比下行风工作面的气温要高。

(3)下行风比上行风所需要的机械风压要大。

(4)下行风在起火地点瓦斯爆炸的可能性比上行风要大。

任务三　通风设施的构筑

通风设施是控制矿井风流流动的通风构筑物的总称。

为了保证风流按拟定路线流动,使各个用风地点得到所需风量,就必须在某些巷道中设置相应的通风设施对风流进行控制。必须正确地选择通风设施的位置,按施工方法进行施工,保证施工质量,严格管理制度;否则,会造成大量漏风或风流短路,破坏通风的稳定性。

一、通风设施的种类和质量要求

矿井通风设施,按其作用不同可分为两类:一类是引导风流的设施,如主要通风机的风硐、风桥、调节风窗、导风板等,如图 7-8、图 7-9 所示。另一类是隔断风流的设施,如风门、挡风墙、风障等。

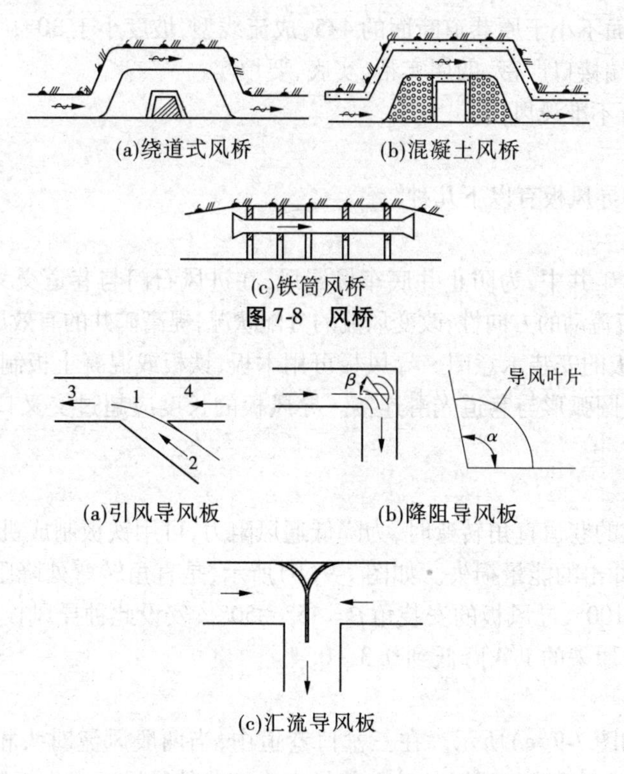

(a)绕道式风桥

(b)混凝土风桥

(c)铁筒风桥

图 7-8　风桥

(a)引风导风板

(b)降阻导风板

(c)汇流导风板

1—导风板；2—进风石门；3—采区巷道；4—车场绕道

图 7-9　导风板

(一)引导风流的设施

1. 风桥

风桥是将两股平面交叉的新、污风流隔成立体交叉的一种通风设施，污风从桥上通过，新风从桥下通过。风桥按其结构不同，可分为以下三种。

1) 绕道式风桥

绕道式风桥如图 7-8(a)所示。它开凿在岩石中，坚固耐用，漏风小，但工程量较大。主要用于服务年限很长、通过风量在 20 m^3/s 以上的主要风路中。

2) 混凝土风桥

混凝土风桥如图 7-8(b)所示。它结构紧凑，比较坚固。当服务年限较长、通过风量为 10 ~ 20 m^3/s 时，可以采用。

3) 铁筒风桥

铁筒风桥如图 7-8(c)所示，由铁筒与风门组成。铁筒直径为 0.8 ~ 1 m，风筒壁厚不小于 5 mm，每侧应设两道以上风门。一般在服务年限短、通过风量为 10 m^3/s 的次要风路中使用。

风桥的质量标准如下：

(1) 用不燃材料建筑；

(2) 桥面平整不漏风；

(3) 风桥前后各 5 m 范围内巷道支护良好，无杂物、积水和淤泥；

(4)风桥的断面不小于原巷道断面的4/5,成流线型,坡度小于30°;

(5)风桥的两端接口严密,四周实帮、实底,要填实;

(6)风桥上、下不准设风门。

2. 导风板

矿井中常用的导风板有以下几种。

1)引风导风板

压入式通风的矿井中,为防止井底车场漏风,在进风石门与巷道交叉处,安设引导风流的导风板,利用风流流动的方向性,改变风流的分配状况,提高矿井的有效风量率,如图7-9(a)所示,是引风导风板的安装示意图。导风板可用木板、铁板或混凝土板制成。

挡风板要做成圆弧形与巷道光滑连接。导风板的长度应超过交叉口一定距离,一般为0.5~1 m。

2)降阻导风板

通过风量较大的巷道直角转弯时,为降低通风阻力,可用铁板制成机翼形或普通弧形导风板,以减少风流冲击的能量损失。如图7-9(b)所示,是直角转弯处降阻导风板的装置图。导风板的敞角 $\alpha=100°$,导风板的安装角 $\beta=45°\sim50°$。安设此种导风板后可使直角导风板的局部阻力系数由原来的1.4降低到0.3~0.4。

3)汇流导风板

汇流导风板如图7-9(c)所示。在三岔口巷道中,当两股风流对头相遇汇合在一起时,可安设导风板,以减少风流相遇时的冲击能量损失。此种导风板由木板制成,安装时应使导风板伸入汇流巷道中,所分成的两个隔间面积与各自所通过的风量成正比。

(二)隔断风流的设施

隔断风流的设施主要有挡风墙、风门,如图7-10所示。

1. 密闭(又称挡风墙)

密闭是隔断风流的构筑物。在不允许风流通过,也不允许行人行车的井巷,如采空区、旧巷、火区以及进风与回风大巷之间的联络巷道,都必须设置密闭,将风流截断。

密闭按其结构及服务年限的不同,可分为临时密闭和永久密闭两类:

(1)临时密闭。一般是在立柱上钉木板,木板上抹黄泥建成临时性挡风墙。但当巷道压力不稳定,并且挡风墙的服务年限不长(2年以内)时,可用长度约1 m的圆木段和黄泥砌筑成挡风墙。这种挡风墙的特点是:可以缓冲顶板压力,使挡风墙不产生大量裂缝,从而减少漏风。但在潮湿的巷道中容易腐烂。

(2)永久密闭。在服务年限长(2年以上)时使用。挡风墙材料常用砖、石、水泥等不燃性材料修筑,其结构如图7-10(a)所示。为了便于检查密闭区内的气体成分及密闭区内发火时便于灌浆灭火,挡风墙上应设观测孔和注浆孔,密闭区内如有水,应设放水管或反水沟以排出积水。为了防止放水管在无水时漏风,放水管一端应制成U形,利用水封防止放水管漏风。

永久密闭的质量标准如下:

(1)用不燃性材料建筑,严密不漏风,墙体厚度不小于0.5 m。

(2)密闭前无瓦斯积聚,5 m内支架完好,无片帮、冒顶,无杂物、积水和淤泥。

(3)密闭周边要掏槽,见硬底、硬帮,与煤岩接实,并抹有不少于0.1 m的裙边。

(4)密闭内有水的要设反水池与反水管;有自燃发火现象的采空区,密闭要设观测孔、灌浆孔,孔口要堵严密。

(5)密闭前,要设栅栏、警示标志、说明牌板和检查箱。

(6)墙面要平整,无裂缝、重缝和空缝。

2. 风门

在不允许风流通过,但需行人或行车的巷道内,必须设置风门。风门的门扇安设在挡风墙墙垛的门框上。墙垛可用砖、石、木段和水泥砌筑。

风门的建筑材料有木材、金属材料及混合材料等三种。

按风门的结构不同,可分为普通风门和自动风门两种。在行人或通车不多的地方,可设普通风门;而在行人或通车比较频繁的主要运输巷道上,则应安设自动风门。

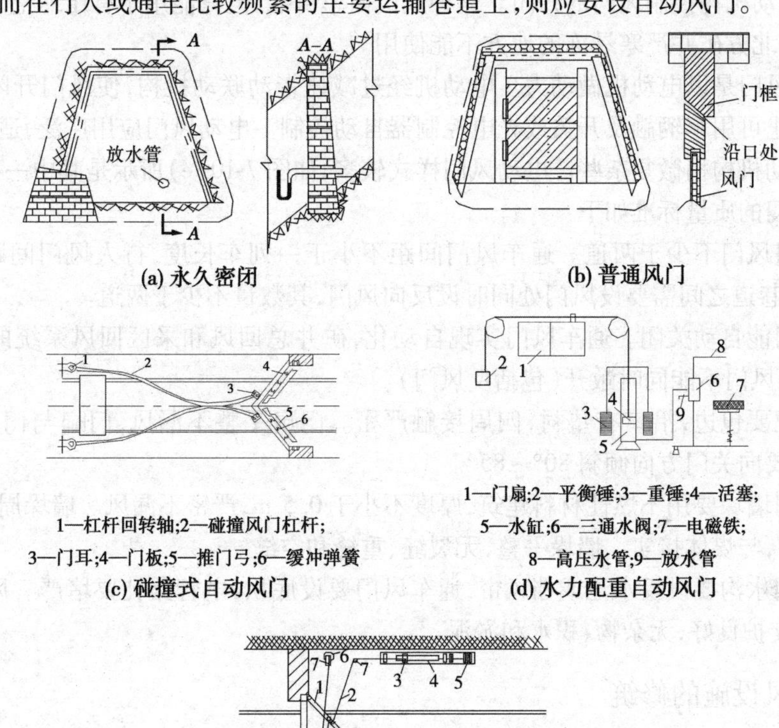

图 7-10　隔断风流的设施

(1)普通风门。

普通风门用人力开启,一般多用木板或铁皮制成,图 7-10(b)所示的是单扇木质沿口普通风门。这种风门的结构特点是门扇与门框呈斜面沿口接触,接触处有可缩性衬垫,比较严密、坚固,一般可使用 1.5 ~2 年。门扇开启方向要迎着风流,使门扇关上后在风压作用下保持风门关闭严密。门框和门扇都要顺风流方向倾斜,与水平面成 80° ~85°倾角。门框下设门坎,过车的门坎要留有轨道通过的槽缝,门扇下部要设挡风帘。

(2)自动风门。

自动风门是借助于各种动力来开启与关闭的一种风门,按其动力不同分为碰撞式、气动式、电动式和水动式等。

①碰撞式自动风门如图7-10(c)所示。它由门板、风门杠杆、门耳、缓冲弹簧、推门弓和绞链等组成。门框和门扇倾斜80°~85°。风门是靠矿车碰撞门板上的门弓和风门杠杆而自动打开、借风门自重而关闭的。这种风门具有结构简单,易于制作和经济实用等优点;缺点是撞击部件容易损坏,需经常维修。因此,多用于行车不太频繁的巷道中。

②气动或水动风门如图7-10(d)所示。这种风门的动力来源是压缩空气或高压水。它是由电气触点控制电磁阀,电磁阀控制气缸或水缸的阀门,使气缸或水缸中的活塞做往复运动,再通过联动机构控制风门的开闭。这种风门简单可靠,但只能用于有压缩空气和高压水源的地方,在北方矿井严寒易冻的地方不能使用。

③电动风门是以电动机做动力。电动机经过减速带动联动机构,使风门开闭。电动机的启动和停止可用车辆触及开关或光电控制器自动控制。电动风门应用广泛,适用性强,只是减速和传动机构稍微复杂些。电动风门样式较多,如图7-10(e)所示是其中一种。

永久风门的质量标准如下:

(1)每组风门不少于两道。通车风门间距不小于一列车长度,行人风门间距不少于5 m。进、回风巷道之间需要设风门处同时设反向风门,其数量不少于两道。

(2)风门能自动关闭。通车风门实现自动化,矿井总回风和采区回风系统的风门要安装闭锁装置;风门不能同时敞开(包括反风门)。

(3)门框要包边,沿口有垫衬,四周接触严密。门扇平整不漏风,门扇与门框不歪扭。门轴与门框要向关门方向倾斜80°~85°。

(4)风门墙垛要用不燃性材料建筑,厚度不小于0.5 m,严密不漏风。墙垛周边要掏槽,见硬顶、硬帮,与煤体接实。墙垛平整,无裂缝、重缝和空缝。

(5)风门水沟要设反水池或挡风帘,通车风门要设底坎,电管路孔要堵严。风门前后各5 m内巷道支护良好,无杂物、积水和淤泥。

二、通风设施的修筑

本书主要介绍密闭和风门的修筑方法。

(一)密闭修筑方法

1.施工前的准备工作

(1)装运材料要有专人负责。各种材料装车后均不要超过矿车高度、宽度,两端要均衡。

(2)料车入井前必须与矿井调度室及有关单位联系,运送时应严格遵照运输部门的有关规定。

(3)施工人员随身携带的小型材料和工具要拿稳,利刃工具要装入护套,材料应捆扎牢固,要防止触碰架空线。

(4)井下装卸笨重材料要相互照应,靠巷帮堆放的材料要整齐,不得影响运输、通风、行人。

(5)人力运输过溜煤眼时,要注意安全。不准使用刮板输送机及带式输送机运送材料。

(6)施工前,必须对施工地点、规格、要求了解清楚,掌握有关安全技术措施和施工要求,做到安全施工。

(7)密闭位置应选择在顶、底帮坚硬、未遭破坏的煤岩巷道内,避免设在动压区。

(8)施工地点必须通风良好,瓦斯、二氧化碳等有害气体的浓度不超过《规程》的规定。

(9)必须由外向里逐步检查施工地点前后 5 m 的支架、顶板情况,发现问题及时处理,并且由一人处理、一人监护,处理不完必须及时进行临时支护。

(10)拆除密闭地点的支架,必须先加固其附近巷道支架;若顶板破碎,应先用托棚或探梁将梁托住,再拆棚腿,不准空顶作业。

2. 永久密闭施工操作

(1)在有水沟的巷道中建筑的永久密闭,要保证水流畅通,但不能漏风。

(2)用砖、料石砌墙时,竖缝要错开,横缝要水平,排列必须整齐;砂浆要饱满,灰缝要均匀一致;干砖要浸湿;墙心逐层用砂浆填实;墙厚要符合标准。

(3)双层砖或料石中间填黄土的密闭,黄土湿度不宜过大,且应随砌随填,层层用木锤捣实。

(4)砌墙到中上部时,要预留观测孔及灌浆孔,铁管孔口应伸入密闭内 1 m 以上,外口距密闭墙至少 0.2 m,外口要设阀门,不用时关闭。

(5)密闭封顶要与顶帮接实。当顶板破碎时,托棚或探梁上的原支架棚梁应随砌墙进度而逐渐拆下,且应除去浮煤、矸后再掏槽砌墙。

(6)密闭墙砌实后要勾缝或抹面,墙四周要包边抹,其宽度不少于 0.2 m。要求抹平,打光压实。

3. 临时密闭施工操作

(1)用砖建筑的临时密闭的厚度不应小于 240 mm,其他质量要求与永久密闭相同。

(2)建筑木板临时密闭时,应满足以下要求:

①应根据巷道断面大小,确定打立柱的数量。立柱要打牢固,且与巷道顶、底板接实。

②木板条采用鱼鳞式搭接方式。自上往下依次压茬排列钉在立柱上,压茬宽度不小于 15 mm,四周木板均要伸入槽内接实。

③木板钉严实后,必须清除杂物,然后用白石灰加黄泥或水泥加黄泥沿木板压茬缝及墙四周堵抹平整、严密。

(3)建筑木段临时密闭时,应满足以下要求:

①先在巷道底部铺一层黄泥,上铺一层木段,然后依次铺黄泥、木段,层层用锤砸实,木段外露处要排列均匀、整齐。

②墙内有水时,必须预先埋下一根铁管排水,水管外口要装水闸门。

③木段墙与巷道顶帮之间的缝隙要用黄泥填实,并用黄泥加白石灰或水泥把墙面抹平整。

4. 密闭施工中的注意事项

(1)掏槽只能用大锤、钎子、手镐、风镐施工,不准采用放炮的方法。

(2)在立眼或急倾斜巷道中施工时,必须佩戴保险带,并制定安全措施。

(3)砌墙高度超过 2 m 时,要搭手脚架,保证安全、牢靠。

(4)施工完毕后,要认真清理现场,做到密闭前 5 m 内支架完好,在距巷道岔口 1 ~ 2 m 处应设置栅栏,贴示警告标志,悬挂说明牌。

(二)风门修筑方法

1. 施工前的准备工作

(1)装运材料及施工前的准备工作与密闭施工时的相同。

(2)在有电缆线、管路处施工时,要妥善保护电缆、管路,防止破坏。需移动高压电缆时,要事先与机电部门取得联系。

(3)墙垛四周要掏槽,其深度必须符合质量要求。

2. 永久风门施工操作

(1)稳门框时,应按以下规定进行:

①先稳下门坎,下坎的上平面要稍微高于轨面,下坎设好后再安装门框及上坎横梁,要求门框与门坎互成直角,上、下坎应互相平行。

②根据风压大小,门框应朝顺风的方向倾斜一定的角度,一般以85°左右为宜。调好门框倾角后,用棍棒、铁丝将门框稳固。

(2)在有水沟的巷道中砌风门墙垛前,必须先砌反水池;砌墙垛时,应按永久施工操作要求施工;两边墙垛施工要平行进行,逐渐把门框牢固嵌入墙垛内。

(3)若需要在风门墙垛中通过电缆线路,在砌墙时要预留孔口孔位。

(4)反向风门要与正向风门同时施工,除门框倾斜角度、开关方向与正向风门相反外,其余要求与正向风门的相同。

(5)风门墙垛砌好后,墙两边均要用细灰砂浆勾缝或满抹平整,做到不漏风。水泥砂浆凝固后,方可施工风门门扇。

(6)安装门轴时,应将做好的门轴带螺丝的一端打入在门框上钻取的孔内,并搭正装牢。

(7)安装门扇时,应将门带上的圆孔套入门框的轴上,并使门扇与门框四周接触严密,要求风门不坠、不歪,开关自如。

(8)风门下部及水沟应钉挡风帘,确保严密、不漏风;管线孔应用黄泥封堵严实。

(9)安设有自动开关装置的主要通车风门时,应保证其灵敏可靠,开关自如。

3. 临时木板风门的安设操作

(1)立柱安设要牢固,且要有一定倾角;回风侧门要打撑木,风压大时回风侧门上坎过梁上要设横梁,并牢固嵌入巷道两帮。稳门框操作与上述相同。

(2)稳门框后钉木板时,上、下木板之间要求采用鱼鳞式搭接,且应由上往下钉,其压茬宽度不得小于20 mm,顶帮及下帮要压边并接触槽内实茬。

(3)木板钉齐后要清渣抹缝,杂物要清除干净,并用黄泥掺水泥或白灰浆勾缝或抹满,保证墙面、四周不漏风。

(4)水泥浆凝固后即可安装风门扇,门扇的安装及调整与永久风门的相同。

4. 调节风窗安装操作

(1)密闭墙上需设调节风窗时,窗框预留在墙的正上方;风门上设有调节风窗时,窗框预留在风门扇的上方。

(2)当密闭、风门墙砌筑到预留位置时,即可将制好的调节风窗嵌入墙内。调节窗口要备有可调节的插板。

(3)调节风窗除窗口施工外,其余质量标准和施工操作要求与风门密闭的质量标准和施工操作相同。

5. 风门施工安全注意事项

(1)在架线电机车巷道中设风门及进行有关工作时,必须先和有关单位联系,在停电、挂好“有人工作,不准送电”的停电牌,设好临时地线及保护好架空线后方能施工。施工完毕后,立即取掉临时地线,摘下停电牌,合闸送电。

(2)在运输巷道中设风门时,要注意来往车辆,做到安全施工。

(3)每个风门施工完毕后,其前后 5 m 内的支架要保护完好,并应清理剩余材料,保证清洁、畅通。

任务四　矿井漏风的预防

一、漏风的概念及危害

(一)漏风的概念

矿井通风系统中,进入井巷的风流未达到使用地点之前沿途漏出或漏入的现象统称为矿井漏风。漏出和漏入的风量称为漏风量。采掘工作面及各硐室的实际供风量称为有效风量。

(二)产生漏风的地点及危害

1. 矿井漏风的原因

漏风的原因很多,主要是由于漏风区两端有压力差和通道。井下控制风流的设施不严密,采空区顶板岩石冒落后未被压实,煤柱被压坏或地表有裂缝等,都能造成漏风。

2. 矿井漏风的分类

矿井漏风按其地点可分为:

(1)外部漏风(或称为井口漏风):通过地表附近,如箕斗井井口、地面主要通风机附近的井口、调节闸门、反风装置、防爆门等处的漏风,称为外部漏风。

(2)内部漏风(或称为井下漏风):通过井下各种通风设施、采空区、碎裂的煤柱等处的漏风,称为内部漏风。

3. 矿井漏风的危害

(1)漏风会使工作面有效风量减少,造成瓦斯积聚,煤尘不能被带走,气温升高,形成不良的气候条件,不仅使生产效率降低,而且影响工人的身体健康。

(2)漏风量大的通风网络,必然使通风系统复杂化,从而能使通风系统的稳定性、可靠性受到一定程度的影响,增加风量调节的困难。

(3)采空区、留有浮煤的封闭巷道以及被压碎煤柱等处的漏风,可能促使煤炭自燃发火。地表塌陷区风量的漏入,会将采空区的有害气体带入井下,直接威胁着采掘工作面的安全生产。

(4)大量漏风会引起电能的无益消耗,造成通风机设备能力的不足。如果离心式通风机漏风严重,会使电机产生过负荷现象。

二、矿井有效风量率及漏风率的表示方法

矿井有效风量、漏风率和有效风量率是反映矿井通风状况的重要指标。用这些指标表示矿井漏风程度,有利于衡量通风管理工作的质量标准,有的放矢地解决漏风问题,提高矿井有效风量。具体表示方法如下。

(一)矿井的有效风量($Q_{有效}$)

矿井的有效风量是指通过井下各用风地点(包括独立通风的采煤工作面、掘进工作面、硐室和其他用风地点)实际需风量的总和,单位为 m^3/s,计算公式为

$$Q_{有效} = \sum Q_{采_i} + \sum Q_{掘_i} + \sum Q_{硐_i} + \sum Q_{其他_i}$$

式中　$Q_{采_i}$、$Q_{掘_i}$、$Q_{硐_i}$、$Q_{其他_i}$——用采煤工作面、掘进工作面、硐室和其他用风地点进(回)风流的实测风量换成标准状态的风量,m^3/s。

(二)矿井有效风量率($P_{有效}$)

矿井有效风量率是指矿井有效风量与各台主要通风机工作风量总和的百分比(%),即

$$P_{有效} = \frac{Q_{有效}}{\sum Q_{通_i}} \times 100\%$$

式中　$Q_{通_i}$——第 i 台主要通风机的实测风量换成标准状态的风量,m^3/s。

(三)矿井外部漏风量($Q_{外漏}$)

矿井外部漏风量是指直接由主要通风机装置及其风井附近地表漏风的风量总和。由各台主要通风机风量的总和减去矿井总回(或进)风量求得,单位为 m^3/s,计算公式为

$$Q_{外漏} = \sum Q_{通_i} - \sum Q_{井_i}$$

式中　$\sum Q_{井_i}$——第 i 号回(或进)风井的实测风量换成标准状态的风量,m^3/s。

(四)矿井外部漏风率($P_{外漏}$)

矿井外部漏风率是指外部漏风量与各台主要通风机工作风量总和的百分比(%),即

$$P_{外漏} = \frac{Q_{外漏}}{\sum Q_{通_i}} \times 100\%$$

(五)矿井漏风系数(K)

矿井漏风系数是指矿井总进风量与矿井总有效风量之比,即

$$K = Q_{总进}/Q_{有效}$$

式中　$Q_{总进}$——矿井实测总进风量换成标准状态的风量,m^3/s。

三、防止漏风的措施

漏风风量与漏风通道两端的压差成正比,与漏风风阻的大小成反比。应提高地面主要通风机的风硐、反风道的质量及附近风门的气密性,以减少漏风。对于其他巷道、采空区及构筑物,则应从以下几方面防止漏风:

(1)合理选择通风系统。因为通风系统的进、回风井位置和通风网络结构决定了通风

设施的位置、数量及其所受的压力差和漏风条件,所以应尽量选择漏风小的通风系统。

(2)合理地选择矿井开拓系统和采煤方法。矿井开拓系统、开采顺序和采煤方法对漏风有很大影响。服务年限长的主要风巷应开掘在岩石内;应尽量采用后退式及下行式开采顺序,用冒落法管理顶板的采煤方法应适当增加煤柱尺寸或砌石垛以杜绝采空区漏风。

(3)为减少塌陷区和地表之间的漏风,应及时充填地面塌陷坑洞及裂隙。地表附近的小煤窑和古窑必须查明,标在巷道图上,相关的通道必须修建可靠的密闭,必要时要填砂、填土或注浆。

(4)为了减少井口的漏风,对于斜井可多设几道风门并加强其工程质量,对于立井应加强井盖的密封。此外,也应防止反风装置和闸门等处的漏风。

(5)为了减少箕斗井井底储煤仓的漏风,应使储煤仓中的存煤保持一定的厚度。

(6)往采空区注浆、洒水等,可以提高其压实程度,减少漏风。

(7)采空区和不用的通风联络巷必须及时封闭。

(8)为了防止井下通风设施的漏风,通风设施安设位置、类型及质量必须规范化、系列化,保证工程质量。通风设施不应设在有裂隙的地点,压差大的巷道中应采用质量高的通风设施。

任务五　认识矿井通风系统图

一、矿井通风系统图

每一矿井必须备有随着情况变化及时填绘的图纸。矿井通风系统图就是其中必备的图纸之一。矿井通风系统图能反映全矿井的通风状况,便于分析通风系统和风量分配的合理性,加强通风管理,编制通风计划,在发生灾害时能够指导如何处理事故。《规程》规定:矿井通风系统图必须标明风流方向、风量和通风设施的安装地点。必须按季度绘制矿井通风系统图,并按月补充修改。多煤层同时开采的矿井,必须绘制分层通风系统图。矿井应绘制矿井通风系统立体示意图和矿井通风网络图。

矿井通风系统图,按照绘制方法的不同,一般可分为通风系统平面图、平面示意图和立体示意图。

(一)通风系统平面图

通风系统平面图是在采掘工程平面图上加上风流方向以及其他通风系统图所必须具备的内容。它是绘制通风系统立体示意图和通风网络图的基础图纸,要求按月填图,按比例绘制。

(二)通风系统平面示意图

通风系统平面示意图是根据采掘工程平面图中现行实际通风井巷的平面相对位置,用不按比例的单线条或双线条绘制而成的。图 7-11 为立井对角式通风系统平面示意图。

通风系统平面示意图的特点是:既可清楚地看到全矿井通风情况,又可清楚地看到每一分层的通风情况。此外,还可看清两个分层通风系统之间的关系。

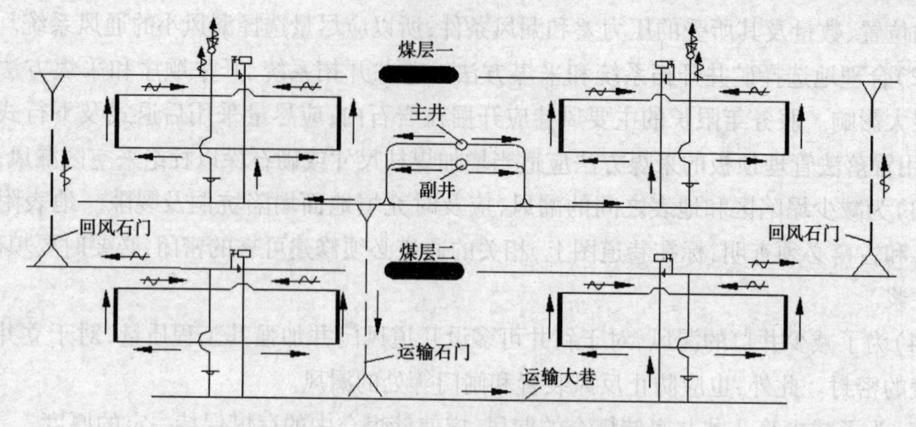

图 7-11　立井对角式通风系统平面示意图

(三)通风系统立体示意图

通风系统立体示意图是根据矿井各煤层各井巷的立体相对位置,以轴侧投影方式,用不按比例的单线条或双线条绘制而成的,具有立体感。

二、通风网络图

用不按比例、不反映空间关系的单线条来表示矿井通风网络的图,叫作通风网络图。通风网络图可以把各通风巷道之间的关系和风流流动情况更加清晰地表示出来,以便于分析、研究通风系统的合理性,进行通风网络解算,改善和加强通风管理。绘制矿井通风网络图的具体方法和原则详见学习情境五。

复习思考题

7-1　什么叫矿井通风系统？它包括哪些内容？

7-2　矿井主要通风机的工作方式有几种？各适用于什么条件？

7-3　在瓦斯矿井中,主要通风机为什么常用抽出式通风？

7-4　矿井的通风方式有哪几种？各适用于什么条件？

7-5　采区通风系统应满足哪些基本要求？

7-6　在什么条件下才允许采煤工作面之间及采煤工作面与掘进工作面之间串联通风？

7-7　何谓上行风、下行风？试分析采煤工作面采用上行通风和下行通风的优缺点。

7-8　采煤工作面通风系统有几种布置形式？试分析其特点及适用条件。

7-9　试述通风设施的种类及其作用。对不同的通风设施有何质量要求？

7-10　什么叫漏风？漏风是如何分类的？漏风的主要危害有哪些？

7-11　产生漏风的原因是什么？如何防止漏风？

7-12　为什么要绘制通风系统图？通风系统图应包括哪些内容？

7-13　为什么要绘制通风网络图？通风网络图有何作用？

习　题

7-1　分析给定的矿井通风系统的优缺点，并提出改进建议。

7-2　绘制图 7-6 和图 7-11 的通风网络图。

7-3　分析《规程》对下行通风的有关规定。

7-4　分析《规程》对采区上山的有关规定。

学习情境八　掘进通风

在掘进巷道时，为了稀释并排出掘进工作面涌出的有害气体及爆破后产生的炮烟和矿尘，创造良好的气候条件，保证人员的健康和安全，必须不断地对掘进工作面进行通风，这种通风称为掘进通风或局部通风。

任务一　认识掘进通风方法

掘进通风方法按通风动力形式不同分为局部通风机通风、矿井全风压通风和引射器通风三种。其中，局部通风机通风是最为常用的掘进通风方法。

一、局部通风机通风

局部通风机是井下局部地点通风所用的通风设备。局部通风机通风是利用局部通风机作动力，用风筒导风把新鲜风流送入掘进工作面。局部通风机通风按其工作方式不同分为压入式、抽出式和混合式三种。

(一)压入式通风

压入式通风如图 8-1 所示。局部通风机和启动装置安设在离掘进巷道口 10 m 以外的进风侧巷道中，局部通风机把新鲜风流经风筒送入掘进工作面，污风沿掘进巷道排出。风流从风筒出口形成的射流属末端封闭的有限贴壁射流，如图 8-2 所示。气流贴着巷道壁射出风筒后，由于吸卷作用，射流断面逐渐扩大，直至射流的断面达到最大值，此段称作扩张段，用 $L_{扩}$ 表示；然后，射流断面逐渐缩小，直至为零，此段称作收缩段，用 $L_{收}$ 表示。风筒出口至射流反向的最远距离称为射流的有效射程，用 $L_{射}$(m)表示。一般有如下关系式：

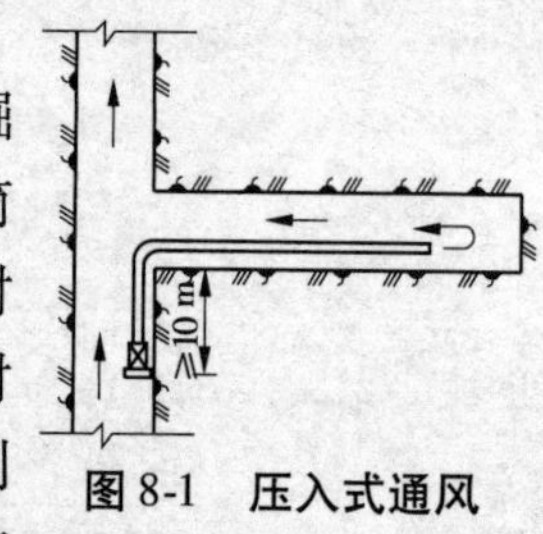

图 8-1　压入式通风

$$L_{射} = (4 \sim 5)\sqrt{S} \tag{8-1}$$

式中　S——巷道断面面积，m^2。

在有效射程以外的独头巷道会出现循环涡流区，为了有效地排出炮烟，风筒出口与工作面的距离应小于有效射程 $L_{射}$。

(二)抽出式通风

抽出式通风如图 8-3 所示。局部通风机安装在离掘进巷道口 10 m 以外的回风侧巷道中，新鲜风流沿掘进巷道流入工作面，污风经风筒由局部通风机抽出。

抽出式通风，在风筒吸入口附近形成一股流入风筒的风流，离风筒口越远风速越小。所以，只在距风筒口一定距离以内有吸入炮烟的作用，此段距离称为有效吸程，用 $L_{吸}$(m)表示，一般有如下关系式：

$$L_{吸} = 1.5\sqrt{S} \tag{8-2}$$

式中　S——巷道断面面积，m^2。

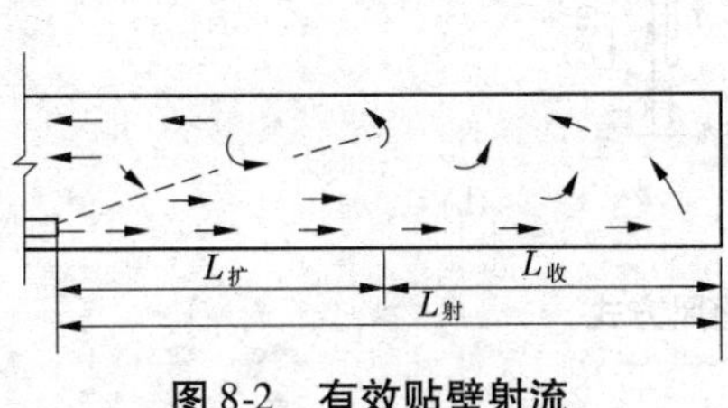

图 8-2　有效贴壁射流

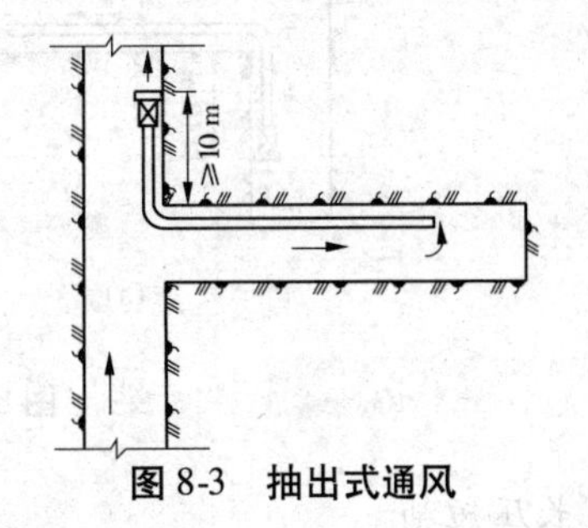

图 8-3　抽出式通风

在有效吸程以外的独头巷道循环涡流区，炮烟处于停滞状态。因此，抽出式通风风筒吸入口距工作面的距离应小于有效吸程，才能取得好的通风效果。

（三）压入式和抽出式通风的比较

（1）压入式通风时，局部通风机及其附属电气设备均布置在新鲜风流中，污风不通过局部通风机，安全性好；而抽出式通风时，含瓦斯的污风通过局部通风机，若局部通风机不具备防爆性能，则是非常危险的。

（2）压入式通风风筒出口风速和有效射程均较大，可防止瓦斯层状积聚，且因风速较大而提高散热效果。然而，抽出式通风有效吸程小，掘进施工中难以保证风筒吸入口到工作面的距离在有效吸程之内。与压入式通风相比，抽出式通风风量小，工作面排污风所需时间长、速度慢。

（3）压入式通风时，掘进巷道涌出的瓦斯向远离工作面方向排走，而抽出式通风时，巷道壁面涌出的瓦斯随风流进向工作面，安全性较差。

（4）抽出式通风时，新鲜风流沿巷道进向工作面，整个井巷空气清新，劳动环境好；而压入式通风时，污风沿巷道缓慢排出，掘进巷道越长，排污风速度越慢，受污染时间越久。

（5）压入式通风可用柔性风筒，其成本低、重量轻，便于运输，而抽出式通风的风筒承受负压作用，须使用刚性或带刚性骨架的可伸缩风筒，成本高，质量大，运输不便。

（四）混合式通风

混合式通风是一个掘进工作面同时采用压入式和抽出式联合工作。其中压入式向工作面供新风，抽出式从工作面排出污风。按局部通风机和风筒的布设位置不同分为长抽短压、长压短抽和长压长抽三种方式。

1. 长抽短压

长抽短压布置方式如图 8-4（a）所示。工作面的污风由压入式风筒压入的新风予以冲淡和稀释，由抽出式风筒排出。具体要求是：抽出式风筒吸风口与工作面的距离应小于污染物分布集中带长度，与压入式通风机的吸风口距离应大于 10 m 以上；抽出式通风机的风量应大于压入式通风机的风量；压入式风筒的出口与工作面间的距离应在有效射程之内。若采用长抽短压通风，其中抽出式风筒须用刚性风筒或带刚性骨架的可伸缩风筒。若采用柔性风筒，则可将抽出式局部通风机移至风筒入口，改作压入式，如图 8-4（b）所示。

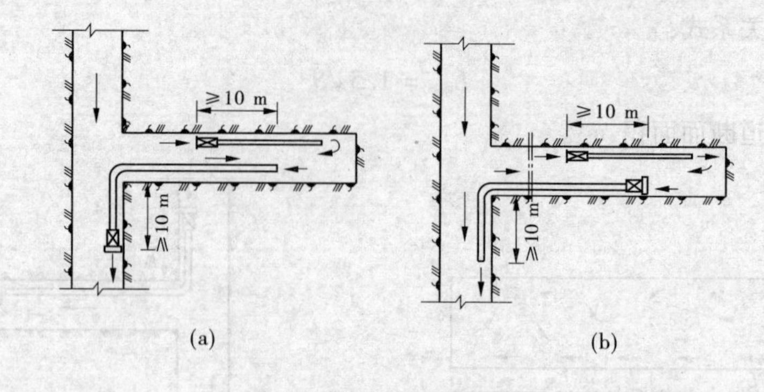

图 8-4　长抽短压通风方式

2. 长压短抽

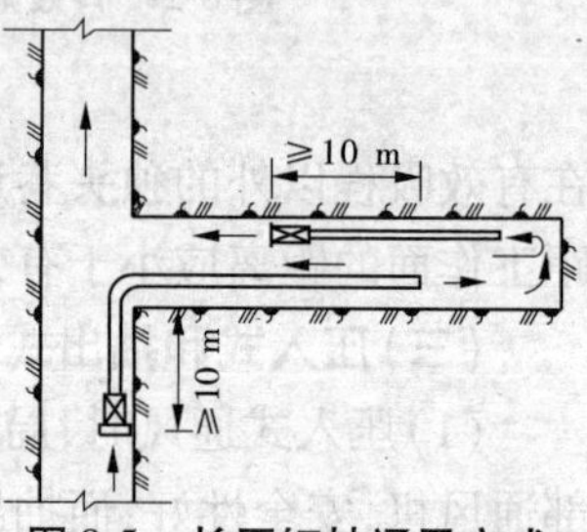

图 8-5　长压短抽通风方式

长压短抽布置方式如图 8-5 所示。新鲜风流经压入式风筒送入工作面，工作面污风经抽出式通风除尘系统净化，被净化的风流沿巷道排出。抽出式风筒吸风口与工作面距离应小于有效吸程，对于综合机械化掘进，应尽可能靠近最大产尘点。压入式风筒出风口应超前抽出式风筒出风口 10 m 以上，它与工作面的距离应不超过有效射程。压入式通风机的风量应大于抽出式通风机的风量。

混合式通风兼有抽出式与压入式通风的优点，通风效果好。主要缺点是增加了一套通风设备，电能消耗大，管理也比较复杂；降低了压入式与抽出式两列风筒重叠段巷道内的风量。混合式通风适用于大断面、长距离岩巷掘进巷道中。煤巷综掘工作面多采用与除尘风机配套的长压短抽混合式。《规程》规定，煤巷、半煤岩巷的掘进如采用混合式通风，必须制定安全措施。但在瓦斯喷出区域或煤（岩）与瓦斯突出煤层、岩层中，掘进通风方式不得采用混合式。

二、矿井全风压通风

矿井全风压通风，是直接利用矿井主要通风机所造成的风压，借助于风障和风筒等导风设施将新风引入工作面，并将污风排出掘进巷道。矿井全风压通风的形式如下。

（一）利用纵向风障导风

风障导风如图 8-6 所示，在掘进巷道中安设纵向风障，将巷道分隔成两部分，一侧进风，一侧回风。选择风障材料的原则应是漏风小、经久耐用、便于取材。短巷道掘进时，可用木板、帆布等材料；长巷道掘进时，用砖、石和混凝土等材料。纵向风障在矿山压力作用下将变形破坏，容易产生漏风。当矿井主要通风机正常运转，并有足够的全风压克服导风设施的阻力时，全风压能连续供给掘进工作面风量，无须附加局部通风机，管理方便，但其工程量大，有碍运输。所以，只适用于地质构造稳定、矿山压力较小、长度较短，或使用通风设备不安全或技术上不可行的局部地点巷道掘进中。

（二）利用风筒导风

风筒导风如图 8-7 所示，利用风筒将新鲜风流导入工作面，工作面污风由掘进巷道排出。为了使新鲜风流进入导风筒,应在风筒入口处的贯穿风流巷道中设置挡风墙和调节风门。利用风筒导风法辅助工程量小,风筒安装、拆卸比较方便。通常适用于需风量不大的短巷掘进通风中。

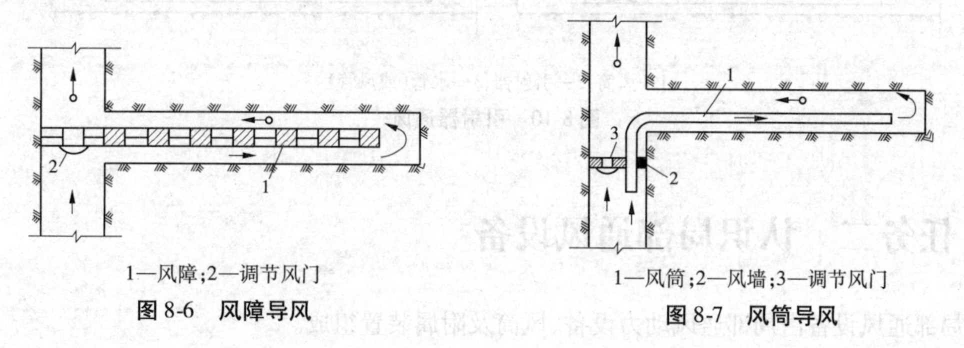

1—风障;2—调节风门

图 8-6　风障导风

1—风筒;2—风墙;3—调节风门

图 8-7　风筒导风

(三)利用平行巷道导风

平行巷道导风如图 8-8 所示。当掘进巷道较长,利用纵向风障和风筒导风有困难时,可采用两条平行巷道通风。采用双巷掘进,在掘进主巷的同时,距主巷 10~20 m 平行掘一条副巷(或配风巷),主副巷之间每隔一定距离开掘一个联络眼,前一个联络眼贯通后,后一个联络眼便封闭上。利用主巷进风,副巷回风,两条巷道的独头部分,可利用风筒或风障导风。

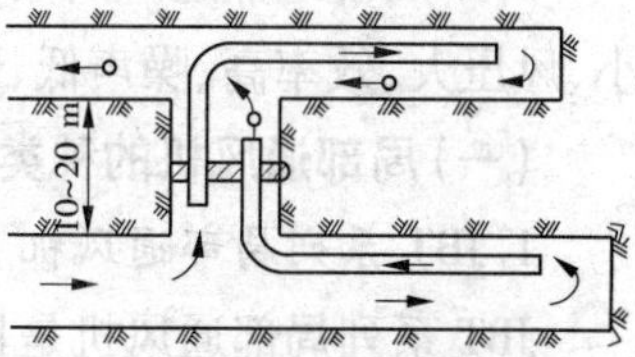

图 8-8　平行巷道导风

利用平行巷道导风,可以缩短独头巷道的长度,不用局部通风机就可保证较长巷道的通风,连续可靠,安全性好。因此,平行巷道通风适用于有瓦斯、冒顶和透水危险的长巷掘进,特别适用于在开拓布置上为满足运输、通风和行人需要而必须掘进两条并列的斜巷、平巷或上下山的掘进中。

(四)钻孔导风

钻孔导风如图 8-9 所示。邻近水平通风巷道较近处掘进长巷反眼或上山时,可用钻孔提前沟通掘进巷道,以便形成贯穿风流。为克服钻孔阻力、增大风量,可利用大直径钻孔或在钻孔口安装通风机。

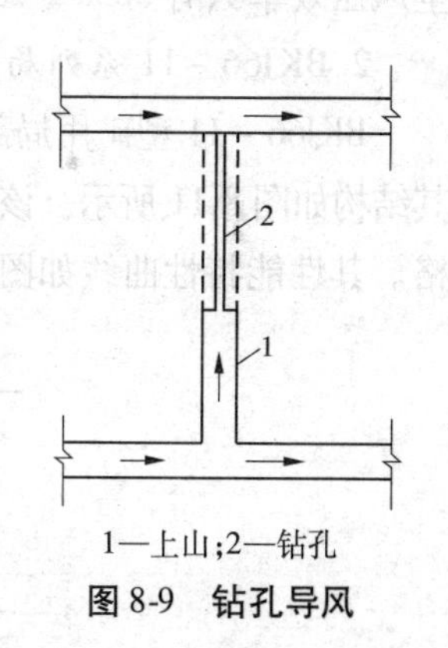

1—上山;2—钻孔

图 8-9　钻孔导风

三、引射器通风

利用引射器产生的通风负压，通过风筒导风的通风方法称为引射器通风。引射器通风一般采用压入式,其布置方式如图 8-10 所示。利用引射器通风的主要优点是无电器设备、无噪声。水力引射器通风还能起降温、降尘作用。在煤与瓦斯突出严重的煤层掘进时,用它代替局部通风机通风,设备简单,比较安全。缺点是供风量小,需要水源或压气。适用于需风量不大的短巷道掘进通风,也可在含尘量大、气温高的采掘机械附近,采取水力引射器与其他通风方法的混合式通风。

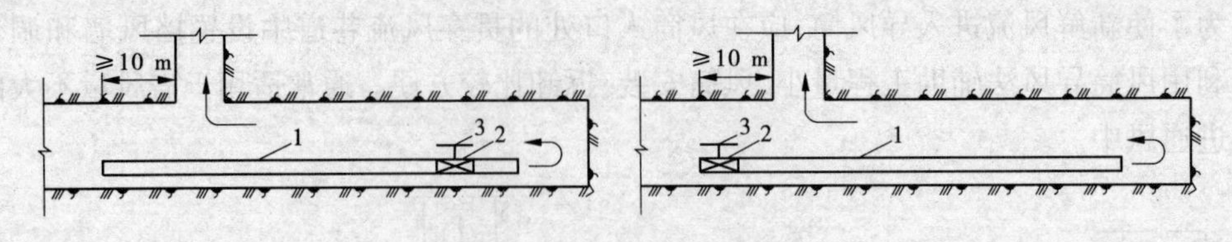

1—风筒;2—引射器;3—水管(或风管)

图 8-10　引射器通风

任务二　认识局部通风设备

局部通风设备由局部通风动力设备、风筒及附属装置组成。

一、局部通风机

井下局部地点通风所用的通风机称为局部通风机。掘进工作面通风要求通风机体积小、风压大、效率高、噪声低、性能可调、坚固防爆。

(一)局部通风机的种类和性能

1. *JBT 系列局部通风机*

JBT 系列局部通风机是目前煤矿中普遍使用的局部通风机,研制于 20 世纪 60 年代,其全风压效率只有 60% ~70%,风量、风压偏低,噪声高达 103 ~118 dB(A),已逐渐被淘汰。

2. *BKJ66 －11 系列局部通风机*

BKJ66 －11 型矿用局部通风机是沈阳鼓风机集团股份有限公司生产的新型局部通风机,其结构如图 8-11 所示。该系列通风机机号有№3. 6、№4. 0、№4. 5、№5. 6、№6. 0、№6. 3 等规格。其性能特性曲线如图 8-12 所示,性能曲线参数如表 8-1 所示。

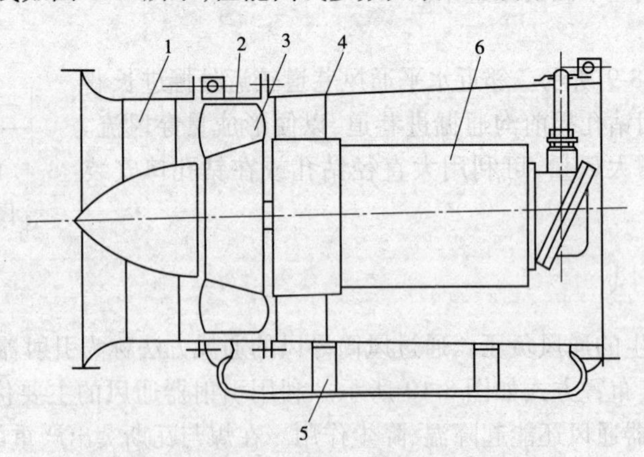

1—前风筒;2—主风筒;3—叶轮;4—后风筒;5—滑架;6—电动机

图 8-11　BKJ66 －11 型矿用局部通风机结构

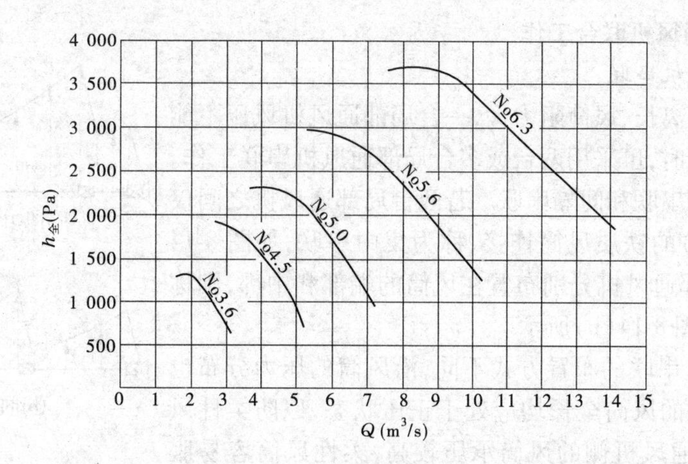

图 8-12　BKJ66 - 11 型矿用局部通风机性能特性曲线

表 8-1　BKJ66 - 11 型矿用局部通风机性能参数

型号	风量(m^3/min)	全风压(Pa)	功率(kW)	转速(r/min)	动轮直径(m)
BKJ66 - 11№3. 6	80 ~ 150	600 ~ 1 200	2. 5	2 950	0. 36
BKJ66 - 11№4. 0	120 ~ 210	800 ~ 1 500	5. 0	2 950	0. 40
BKJ66 - 11№4. 5	170 ~ 300	1 000 ~ 1 900	8. 0	2 950	0. 45
BKJ66 - 11№5. 0	240 ~ 420	1 200 ~ 2 300	15	2 950	0. 50
BKJ66 - 11№5. 6	330 ~ 570	1 500 ~ 2 900	22	2 950	0. 56
BKJ66 - 11№6. 3	470 ~ 800	2 000 ~ 3 700	42	2 950	0. 63

BKJ66 - 11 系列通风机的优点是:效率高,最高效率达 90%,且高效区宽,比 JBT 系列提高效率 15% ~30%,耗电少;如用 BKJ66 - 11№4. 5 代替 JBT52 - 2 型,电动机功率可由 11 kW 降至 8 kW;噪声低,比 JBT 系列局部通风机降低 6 ~8 dB(A)。

3. 对旋式局部通风机

我国生产的对旋式局部通风机,其特点是噪声低、结构紧凑、风压高、流量大、效率高,部件通用化,使用安全,维修方便。根据不同的通风要求,既可整机使用,又可分级使用,从而减少能耗。图 8-13 是我国研制生产的 FDⅡ系列低噪声对旋轴流式局部通风机结构。

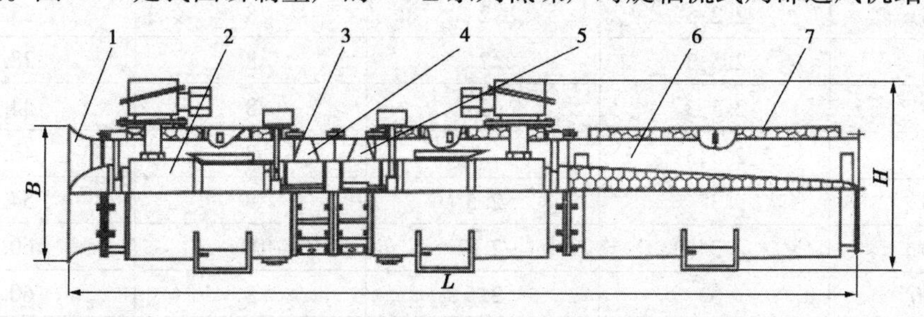

1—集流器;2—电机;3—机壳;4—Ⅰ级叶轮;5—Ⅱ级叶轮;6—扩散器;7—消音层

图 8-13　FDⅡ系列低噪声对旋轴流式局部通风机结构

(二)局部通风机联合工作

1.局部通风机串联

当在通风距离长、风筒阻力大,一台局部通风机风压不能保证掘进需风量时,可采用两台或多台局部通风机串联工作。串联方式有集中串联和间隔串联。若两台局部通风机之间仅用较短(1 ~2 m)的铁质风筒连接,称为集中串联,如图 8-14(a)所示;若局部通风机分别布置在风筒的端部和中部,则称为间隔串联,如图 8-14(b)所示。

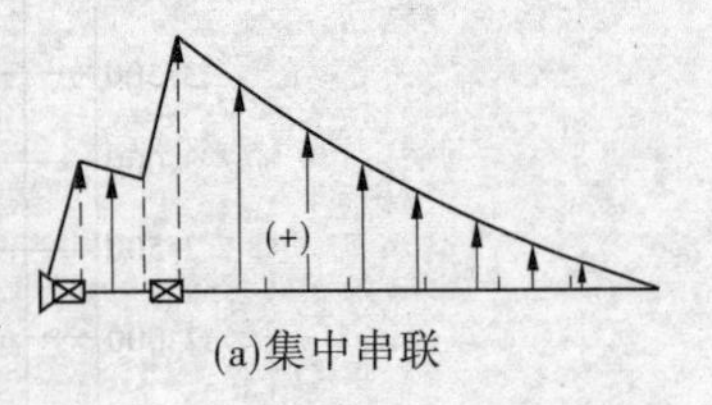

(a)集中串联

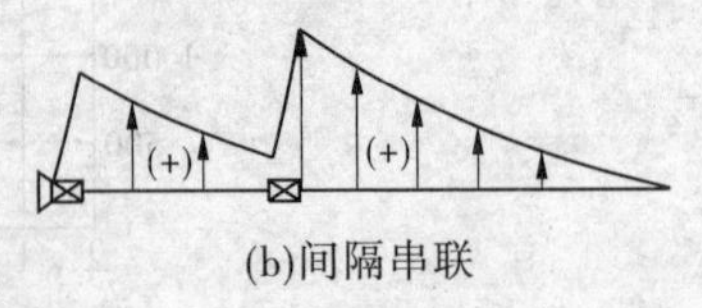

(b)间隔串联

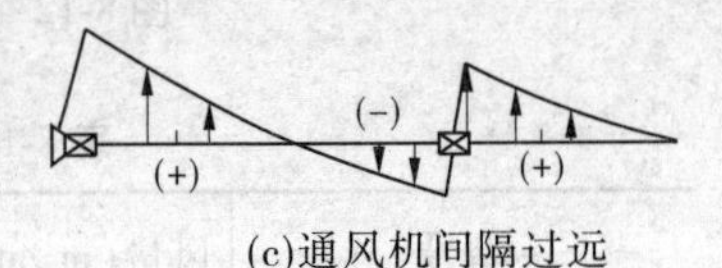

(c)通风机间隔过远

图 8-14　通风机串联工作

局部通风机串联的布置方式不同,沿风筒的压力分布也不同。集中串联的风筒全长均应处于正压状态,以防柔性风筒抽瘪,但靠近通风机侧的风筒承压较高,柔性风筒容易胀裂,且漏风较大。间隔串联的风筒承压较低,漏风较少,但两台局部通风机相距过远时,其连接风筒可能出现负压段,如图 8-14(c)所示,使柔性风筒抽瘪而不能正常通风。

2.局部通风机并联

当风筒风阻不大,用一台局部通风机供风不足时,可采用两台或多台局部通风机集中并联工作。

二、风筒

(一)风筒的类型

掘进通风使用的风筒分硬质风筒和柔性风筒两类。

1.硬质风筒

硬质风筒一般由厚 2 ~3 mm 的铁板卷制而成,常见的铁风筒规格参数如表 8-2 所示。铁风筒的优点是坚固耐用,使用时间长,各种通风方式均可使用。缺点是成本高,易腐蚀,笨重,拆、装、运不方便,在弯曲巷道中使用困难。铁风筒在煤矿中使用日渐减少。近年来生产了玻璃钢风筒,其优点是比铁风筒轻便(重量仅为钢材的 1/4),抗酸、碱腐蚀性强,摩擦阻力系数小,但成本比铁风筒高。

表 8-2　铁风筒规格参数

风筒直径(mm)	风筒节长(m)	风筒壁厚(mm)	垫圈厚(mm)	风筒质量(kg/m)
400	2,2.5	2	8	23.4
500	2.5,3	2	8	28.3
600	2.5,3	2	8	34.8
700	2.5,3	2.5	8	46.1
800	3	2.5	8	54.5
900	3	2.5	8	60.8
1 000	3	2.5	8	60.8

2.柔性风筒

柔性风筒主要有帆布风筒、胶布风筒和人造革风筒等。常见的胶布风筒规格参数如

表 8-3所示。柔性风筒的优点是轻便,拆装搬运容易,接头少。缺点是强度低,易损坏,使用时间短,且只能用于压入式通风。目前,煤矿中采用压入式通风时均采用柔性风筒。

表 8-3　胶布风筒规格参数

风筒直径(mm)	风筒节长(m)	风筒壁厚(mm)	垫圈厚(mm)	风筒质量(kg/m)
300	10	1.2	1.3	0.071
400	10	1.2	1.6	0.126
500	10	1.2	1.9	0.196
600	10	1.2	2.3	0.283
800	10	1.2	3.2	0.503
1 000	10	1.2	4.0	0.785

随着综掘工作面的增多,混合式通风除尘技术得到了广泛应用,为了满足抽出式通风的要求,也为了充分利用柔性风筒的优点,带刚性骨架的可伸缩风筒得到了开发和应用,即在柔性风筒内每隔一定距离加一个钢丝圈或螺旋形钢丝圈。此种风筒能承受一定的负压,可用于抽出式通风,而且具有可伸缩的特点,比铁风筒使用方便。图 8-15(a)是用金属整体螺旋弹簧钢丝为骨架的塑料布风筒。图 8-15(b)为快速接头软带。风筒直径有 300 mm、400 mm、500 mm、600 mm 和 800 mm 等规格。

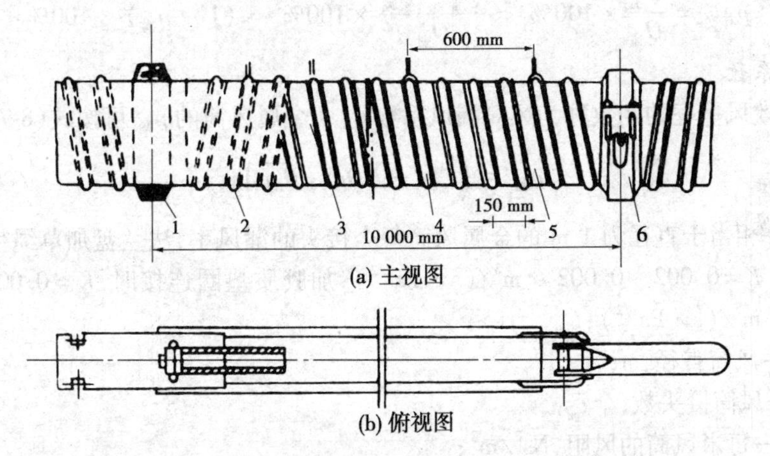

1—圈头;2—螺旋弹簧;3—吊钩;4—塑料压条;5—风筒布;6—快速弹簧接头

图 8-15　可伸缩风筒结构

(二)风筒的漏风

正常情况下,金属和玻璃钢风筒的漏风,主要发生在接头处,胶布风筒不仅接头而且全长的壁面和缝合针眼都有漏风,所以风筒漏风属于连续的均匀漏风。漏风使局部通风机风量 $Q_{通}$ 与风筒出口风量 $Q_{出}$ 不等。因此,应该用始、末端风量的几何平均值作为风筒的风量 Q(m^3/min),即

$$Q = \sqrt{Q_{通}Q_{出}} \tag{8-3}$$

显然 $Q_{通}$ 与 $Q_{出}$ 之差就是风筒的漏风量 $Q_{漏}$,它与风筒种类,接头的数目、方法和质量以及风筒直径、风压等有关,但更主要的是与风筒的维护和管理密切相关。

反映风筒漏风程度的指标参数如下。

1. 漏风率

风筒漏风量占局部通风机工作风量的百分数称为风筒漏风率 $\eta_{漏}$，计算公式为

$$\eta_{漏} = \frac{Q_{漏}}{Q_{通}} \times 100\% = \frac{Q_{通} - Q_{出}}{Q_{通}} \times 100\% \tag{8-4}$$

$\eta_{漏}$ 虽能反映风筒的漏风情况，但不能作为对比指标。因此，常用百米漏风率 $\eta_{漏100}$ 表示：

$$\eta_{漏100} = \frac{\eta_{漏}}{L} \times 100 \tag{8-5}$$

式中　L——风筒全长，m。

一般要求柔性风筒的百米漏风率达到表 8-4 的数值。

表 8-4　柔性风筒的百米漏风率

通风距离(m)	<200	200 ~ 500	500 ~ 1 000	1 000 ~ 2 000	>2 000
$\eta_{漏100}$(%)	<15	<10	<3	<2	<1.5

2. 有效风量率

掘进工作面风量占局部通风机工作风量的百分数称为有效风量率 $p_{有效}$，计算公式为

$$p_{有效} = \frac{Q_{出}}{Q_{通}} \times 100\% = \frac{Q_{通} - Q_{漏}}{Q_{通}} \times 100\% = (1 - \eta_{漏}) \times 100\% \tag{8-6}$$

3. 漏风系数

风筒有效风量率的倒数称为风筒漏风系数 $p_{漏}$。金属风筒的 $p_{漏}$ 可按式(8-7)计算：

$$p_{漏} = \left(1 + \frac{1}{3}KDn\sqrt{R_0 L}\right)^2 \tag{8-7}$$

式中　K——相当于直径为 1 m 的金属风筒每个接头的漏风率，法兰盘加草绳垫圈连接时，$K = 0.002 \sim 0.0026\ m^3/(s \cdot Pa^{1/2})$，加胶质垫圈连接时，$K = 0.003 \sim 0.0016\ m^3/(s \cdot Pa^{1/2})$；

D——风筒直径，m；

n——风筒接头数，个；

R_0——每米风筒的风阻，Ns^2/m^8；

L——风筒全长，m。

柔性风筒的 $p_{漏}$ 值可用式(8-8)计算：

$$p_{漏} = \frac{1}{1 - n\eta_{接}} \tag{8-8}$$

式中　n——风筒接头数，个；

$\eta_{接}$——每个接头的漏风率，插接时，$\eta_{接} = 0.01 \sim 0.02$，螺圈反边接头时，$\eta_{接} = 0.005$。

任务三　掘进工作面风量计算

掘进工作面需风量，应满足《规程》对作业地点空气的成分、含尘量、气温、风速等规定

要求，按下列因素计算。

一、排出炮烟所需风量

（一）压入式通风

当风筒出口到工作面的距离 $L_{压} \leqslant L_{射} = (4 \sim 5)\sqrt{S}$ 时，工作面所需风量或风筒出口的风量 $Q_{需}$（m^3/min）应为

$$Q_{需} = \frac{0.465}{t}\left(\frac{AbS^2L^2}{P_{漏}^2 C_{碳}}\right)^{1/3} \tag{8-9}$$

式中 t——通风时间，一般取 20 ~ 30 min；

A——同时爆破炸药量，kg；

b——每千克炸药产生的 CO 当量，煤巷爆破取 100 L/kg，岩巷爆破取 40 L/kg；

S——巷道断面面积，m^2；

L——巷道通风长度，m；

$P_{漏}$——风筒始、末风量之比，即漏风系数；

$C_{碳}$——一氧化碳浓度的允许值（%），$C_{碳} = 0.02\%$。

（二）抽出式通风

当风筒末端至工作面的距离 $L_{抽} \leqslant L_{吸} = 1.5\sqrt{S}$ 时，工作面所需风量或风筒入口风量 $Q_{需}$ 应为

$$Q_{需} = \frac{0.254}{t}\sqrt{\frac{AbSL_{抛}}{C_{碳}}} \tag{8-10}$$

式中 $L_{抛}$——炮烟抛掷长度，m，电雷管启动时，$L_{抛} = 15 + A/5$。

（三）混合式通风

采用长抽短压混合式布置时，为防止循环风和维持风筒重叠段巷道具有最低排尘风速或瓦斯释放风速，抽出式风筒的吸风量 $Q_{入}$（m^3/min）应大于压入式风筒出口风量 $Q_{出}$，即

$$Q_{入} = (1.2 \sim 1.25)Q_{出}$$

或

$$Q_{入} = Q_{出} + 60vS \tag{8-11}$$

式中 v——最低排尘风速，取 0.15 ~ 0.25 m/s，最低瓦斯释放风速，取 0.5 m/s；

S——风筒重叠段的巷道断面面积，m^2。

式（8-11）中压入式风筒出口风量 $Q_{出}$（m^3/min）可按式（8-9）计算。式（8-9）中，L 改为抽出式风筒吸风口到工作面的距离 $L_{距}$，并且因压入式风筒较短，$P_{漏} \approx 1$，故

$$Q_{出} = \frac{0.465}{t}\left(\frac{AbS^2L_{距}^2}{C_{碳}}\right)^{1/3} \tag{8-12}$$

二、排除瓦斯所需风量

在有瓦斯涌出的巷道掘进工作面内，其所需风量应保证巷道内任何地点瓦斯浓度不超限，其值可按式（8-13）计算：

$$Q_{瓦} = \frac{100K_{CH_4}Q_{CH_4}}{C_{CH_4} - C_{进CH_4}} \tag{8-13}$$

式中 $Q_{瓦}$——排出瓦斯所需风量,m^3/min;

Q_{CH_4}——巷道瓦斯绝对涌出总量,m^3/min;

C_{CH_4}——最高允许瓦斯浓度(%);

$C_{进CH_4}$——进风流中的瓦斯浓度(%);

K_{CH_4}——瓦斯涌出不均匀系数,取1.5~2.0。

三、排出矿尘所需风量

风流的排尘所需风量可按式(8-14)计算:

$$Q_{尘} = \frac{G}{G_{高} - G_{基}} \tag{8-14}$$

式中 $Q_{尘}$——排尘所需风量,m^3/min;

G——掘进巷道的产尘量,mg/min;

$G_{高}$——最高允许含尘量,当矿尘中含游离SiO_2大于10%时,取2 mg/m^3,小于10%时,取10 mg/m^3,对含游离SiO_2大于10%的水泥粉尘,取6 mg/m^3;

$G_{基}$——进风流中基底含尘量,一般要求不超过0.5 mg/m^3。

四、按风速验算风量

岩巷按最低风速0.15 m/s或$Q \geqslant 9S$(m^3/min)验算。半煤岩和煤巷按不能形成瓦斯层的最低风速0.25 m/s或$Q \geqslant 15S$(m^3/min)验算。

掘进巷道需风量,原则上应按排除炮烟、瓦斯、矿尘诸因素分别计算,取其中最大值,然后按风速验算,而在实际工作中一般按通风的主要任务计算风量。大量瓦斯涌出的巷道,则按瓦斯因素计算;无瓦斯涌出的岩巷,则按炮烟和矿尘因素计算;综掘煤巷按矿尘和瓦斯因素计算。

任务四 掘进通风系统设计

根据开拓、开采巷道布置、掘进区域煤岩层的自然条件以及掘进工艺,确定合理的局部通风方法及其布置方式,选择风筒类型和直径,计算风筒出入口风量,计算风筒通风阻力,选择局部通风机。

一、局部通风系统的设计原则

局部通风是矿井通风系统的一个重要组成部分,其新风取自矿井主风流,其污风又排入矿井主风流。其设计原则可归纳如下:

(1)在矿井和采区通风系统设计中应为局部通风创造条件;

(2)局部通风系统要安全可靠、经济合理和技术先进;

(3)尽量采用技术先进的低噪声、高效型局部通风机,如对旋式局部通风机;

(4)压入式通风宜用柔性风筒,抽出式通风宜采用带刚性骨架的可伸缩风筒或完全刚性的风筒;

(5)当一台局部通风机不能满足通风要求时,可考虑选用两台或多台局部通风机联合运行。

二、局部通风设计步骤和选型

(一)局部通风设计步骤

(1)确定局部通风系统,绘制掘进巷道局部通风系统布置图;

(2)按通风方法和最大通风距离,选择风筒类型与风筒直径;

(3)计算通风机风量和风筒出口或入口风量;

(4)按掘进巷道通风长度变化,分阶段计算局部通风系统总阻力;

(5)按计算所得局部通风机设计风量和风压,选择局部通风机;

(6)按矿井灾害特点,选择配套安全技术装备。

(二)局部通风机造型

1. 风筒的选择

选用风筒要与局部通风机选型一并考虑,其原则是:

(1)风筒直径能保证最大通风长度时,局部通风机供风量能满足工作面通风的要求。

(2)在巷道断面允许的条件下,尽可能选择直径较大的风筒,以降低风阻,减少漏风,节约通风电耗。一般来说,立井凿井时,宜选用600~1 000 mm的铁风筒或玻璃钢风筒;通风长度在200 m以内,宜选用直径为400 mm的风筒;通风长度200~500 m,宜选用直径为500 mm的风筒;通风长度500~1 000 m,宜选用直径为800~1 000 mm的风筒。

2. 局部通风机的选型

已知井巷掘进所需风量和所选用的风筒,即可计算风筒的通风阻力。根据风量和风筒的通风阻力,在可选择的各种通风动力设备中选用合适的设备。

1)确定局部通风机的工作参数

根据掘进工作面所需风量 $Q_{需}$ 和风筒的漏风情况,用式(8-15)计算通风机的工作风量 $Q_{通}$:

$$Q_{通} = P_{漏} Q_{需} \tag{8-15}$$

式中　$Q_{通}$——局部通风机的工作风量,m^3/min;

$Q_{需}$——掘进工作面需风量,m^3/min;

$P_{漏}$——风筒的漏风系数。

压入式通风时,设风筒出口动压损失为 $h_{动}$,则局部通风机全风压 $H_{全}$(Pa)为

$$H_{全} = R_{风} Q_{需} Q_{通} + h_{动} = R_{风} Q_{需} Q_{通} + 0.811\rho \frac{Q_{需}^2}{D^4} \tag{8-16}$$

式中　$R_{风}$——压入式风筒的总风阻,Ns^2/m^8;

$h_{动}$——风筒出口动压损失,Pa;

ρ——空气密度,kg/m^3;

D——局部通风机叶轮直径;

其他符号含义同式(8-15)。

抽出式通风时,设风筒入口局部阻力系数 $\xi_{风}=0.5$,则局部通风机静风压 $H_{静}$(Pa)为

$$H_{静} = R_{风} Q_{通} Q_{需} + 0.406\rho \frac{Q_{需}^2}{D^4} \tag{8-17}$$

式中　$H_{静}$——局部通风机静风压,Pa;

其他符号含义同式(8-16)。

2)选择局部通风机

根据需要的局部通风机的工作风量 $Q_{通}$、局部通风机全压 $H_{全}$ 的值,在各类局部通风机特性曲线上,确定局部通风机的合理工作范围,选择长期运行效率较高的局部通风机。

现场通常根据经验选取局部通风机。表 8-5 为开滦、鸡西、淮南等矿区炮掘工作面局部通风机与风筒配套使用的经验数据。

表 8-5　局部通风机和风筒配套使用的经验数据

通风距离(m)	掘进工作面有效风量(m^3/min)	选用风筒(mm)	选用局部通风机				备注
			BKJ 型	JBT 型	功率(kW)	台数	
<200	60~70	385	BKJ60—№4	JBT—41	2	1	
300	60~70	385	2BKJ60—№4	JBT—42	4	1	
<300	120	460~485	BKJ56—№5	JBT—51	5.5	1	
300~500	60~70	460~485	BKJ56—№5	JBT—51	5.5	1	
	120	460~485	2BKJ56—№5	JBT—52	11	1	
	120	600	BKJ56—№5	JBT—51	5.5	1	
500~1 000	60~70	460~485	2BKJ56—№5	JBT—51	11	1	
	60~70	600	BKJ56—№5	JBT—52	5.5	1	
	120	600	2BKJ56—№5	JBT—51	11	1	
>1 000	60~70	600	2BKJ56—№5		11	1	节长50 m
1 500	250	800	2BKJ56—№6	JBT—62	28	1	
2 000	500	1 000	2BKJ56—№6		28	2	

任务五　掘进通风的管理

掘进通风管理技术措施主要有加强风筒管理、保证局部通风机安全可靠运转、掘进通风安全技术装备系列化等。

一、加强风筒管理

(一)减少风筒漏风

1.改进风筒接头方法和减少接头数

风筒接头的好坏直接影响风筒的漏风和风筒阻力。改进风筒接头方法和减少风筒接头数,是减少风筒漏风的重要措施之一。

1)改进接头方法

风筒接头方法,一般是采用插接法,即把风筒的一端顺风流方向插到另一节风筒中,并拉紧风筒使两个铁环靠紧。这种接头方法操作简单,但漏风大。为减少漏风,普遍采用的是反边接头法。

反边接头法分单反边、双反边(见图8-16)和多反边(见图8-17)三种形式。单反边接头法,是在一个接头上留反边,只将缝有铁环的接头1留200~300 mm的反边,而接头2不留反边,将留有反边的接头插入(顺风流)另一个接头中,然后将两风筒拉紧使两铁环紧靠,再将接头1的反边翻压到两个铁环之上即可。双反边接头法,是在两个接头上均留有200~300 mm的反边,如图8-16(a)所示,且比单反边多翻压一层(见图8-16(c))。多反边接头法,比双反边增加一个活铁环3,将活铁环3套在2端上,如图8-17(a)所示,将1端顺风流插入2端,并将1端的反边翻压到2端上,将活铁环3套在1、2端的反边上,如图8-17(b)所示;最后将1、2反边同时翻压在铁环3、1端上,如图8-17(c)所示。反边接头法的翻压层数越多,漏风越少。

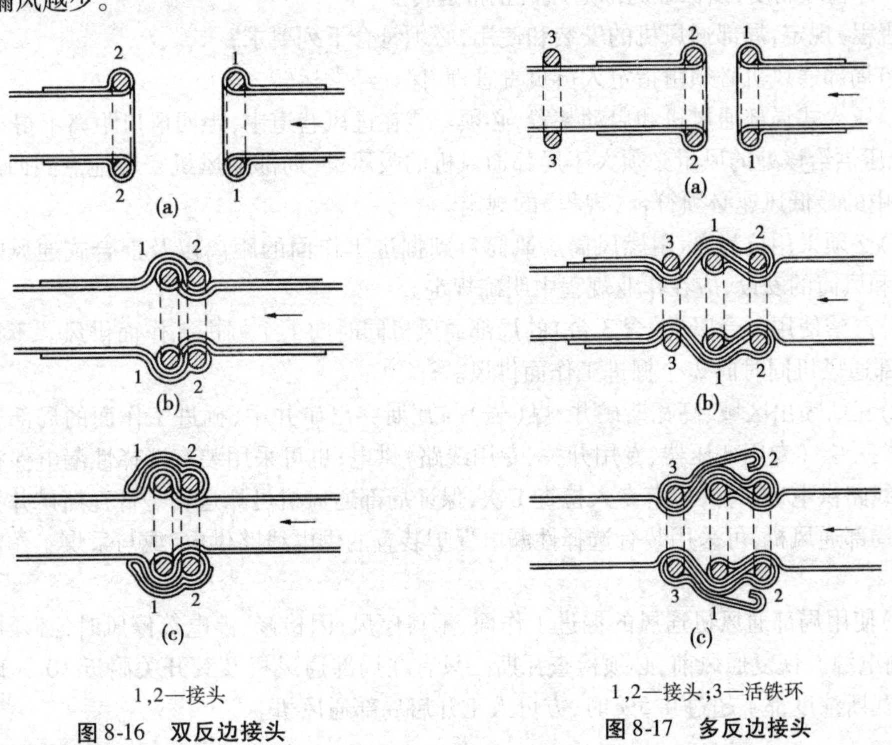

1,2—接头

图8-16　双反边接头

1,2—接头;3—活铁环

图8-17　多反边接头

2)减少接头数

不论采用哪种接头方法,均不能杜绝漏风,因此应尽量减少接头数,即尽量选用长节风筒。目前普遍使用的柔性风筒,每节长10 m,可采用胶粘接头法,将5~10节风筒顺序粘接起来,使每节风筒的长度增到50~100 m,从而减少大量接头数,以减少漏风。

2. 减少针眼漏风

胶布风筒是用线缝制成的,在风筒吊环鼻和缝合处,都有很多针眼,据现场观测,在1 kPa压力下,针眼普遍漏风。因此,对风筒的针眼处应用胶布粘补,以减少漏风。

3. 防止风筒破口漏风

风筒靠近工作面的前端,应设置3~4 m长的一段铁风筒,随工作面推进向前移动,以防放炮崩坏胶布风筒。掘进巷道要加强支护,以防冒顶、片帮砸坏风筒。风筒要吊挂在上帮的

顶角处，防止被矿车刮破。对于风筒的破口、裂缝要及时粘补，损坏严重的风筒应及时更换。

（二）降低风筒的风阻

为了减少风筒的风阻以增加供风量，风筒吊挂应逢环必挂，缺环必补；吊挂平直，拉紧吊稳。局部通风机要用托架抬高，尽量和风筒成一直线。风筒拐弯应圆缓，勿使风筒褶皱。在一条巷道内，应尽量使用同规格的风筒，如使用不同直径的风筒，应该使用异径风筒连接。风筒中有积水时，要及时放掉，以防止风筒变形破裂和增大风阻值。放水方法：可在积水处安设自行车气门嘴，放水时拧开，放完水再拧紧。

二、保证局部通风机安全可靠运转

在掘进通风管理工作中，应加强对局部通风机的检查和维修，严格执行局部通风机的安装、停开等管理制度，以保证局部通风机正常运转。

《规程》规定，局部通风机的安装和使用，必须符合下列要求：

（1）局部通风机必须由指定人员负责管理，保证经常运转。

（2）压入式局部通风机和启动装置，必须安装在进风巷道中，距回风口距离不得小于10 m；全风压供给该处的风量必须大于局部通风机的吸风量，局部通风机安装地点到回风口间的巷道中的最低风速必须符合《规程》的规定。

（3）必须采用抗静电、阻燃风筒。风筒口到掘进工作面的距离以及混合式通风的局部通风机和风筒的安设，应在作业规程中明确规定。

（4）严禁使用3台以上（含3台）的局部通风机同时向1个掘进工作面供风。不得使用1台局部通风机同时向2个掘进工作面供风。

（5）瓦斯喷出区域、高瓦斯矿井、煤（岩）与瓦斯突出矿井中，掘进工作面的局部通风机应采用“三专”（专用变压器、专用开关、专用线路）供电；也可采用装有选择性漏电保护装置的供电线路供电，但每天应有专人检查1次，保证局部通风机可靠运转。低瓦斯矿井掘进工作面的局部通风机，可采用装有选择性漏电保护装置的供电线路供电，或与采煤工作面分开供电。

（6）使用局部通风机通风的掘进工作面，不得停风；因检修、停电等停风时，必须撤出人员，切断电源。恢复通风前，必须检查瓦斯。只有在局部通风机及其开关附近10 m以内风流中的瓦斯浓度都不超过0.5%时，方可人工开启局部通风机。

三、掘进通风安全技术装备系列化

掘进通风安全技术装备系列化，对于保证掘进工作面通风安全可靠性具有重要意义。掘进通风安全技术装备系列化是在治理瓦斯、煤尘爆炸，火灾等灾害的实践中不断发展起来的多种安全技术装备，是预防和治理相结合的防止掘进工作面瓦斯、煤尘爆炸，火灾等灾害的行之有效的综合性安全措施。主要内容如下。

（一）保证局部通风机稳定运转的装置

1. 双风机、双电源、自动换机和风筒自动倒风装置

正常通风时，由专用开关供电，使局部通风机运转通风；一旦常用局部通风机因故障停机，电源开关自动切换，备用通风机即刻启动，继续供风，从而保证了局部通风机的连续运转。由于双风机共用一道主风筒，通风机要实现自动倒换时，则连接两通风机的风筒也必须

能够自动倒风,风筒自动倒风装置有以下两种结构。

1)短节倒风

短节倒风装置如图 8-18(a)所示,将连接常用通风机风筒一端的半圆与连接备用通风机风筒一端的半周胶粘、缝合在一起(其长度为风筒直径的 1 ~2 倍),套入共用风筒,并对接头部进行粘连防漏风处理,即可投入使用。常用通风机运转时,由于通风机风压作用,连接常用通风机的风筒被吹开,将与此并联的备用通风机风筒紧压在双层风筒段内,关闭了备用通风机风筒。若常用通风机停转,备用通风机启动,则连接常用通风机的风筒被紧压在双层风筒段内,关闭了常用通风机风筒,从而达到自动倒风换流的目的。

2)切换片倒风

切换片倒风装置如图 8-18(b)所示,在连接常用通风机的风筒与连接备用通风机的风筒之间平面夹粘一片长度等于风筒直径 1.5 ~3.0 倍、宽度大于 1/2 风筒周长的倒风切换片,将其嵌套在共用风筒内并胶粘在一起,经防漏风处理后便可投入使用。常用通风机运行时,由于通风机风压作用,倒风切换片将连接备用通风机的风筒关闭;若常用通风机停机,备用通风机启动,则倒风切换片又将连接常用通风机的风筒关闭,从而达到自动倒风换流的目的。

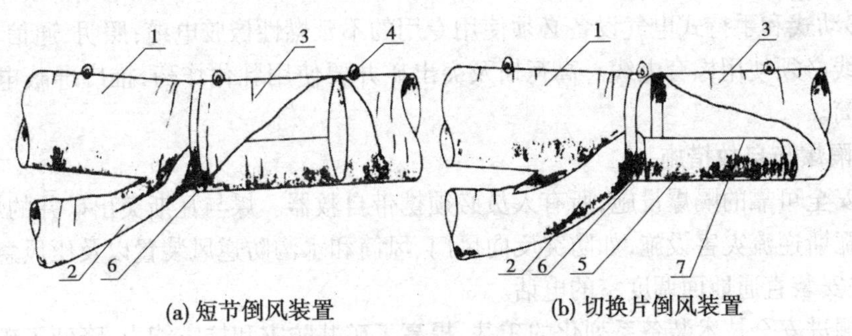

(a) 短节倒风装置　　(b) 切换片倒风装置

1—常用风筒;2—备用风筒;3—共用风筒;4—吊环;
5—倒风切换片;6—风筒粘接处;7—缝合线

图 8-18　倒风装置

2.“三专两闭锁”装置

“三专”是指专用变压器、专用开关、专用电缆,“两闭锁”则指风、电闭锁和瓦斯、电闭锁。其功能是只有在局部通风机正常供风、掘进巷道内的瓦斯浓度不超过规定限值时,方能向巷道内机电设备供电,当局部通风机停转时,自动切断所控机电设备的电源;当瓦斯浓度超过规定限值时,系统能自动切断瓦斯传感器控制范围内的电源,而局部通风机仍可正常运转。若局部通风机停转、停风区内瓦斯浓度超过规定限值,局部通风机便自行闭锁,重新恢复通风时,要人工复电,先送风,当瓦斯浓度降到安全允许值以下时才能送电,从而提高了局部通风机连续运转供风的安全可靠性。

3.局部通风机遥讯装置

局部通风机遥讯装置的作用是监视局部通风机开停运行状态。高瓦斯和突出矿井所用的局部通风机要安设载波遥迅器,以便实时监视其运转情况。

(二)加强瓦斯检查和监测

(1)安设瓦斯自动报警断电装置,实现瓦斯遥测。当掘进巷道中瓦斯浓度达到1%时,

通过低浓度瓦斯传感器自动报警；瓦斯浓度达到1.5%时，通过瓦斯断电仪自动断电。高瓦斯和突出矿井要装备瓦斯断电仪或瓦斯遥测仪，对炮掘工作面迎头5 m内和巷道冒顶处瓦斯积聚地点要设置便携式瓦斯检测报警仪。班组长下井时，也要随身携带这种仪表，以便随时检查可疑地点的瓦斯浓度。

(2)放炮员配备瓦斯检测器，坚持"一炮三检"，在掘进作业的装药前、放炮前和放炮后都要认真检查放炮地点附近的瓦斯浓度。

(3)实行专职瓦斯检查员随时检查瓦斯制度。

(三)综合防尘措施

掘进巷道的矿尘来源，当用钻眼爆破法掘进时，主要产生于钻眼、爆破、装岩工序，其中以凿岩产尘量最高；当用综掘机掘进时，切割和装载工序以及综掘机整个工作期间，矿尘产生量都很大。因此，要做到湿式煤电钻打眼，爆破使用水炮泥，综掘机内外喷雾。要有完善的洒水除尘和灭火两用的供水系统，实现放炮喷雾、装煤岩洒水和转载点喷雾，安设喷雾水幕净化风流，定期用预设软管冲刷清洁巷道，从而减少矿尘的飞扬和堆积。

(四)防火防爆安全措施

机电设备严格采用防爆型及安全火花型；局部通风机、装岩机和煤电钻都要采用综合保护装置；移动式和手持式电气设备必须使用专用的不延燃性橡胶电缆；照明、通信、信号和控制专用导线必须使用橡套电缆。高瓦斯及突出矿井要使用乳化炸药，推广屏蔽电缆和阻燃抗静电风筒。

(五)隔爆与自救措施

设置安全可靠的隔爆设施，所有人员必须携带自救器。煤与瓦斯突出矿井的煤巷掘进，应安设防瓦斯逆流灾害设施，如防突反向风门、风筒和水沟防逆风装置以及压风急救袋和避难硐室，并安装直通地面调度室的电话。

实施掘进安全技术装备系列化的矿井，提高了矿井防灾和抗灾能力，降低了矿尘浓度与噪声，改善了掘进工作面的作业环境，尤其是煤巷掘进工作面的安全性得到了很大提高。

复习思考题

8-1 全风压通风有哪些布置方式？试简述其优缺点和适用条件。

8-2 简述压入式通风的排烟过程及其技术要求。

8-3 试述局部通风机压入式、抽出式通风的优缺点及其适用条件。

8-4 试述混合式通风的特点与要求。

8-5 有效射程、有效吸程的含义是什么？

8-6 局部通风机串联、并联的目的、方式和使用条件是什么？

8-7 试述局部通风设计的步骤。

8-8 局部通风机选型设计的一般原则是什么？

8-9 掘进通风安全装备系列化包括哪些内容？有何安全作用？

8-10 风筒的选择与使用应注意哪些问题？

习　题

8-1　某岩巷掘进长度为 250 m，断面面积为 8 m^2，风筒漏风系数为 1.18，一次爆破炸药量为 10 kg，采用压入式通风，通风时间为 20 min，求该掘进工作面所需风量。($Q_{需}$ = 89.96 m^3/min)

8-2　某岩巷掘进长度为 300 m，断面面积为 6 m^2，一次爆破最大炸药量为 10 kg，采用抽出式通风，通风时间为 15 min，求该掘进工作面所需风量。($Q_{需}$ = 24.14 m^3/min)

8-3　某岩巷掘进长度为 1 200 m，用混合式(长抽短压)通风，断面面积为 8 m^2，一次爆破炸药量为 10 kg，抽出式风筒距工作面 40 m，通风时间为 20 min。试计算工作面需风量和抽出式风筒的吸风量。($Q_{出}$ = 29.59 m^3/min，$Q_{入}$ = 36.98 m^3/min)

8-4　某风筒长 1 100 m，直径 800 mm，接头风阻为 0.2 Ns^2/m^8，节长 50 m，风筒摩擦阻力系数为 0.003 Ns^2/m^4，试计算风筒的总风阻。(5.87 Ns^2/m^8)

学习情境九　矿井通风设计

矿井通风设计是整个矿井设计的重要组成部分，是保证矿井安全生产的重要一环。矿井通风设计的基本任务是建立一个安全可靠、技术先进、经济合理的矿井通风系统。设计时，必须贯彻与遵守党和国家的技术经济政策、规程、规范及相关规定。

一、矿井通风设计的内容

(1)确定矿井通风系统；
(2)矿井风量计算和风量分配；
(3)矿井通风阻力计算；
(4)选择通风设备；
(5)概算矿井通风费用。

二、矿井通风设计的要求

(1)将足够的新鲜空气有效地送到井下工作场所，保证良好的生产和劳动条件；
(2)通风系统简单，风流稳定，易于管理，具有抗灾能力；
(3)发生事故时，风流易于控制，人员便于撤出；
(4)有符合规定的井下环境及安全监测系统或检测措施；
(5)通风系统的基建投资省，营运费用低，综合经济效益好。

矿井通风设计的主要依据包括：矿区气象资料；井田地质地形；煤层瓦斯风化带垂深、各煤层瓦斯含量、瓦斯压力及梯度等；煤层自然发火倾向，发火周期；煤尘爆炸危险性及爆炸指数；矿井设计生产能力及服务年限；矿井开拓方式及采区巷道布置，回采顺序、开采方法；矿井巷道断面图册；矿区电费等。

任务一　矿井通风系统的优选

矿井通风系统主要优选项目包括进风井与回风井的布置方式、矿井风流路线、矿井主要通风机的工作方法等，这是矿井通风设计的基础。

矿井通风系统应和矿井的开拓开采、矿井通风设计一起考虑，并通过技术、经济比较之后确定。确定的通风系统，应符合投产快、出煤多、安全可靠、技术经济指标合理等原则。

一、矿井通风系统的基本要求

(1)每一矿井必须有完整的独立通风系统。

(2)进风井口应按全年风向频率，必须布置在不受粉尘、煤尘、灰尘、有害气体和高温气体侵入的地方。

(3)箕斗提升井或装有胶带输送机的井筒不应兼作进风井,如果兼作回风井使用,必须采取措施,满足安全的要求。

(4)多风机通风系统,在满足风量按需分配的前提下,各主要通风机的工作风压应接近。

(5)每一个生产水平和每一采区,必须布置回风巷,实行分区通风。

(6)井下爆破材料库必须有单独的新鲜风流,回风流必须直接引入矿井的总回风巷或主要回风巷中。

(7)井下充电室必须用单独的新鲜风流通风,回风流应引入回风巷。

二、优选矿井通风系统的方法

依据矿井通风设计的条件,提出多个技术上可行的方案。首先根据矿井生产实际,选定2~3个技术上可行,且符合安全要求的方案进行经济比较,将最优方案确定为设计方案。矿井通风系统应具有较强的抗灾能力,井下一旦发生灾害性事故,所确定的通风系统能将灾害控制在最小范围,并能迅速恢复生产。

任务二　矿井总风量的计算和分配

一、矿井总风量的计算原则

矿井总风量应按照"由里往外"的计算原则,由采掘工作面、硐室和其他用风地点的实际最大需风量的总和,再考虑一定的备用风量系数后,计算出矿井总风量。

(1)按该用风地点同时工作的最多人数计算,每人每分钟供给风量不得少于4 m^3。

(2)按该用风地点风流中的瓦斯、二氧化碳和其他有害气体浓度、风速以及温度等都符合《规程》的有关规定分别计算,取其最大值。

二、矿井总风量的计算方法

矿井总风量按以下方法计算,并取其中最大值。

(一)按井下同时工作的最多人数计算

矿井总供风量计算公式为

$$Q_{矿} = 4NK \tag{9-1}$$

式中　$Q_{矿}$——矿井总供风量,m^3/min;

N——井下同时工作的最多人数,人;

4——每人每分钟供风标准,m^3/min;

K——矿井通风系数。

K包括矿井内部漏风和分配不均匀等因素。采用压入式和中央并列式通风时,可取1.20~1.25;采用中央分列式或混合式通风时,可取1.15~1.20;采用对角式或区域式通风时,可取1.10~1.15。上述备用系数在矿井产量$T \geq 0.9$ Mt/a时,取小值;$T < 0.90$ Mt/a时,取大值。

(二)按采煤、掘进、硐室等处实际需风量计算

1. 采煤工作面需风量的计算

采煤工作面的需风量应按下列因素分别计算,并取其中最大值。

1)按瓦斯涌出量计算

采煤工作面的需风量计算公式为

$$Q_{采} = 100Q_{CH_4}K_{CH_4} \tag{9-2}$$

式中 $Q_{采}$——采煤工作面的需风量,m^3/min;

Q_{CH_4}——采煤工作面瓦斯绝对涌出量,m^3/min;

K_{CH_4}——采煤工作面因瓦斯涌出量不均匀的备用风量系数。

K_{CH_4}即该工作面瓦斯绝对涌出量的最大值与平均值之比。通常,机采工作面可取1.2~1.6;炮采工作面可取1.4~2.0;水采工作面可取2.0~3.0。生产矿井可根据各个工作面正常生产条件下,至少进行五昼夜的观测,得出的5个比值,取其最大值。

2)按工作面进风流温度计算

采煤工作面应有良好的气候条件,其进风流温度可根据风流温度预测方法进行计算。

采煤工作面空气温度与风速对应表如表9-1所示。

表9-1 采煤工作面空气温度与风速对应表

采煤工作面进风流气温(℃)	采煤工作面风速(m/s)
<15	0.3~0.5
15~18	0.5~0.8
18~20	0.8~1.0
20~23	1.0~1.5
23~26	1.5~1.8

采煤工作面的需风量$Q_{采}$(m^3/min)按式(9-3)计算:

$$Q_{采} = 60v_{采}S_{采}K_{采} \tag{9-3}$$

式中 $v_{采}$——采煤工作面适宜风速,m/s;

$S_{采}$——采煤工作面平均有效断面面积,按最大和最小控顶有效断面面积的平均值计算,m^2;

$K_{采}$——采煤工作面长度风量系数,按表9-2选取。

表9-2 采煤工作面长度风量系数

采煤工作面长度(m)	工作面长度风量系数
<50	0.8
50~80	0.9
80~120	1.0
120~150	1.1
150~180	1.2
>180	1.3~1.4

3)按炸药使用量计算

$$Q_{采} = 25A_{采} \tag{9-4}$$

式中　25——每使用1 kg炸药的供风量,m^3/min;

$A_{采}$——采煤工作面一次爆破使用的最大炸药量,kg。

4)按工作人员数量计算

$$Q_{采} = 4n_{采} \tag{9-5}$$

式中　4——每人应供给的最低风量,m^3/min;

$n_{采}$——采煤工作面同时工作的最多人数,人。

5)按风速验算

按最低风速验算各个采煤工作面的最小风量:

$$Q_{采} \geqslant 60 \times 0.25 \times S_{采} \tag{9-6}$$

按最高风速验算各个采煤工作面的最大风量:

$$Q_{采} \leqslant 60 \times 4 \times S_{采} \tag{9-7}$$

采煤工作面有串联通风时,按其中一个最大需风量计算。备用工作面亦按上述要求,并满足瓦斯、风流温度和风速等规定计算需风量,且不得低于其回采时需风量的50%。

2. 掘进工作面需风量计算

煤巷、半煤岩巷和岩巷掘进工作面的风量,应按下列因素分别计算,取其最大值。

1)按瓦斯涌出量计算

$$Q_{掘} = 100Q_{CH_4}K_{掘} \tag{9-8}$$

式中　$Q_{掘}$——掘进工作面实际需风量,m^3/min;

Q_{CH_4}——掘进工作面平均绝对瓦斯涌出量,m^3/min;

$K_{掘}$——掘进工作面因瓦斯涌出量不均匀的备用风量系数。

$K_{掘}$即掘进工作面最大绝对瓦斯涌出量与平均绝对瓦斯涌出量之比。通常,机掘工作面取1.5~2.0;炮掘工作面取1.8~2.0。

2)按炸药使用量计算

$$Q_{掘} = 25A_{掘} \tag{9-9}$$

式中　25——使用1 kg炸药的供风量,m^3/min;

$A_{掘}$——掘进工作面一次爆破所用的最大炸药量,kg。

3)按局部通风机吸风量计算

$$Q_{掘} = Q_{通}IK_{通} \tag{9-10}$$

式中　$Q_{通}$——掘进工作面局部通风机额定风量,m^3/min;

I——掘进工作面同时运转的局部通风机台数,台;

$K_{通}$——为防止局部通风机吸循环风的风量备用系数,一般取1.2~1.3,进风巷中无瓦斯涌出时取1.2,有瓦斯涌出时取1.3。

局部通风机额定风量如表9-3所示。

表 9-3　局部通风机额定风量

局部通风机型号	额定风量(m^3/min)
JBT－51(5.5 kW)	150
JBT－52(11 kW)	200
JBT－61(14 kW)	250
JBT－62(28 kW)	300

4)按工作人员数量计算

$$Q_{掘} = 4n_{掘} \tag{9-11}$$

式中　$n_{掘}$——掘进工作面同时工作的最多人数,人。

5)按风速进行验算

岩巷掘进工作面的风量应满足:

$$60 \times 0.15 \times S_{掘} \leqslant Q_{掘} \leqslant 60 \times 4 \times S_{掘}$$

煤巷、半煤岩巷掘进工作面的风量应满足:

$$60 \times 0.25 \times S_{掘} \leqslant Q_{掘} \leqslant 60 \times 4 \times S_{掘}$$

式中　$S_{掘}$——掘进工作面巷道过风断面面积,m^2。

3.硐室需风量

各个独立通风的硐室供风量,应根据不同的硐室分别计算。

1)井下爆炸材料库

按库内空气每小时更换 4 次计算:

$$Q_{硐} = \frac{40V}{60} \tag{9-12}$$

式中　$Q_{硐}$——爆破材料库供风量,m^3/min;

V——爆破材料库总容积,m^3。

2)充电硐室

按其回风流中氢气浓度小于 0.5% 计算:

$$Q_{硐} = 200q_{H_2} \tag{9-13}$$

式中　q_{H_2}——充电硐室在充电时产生的氢气量,m^3/min。

通常充电硐室的供风量不得小于 100 m^3/min。

3)机电硐室

按硐室中运行的机电设备发热量计算:

$$Q_{硐} = \frac{3\,600\theta \sum W}{60\rho C_p \Delta t} \tag{9-14}$$

式中　$\sum W$——机电硐室中运转的电动机(变压器)总功率(按全年中最大值计算),kW;

θ——机电硐室发热系数,可依据实测由机电硐室内机械设备运转时的实际发热量转换为相当于电器设备容量作无用功的系数确定,也可按表 9-4 选取;

ρ——空气密度,一般取 1.2 kg/m^3;

C_p——空气的定压比热,一般取 1.000 kJ/(kg · K);

Δt——机电硐室进、回风流的温度差,℃;

3 600——热功当量,1 kWh = 3 600 kJ。

表9-4　机电硐室发热系数(θ)表

机电硐室名称	发热系数(θ)
空气压缩机房	0.15 ~ 0.23
水泵房	0.01 ~ 0.04
变电所、绞车房	0.02 ~ 0.04

采区小型机电硐室,可按经验值确定风量。一般为60 ~ 80 m³/min。

4.其他巷道需风量计算

井下其他巷道的需风量,应根据巷道的瓦斯涌出量和风速分别计算,并取其中的最大值。

1)按瓦斯涌出量计算

$$Q_{它} = 133Q_{其他}K_{其他} \tag{9-15}$$

式中　$Q_{它}$——其他巷道需风量,m³/min;

$Q_{其他}$——用风巷道的绝对瓦斯涌出量,m³/min;

$K_{其他}$——其他巷道因瓦斯涌出不均匀的备用风量系数,一般取$K_{其他}$ = 1.1 ~ 1.3。

2)按最低风速验算

$$Q_{其他} \geqslant 60 \times 0.15S \tag{9-16}$$

式中　S——井巷净断面面积,m²。

新建矿井,其他用风巷道总需风量难以计算时,也可按采煤、掘进、硐室的需风量总和的3% ~5%估算。

5.矿井总风量计算

矿井总风量应按采煤、掘进、独立通风硐室及其他用风地点需风量的总和计算。

$$Q_{矿} = (\sum Q_{采} + \sum Q_{掘} + \sum Q_{硐} + \sum Q_{其他})K \tag{9-17}$$

式中　$\sum Q_{采}$——采煤工作面、备用工作面需风量之和,m³/min;

$\sum Q_{掘}$——掘进工作面需风量之和,m³/min;

$\sum Q_{硐}$——独立通风硐室需风量之和,m³/min;

$\sum Q_{其他}$——其他用风地点需风量之和,m³/min;

K——矿井通风系数。

当采用压入式或中央并列式通风时,K = 1.2 ~ 1.25;当采用中央分列式或混合式通风时,K = 1.15 ~ 1.20;当采用对角式或区域式通风时,K = 1.10 ~ 1.15。矿井年产量$T \geqslant 0.9$ Mt/a时,取小值;$T < 0.9$ Mt/a时,取大值。

三、矿井总风量的分配

(一)分配原则

矿井总风量确定后,分配到各用风地点的风量,应不得低于其计算的需风量;所有巷道都应分配一定的风量;分配后的风量,应保证井下各处瓦斯及有害气体浓度、风速等满足

《规程》的各项要求。

(二)分配的方法

首先按照采区布置图,对各采煤、掘进工作面,独立回风硐室按其需风量配给风量,余下的风量按采区产量、采掘工作面数目、硐室数目等分配到各采区,再按一定比例分配到其他用风地点,用以维护巷道和保证行人安全。风量分配后,应对井下各通风巷道的风速进行验算,使其符合《规程》对风速的要求。

任务三 矿井通风总阻力的计算

一、矿井通风总阻力的计算原则

(1)矿井通风系统设计的总阻力,不应超过 2 940 Pa。

(2)矿井井巷的局部阻力,新建矿井(包括扩建矿井独立通风的扩建区)宜按井巷摩擦阻力的 10% 计算,扩建矿井宜按井巷摩擦阻力的 15% 计算。

二、矿井通风总阻力的计算方法

沿矿井通风容易和通风困难两个时期通风阻力最大的风路(入风井口到风硐之前),分别用式(9-18)计算各段井巷的摩擦阻力:

$$h_{摩} = \frac{\alpha LU}{S^3} \cdot Q^2 \tag{9-18}$$

α 值可以从附录一中查得,或选用相似矿井的实测数据。

将各段井巷的摩擦阻力累加后并乘以考虑局部阻力的系数即为两个时期的井巷通风总阻力。即

$$h_{阻大} = (1.1 \sim 1.15) \sum h_{摩大} \tag{9-19}$$

$$h_{阻小} = (1.1 \sim 1.15) \sum h_{摩小} \tag{9-20}$$

两个时期的摩擦阻力可按表 9-5 进行计算。

表 9-5 矿井通风容易(困难)时期井巷摩擦阻力计算表

节点序号	巷道名称	支护形式	α (Ns^2/m^4)	L (m)	U (m)	S (m^2)	S^3 (m^6)	R (Ns^2/m^8)	Q (m^3/s)	Q^2 (m^6/s^2)	$h_{摩}$ (Pa)	v (m/s)
① ② ⋮												

有时用式(9-21)~式(9-24)计算两个时期的矿井总风阻和总等积孔。

$$R_{大} = \frac{h_{阻大}}{Q^2} \tag{9-21}$$

$$R_{小} = \frac{h_{阻小}}{Q^2} \tag{9-22}$$

$$A_{大} = 1.19\frac{Q}{\sqrt{h_{阻大}}} \tag{9-23}$$

$$A_{小} = 1.19\frac{Q}{\sqrt{h_{阻小}}} \tag{9-24}$$

任务四　矿井通风设备的选择

矿井通风设备是指主要通风机和电动机。

一、选择矿井通风设备的基本要求

(1)矿井均要在地面装设两套同等能力的通风设备,其中一套工作,一套备用,交替工作。

(2)选择的通风设备应能满足第一开采水平各个时期的工况变化,并使通风设备长期高效运行。当工况变化较大时,应根据矿井分期时间及节能情况,分期选择电动机。

(3)通风机能力应留有一定的余量。轴流式、对旋式通风机在最大设计负压和风量时,叶轮叶片的运转角度应比允许范围小5°;离心式通风机的选型设计转速不宜大于允许最高转速的90%。

(4)进、出风井井口的高差在150 m以上,或进、出风井口标高相同,但井深400 m以上时,宜计算矿井的自然风压。

二、主要通风机的选择

(一)计算通风机的风量 $Q_{通}$

考虑到外部漏风(井口防爆门及主要通风机附近的反风门等处的漏风),主要通风机风量可用式(9-25)计算:

$$Q_{通} = kQ_{矿} \tag{9-25}$$

式中　$Q_{矿}$——矿井总风量,m^3/s;

k——漏风损失系数,风井无提升任务时取1.1,箕斗井兼用作回风井时取1.15,回风井兼用作升降人员时取1.2。

(二)计算通风机的风压 $H_{全}$(或 $H_{静}$)

通风机全压 $H_{全}$ 和矿井自然风压 $H_{自}$ 共同作用,克服矿井通风系统的总阻力 $h_{阻}$、风硐阻力 $h_{硐}$ 以及扩散器出口动能损失 $h_{扩}$。当自然风压与通风机风压同向时,取"-";反之,取"+"。即

$$H_{全} = h_{阻} + h_{硐} + h_{扩} \pm H_{自} \tag{9-26}$$

风硐阻力一般不超过100~200 Pa。

通常离心式通风机提供的大多是全压曲线,而轴流式、对旋式通风机提供的大多是静压曲线。因此,对抽出式通风矿井:

离心式通风机:

容易时期　$$H_{全小} = h_{阻小} + h_{硐} + h_{扩} - H_{自} \tag{9-27}$$

困难时期　$$H_{全大} = h_{阻大} + h_{硐} + h_{扩} + H_{自} \tag{9-28}$$

轴流式(或对旋式)通风机:

容易时期 $$H_{静小} = h_{阻小} + h_{硐} - H_{自} \tag{9-29}$$

困难时期 $$H_{静大} = h_{阻大} + h_{硐} + H_{自} \tag{9-30}$$

自然风压在容易时期取负值,困难时期取正值,是为了确保所选的通风机在这两个(极端)时期均有能力满足矿井通风要求。

对于压入式通风矿井,式(9-27)及式(9-28)中的 $h_{扩}$ 应改为出风井的出口动压。

(三)选择通风机

根据计算的矿井通风容易时期通风机的 $Q_{通}$、$H_{静小}$(或 $H_{全小}$)和困难时期通风机的 $Q_{通}$、$H_{静大}$(或 $H_{全大}$),在通风机的个体特性图表上选择合适的主要通风机。判别是否合适,要看上面两组数据所构成的两个时期的工作点,是否都在通风机个体特性曲线的合理工作范围内。

选定以后,即可得出两个时期主要通风机的型号、动轮直径、动轮叶片安装角(指轴流式或对旋式通风机)、转速、风压、风量、效率和输入功率等技术系数,并列表整理。

(四)选择电动机

1. 计算通风机输入功率

按通风容易时期和困难时期,分别计算通风机输入功率 $N_{电小}$、$N_{电大}$:

$$N_{电小} = \frac{Q_{通}H_{静小}}{1\,000\eta_{静}} \tag{9-31}$$

$$N_{电大} = \frac{Q_{通}H_{静大}}{1\,000\eta_{静}} \tag{9-32}$$

或

$$N_{电小} = \frac{Q_{通}H_{全小}}{1\,000\eta_{全}} \tag{9-33}$$

$$N_{电大} = \frac{Q_{通}H_{全大}}{1\,000\eta_{全}} \tag{9-34}$$

式中 $\eta_{静}$、$\eta_{全}$——通风机静压效率和全压效率;

$N_{电小}$、$N_{电大}$——矿井通风容易时期和困难时期通风机的输入功率,kW。

2. 选择电动机 $N_{电}$

当 $N_{电小} \geqslant 0.6N_{电大}$ 时,可选一台电动机,其功率为

初期 $$N_{电} = \frac{N_{电大}k_{电}}{\eta_{电}\ \eta_{传}} \tag{9-35}$$

当 $N_{电小} < 0.6N_{电大}$ 时,可选两台电动机,其功率为

初期 $$N_{电} = \frac{k_{电}\sqrt{N_{电小}N_{电大}}}{\eta_{电}\ \eta_{传}} \tag{9-36}$$

后期按式(9-35)计算。

式中 $k_{电}$——电动机容量备用系数,$k_{电} = 1.1 \sim 1.2$;

$\eta_{电}$——电动机效率,$\eta_{电} = 0.92 \sim 0.94$(大型电动机取较高值);

$\eta_{传}$——传动效率,电动机与通风机直联时 $\eta_{传} = 1$,皮带传动时 $\eta_{传} = 0.95$。

电动机功率在 400 ~ 500 kW 以上时,宜选用同步电动机。其优点是低负荷运转时,用来改善电网功率因数,使矿井经济用电;缺点是这种电动机的购置和安装费用较高。

任务五　矿井通风费用的概算

矿井通风费用是通风设计和管理的重要经济指标，一般用吨煤通风成本，即矿井每采一吨煤的通风总费用表示。它包括吨煤通风电费和通风设备折旧费、材料消耗费、通风工作人员工资、专用通风巷道折旧与维护费、通风仪表购置费和维修费等其他通风费用。

一、吨煤通风电费

吨煤通风电费为主要通风机年耗电费及井下辅助通风机、局部通风机电费之和除以年产量。可用式(9-37)计算：

$$W_0 = \frac{(E + E_A)D}{T} \tag{9-37}$$

式中　W_0——吨煤通风电费，元/t；

E——主要通风机年耗电量，kWh/a；

E_A——局部通风机和辅助通风机的年耗电量，kWh/a；

D——电价，元/kWh；

T——矿井年产量，t/a。

通风容易时期和困难时期共选一台电动机时，E 的计算式为

$$E = \frac{8\ 760 N_{电大}}{k_{电}\ \eta_{变}\ \eta_{缆}}$$

选两台电动机时，E 的计算式为

$$E = \frac{4\ 380(N_{电大} + N_{电小})}{k_{电}\ \eta_{变}\ \eta_{缆}}$$

式中　$\eta_{变}$——变压器效率，可取0.95；

$\eta_{缆}$——电缆输电效率，取决于电缆长度和每米电缆耗损，在0.90~0.95内选取。

二、其他吨煤通风费用

(一)通风设备折旧费

通风设备折旧费与设备数量、成本及服务年限有关，可用表9-6计算。

吨煤通风设备折旧费 W_1(元/t)用式(9-38)计算：

$$W_1 = \frac{G_1 + G_2}{T} \tag{9-38}$$

式中　G_1——基本设备折旧费，元/a；

G_2——大修理折旧费，元/a；

T——矿井年产量，t/a。

表9-6　通风成本计算表

序号	设备名称	计算单位	数量	单位成本	总成本			服务年限	每年的折旧费		备注
					设备费	运转及安装费	总计		基本设备折旧费(G_1)	大修理折旧费(G_2)	

(二)材料消耗费

吨煤通风材料消耗费 W_2(元/t)按式(9-39)计算:

$$W_2 = \frac{C}{T} \tag{9-39}$$

式中 C——通风材料消耗总费用(包括各种通风构筑物的材料费、通风机和电动机润滑油料费等),元/a;

T——矿井年产量,t/a。

(三)通风工作人员工资

吨煤通风工作人员工资 W_3(元/t)按式(9-40)计算:

$$W_3 = \frac{A}{T} \tag{9-40}$$

式中 A——矿井通风工作人员每年工资总额,元/a;

T——矿井年产量,t/a。

(四)专用通风巷道折旧与维护费

专用通风巷道折旧与维护费折算至吨煤的费用为 W_4(元/t)。

(五)通风仪表购置费和维修费

吨煤通风仪表购置费和维修费为 W_5(元/t)。

吨煤通风成本 W(元/t)按式(9-41)计算:

$$W = W_0 + W_1 + W_2 + W_3 + W_4 + W_5 \tag{9-41}$$

复习思考题

9-1　矿井通风设计的内容和要求是什么?

9-2　矿井通风系统的基本要求有哪些?

9-3　矿井通风设计依据的资料有哪些?

9-4　矿井需风量的计算原则和方法是什么?

9-5　如何计算矿井通风总阻力?

9-6　选择矿井主要通风机的要求有哪些?

9-7　如何计算吨煤通风成本?

习　题

9-1　某矿井炮采工作面瓦斯绝对涌出量为 2.8 m³/min,进风流中不含瓦斯;工作面采高2.0 m,平均控顶距3.2 m,温度21 ℃;工作面最大班工作人数为22 人;该工作面一次起爆炸药量为10 kg。试计算该工作面的需风量。($Q_{采} = 461\ m^3/min$)

9-2　某矿井地质与开拓开采情况如下,试进行矿井通风设计。

地质情况如下:

井田走向长8 400 m,倾角 $\alpha = 15° \sim 18°$,相对瓦斯涌出量为11 m³/t,煤尘具有爆炸危险性。

矿井开拓开采情况如下：

(1)矿井生产能力与服务年限：矿井生产能力为0.9 Mt/a，服务年限46 a。

(2)矿井开拓方式与采区划分：矿井开拓系统示意图如图9-1所示。矿井采用立井单水平上下山分区式开拓。全矿井共划分12个采区，上山部分6个(见图9-2)，下山部分6个。上山部分服务年限25 a，下山部分服务年限21 a。主、副井布置在井田的中央，通过主石门与东西向的运输大巷相连通。总回风巷布置在井田的上部边界，回风井分别布置在上山采区No.6和No.5上部边界中央，形成两翼对角式通风系统。

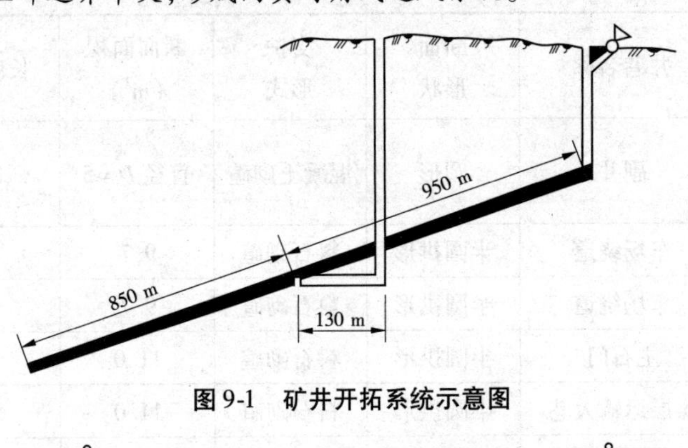

图9-1　矿井开拓系统示意图

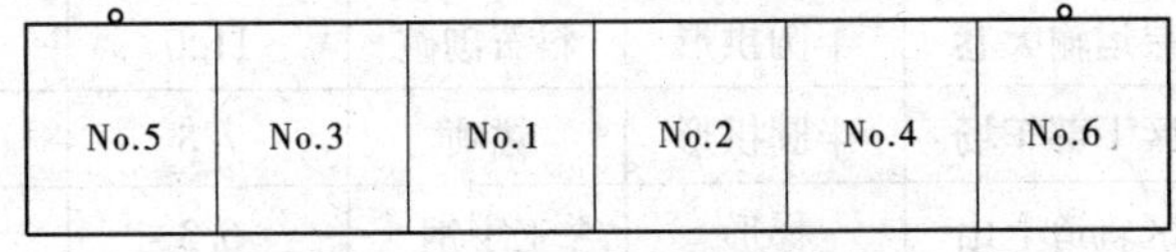

图9-2　上山采区划分示意图

(3)采煤方法：采区巷道布置示意图如图9-3所示。矿井有No.3和No.4 2个采区同时生产，共3个采煤工作面，其中2个生产，1个备用；采煤方法为走向长壁普通机械化采煤。

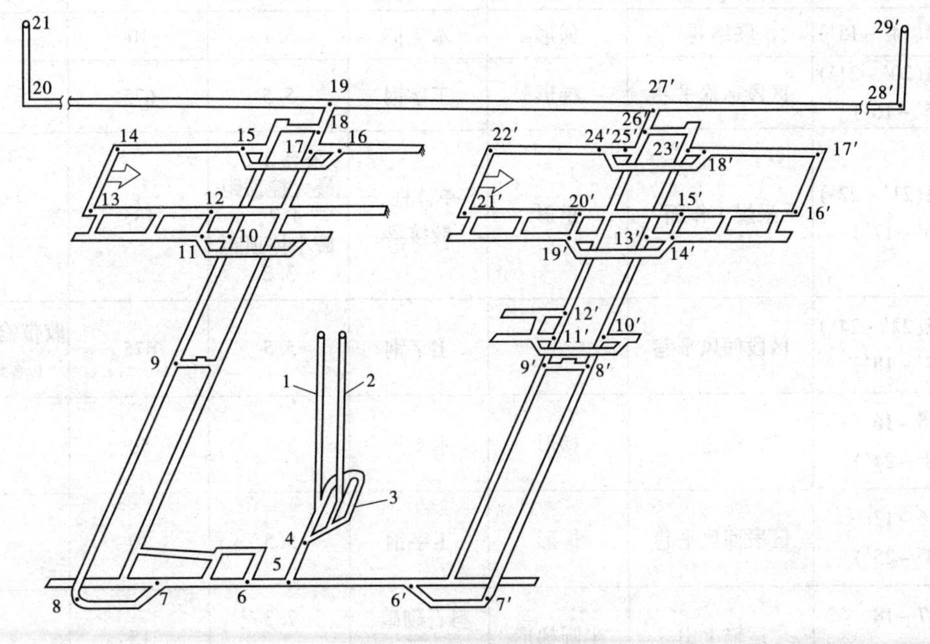

图9-3　巷道布置示意图

工作面长 150 m，采高 2. 2 m，采用全部垮落法管理顶板，最大控顶距 4. 2 m，最小控顶距 3. 2 m；最大班工作人数 26 人；作业形式为两采一准。每个采区各有两个煤巷掘进工作面，采用打眼放炮破煤。

(4) 矿井工作制度：矿井年工作日 300 天，采用“三八工作制”作业。井下最大班工作人数 120 人。

(5) 井巷尺寸及支护形式见表 9-7。

表 9-7　井巷尺寸及支护形式

区段	井巷名称	断面形状	支护形式	断面面积(m^2)	长度(m)	备注
1－2	副井	圆形	混凝土砌碹	直径 $D=5$	320	双罐笼提升，设有梯子间
2－3	车场绕道	半圆拱形	料石砌碹	9. 7	50	
3－4	车场绕道	半圆拱形	料石砌碹	9. 7	70	
4－5	主石门	半圆拱形	料石砌碹	11. 0	80	
5－6	煤层运输大巷	半圆拱形	料石砌碹	11. 0	567	
6－7	煤层运输大巷	半圆拱形	料石砌碹	11. 0	135	
7－8(6′－7′)	采区下部车场	半圆拱形	锚喷	7. 8	85	
8－9(7′－8′)	采区轨道上山	梯形	工字钢	6. 3	500	
9－10(8′－13′)	采区轨道上山	梯形	工字钢	6. 3	269	
10－11(13′－14′)	下区段回风平巷	梯形	工字钢	5. 5	30	
11－12(14′－15′)	联络巷	梯形	木支护	5. 1	10	
12－13(20′－21′)(15′－16′)	区段运输平巷	梯形	工字钢	5. 5	675	
13－14(21′－22′)(16′－17′)	采煤工作面	矩形	单体柱、铰接梁	采高 2. 2，最大控顶距 4. 2，最小控顶距 3. 2	135	
14－15(22′－24′)(17′－18′)	区段回风平巷		工字钢	5. 5	675	胶带输送机(落地)
15－16(18′－24′)	绕道	梯形	木支护	5. 1	50	
16－17(24′－25′)	区段回风平巷	梯形	工字钢	5. 5	30	
17－18(25′－26′)	运输上山	半圆梯形	料石砌碹、工字钢	7. 3 6. 3	15	

续表 9-7

区段	井巷名称	断面形状	支护形式	断面面积(m^2)	长度(m)	备注
18－19 (26′－27′)	运输上山	半圆梯形	料石砌碹、工字钢	7.3 6.3	15	
19－20 (27′－28′)	矿井总回风巷	半圆拱形	料石砌碹	7.8	2 800	
20－21 (28′－29′)	风井	圆形	料石砌碹	$D=4$	92	设有梯子间
9′－11′	运输上山	梯形	工字钢	6.3	119	落地胶带输送机
11′－12′	运输上山	梯形	工字钢	6.3	10	落地胶带输送机
12′－25′	运输上山	梯形	工字钢	6.3	280	落地胶带输送机

附录一　井巷摩擦阻力系数 α 值表

一、水平巷道

1. 不支护巷道 $\alpha\times10^4$ 值(见附表 1-1)

附表 1-1　不支护巷道的 $\alpha\times10^4$ 值

巷道壁的特征	$\alpha\times10^4$ 值
顺走向在煤层开掘的巷道	58.8
交叉走向在岩层里开掘的巷道	68.6 ~ 78.4
巷壁与底板粗糙度相同的巷道	58.8 ~ 78.4
同上,在底板阻塞情况下	98 ~ 147

注:α 单位为 Ns^2/m^4,表中的数值是在空气密度 $\rho = 1.2\ kg/m^3$ 时测得的。下同。

2. 混凝土、混凝土砖及砖砌碹的平巷 $\alpha\times10^4$ 值(见附表 1-2)

附表 1-2　砌碹平巷的 $\alpha\times10^4$ 值

类型	$\alpha\times10^4$ 值
混凝土砌碹、外抹灰浆	29.4 ~ 39.2
混凝土砌碹、不抹灰浆	49 ~ 68.6
砖砌碹、外抹灰浆	24.5 ~ 29.4
砖砌碹、不抹灰浆	29.4 ~ 30.2
料石砌碹	39.2 ~ 49

注:巷道断面面积小者取大值。

3. 原木棚子支护的巷道 $\alpha\times10^4$ 值(见附表 1-3)

附表 1-3　原木棚子支护的巷道 $\alpha\times10^4$ 值

木柱直径 d_0(cm)	支架纵口径 $\Delta = L/d_0$ 时的 $\alpha\times10^4$ 值							按断面校正	
	1	2	3	4	5	6	7	断面面积(m^2)	校正系数
15	88.2	115.2	137.2	155.8	174.4	164.6	158.8	1	1.2
16	90.16	118.6	141.1	161.7	180.3	167.6	159.7	2	1.1
17	92.12	121.5	141.1	165.6	185.2	169.5	162.7	3	1.0
18	94.03	123.5	148	169.5	190.1	171.5	164.6	4	0.93
20	96.04	127.4	154.8	177.4	198.9	175.4	168.6	5	0.89
22	99	133.3	156.8	185.2	208.7	178.4	171.5	6	0.8
24	102.9	138.9	167.6	193.1	217.6	192	174.4	8	0.82
26	104.9	143.1	174.4	199.9	225.4	198	180.3	10	0.78

注:表中 $\alpha\times10^4$ 值适合于支架后净断面面积 $S = 3\ m^2$ 的巷道,对于其他断面的巷道应乘以校正系数。

4. 金属支架巷道 $\alpha \times 10^4$ 值

(1)工字梁拱形和梯形支架巷道的 $\alpha \times 10^4$ 值(见附表1-4)。

附表1-4 工字梁拱形和梯形支架巷道的 $\alpha \times 10^4$ 值

金属梁尺寸 d_0(cm)	支架纵口径 $\Delta = L/d_0$ 时的 $\alpha \times 10^4$ 值					按断面校正	
	2	3	4	5	8	断面面积(m^2)	校正系数
10	107.8	147	176.4	205.4	245	3	1.08
12	127.4	166.6	205.8	245	294	4	1.00
14	137.2	186.2	225.4	284.2	333.2	6	0.91
16	147	205.8	254.8	313.6	392	8	0.88
18	156.8	225.4	294	382.2	431.2	10	0.84

注:d_0 为金属梁截面的高度。

(2)金属横梁和帮柱混合支护的平巷 $\alpha \times 10^4$ 值(见附表1-5)。

附表1-5 金属梁、柱支护的平巷 $\alpha \times 10^4$ 值

边柱厚度 d_0(cm)	支架纵口径 $\Delta = L/d_0$ 时的 $\alpha \times 10^4$ 值					按断面校正	
	2	3	4	5	6	断面面积(m^2)	校正系数
40	156.8	176.4	205.8	215.6	235.2	3	1.08
						4	1.00
						6	0.91
						8	0.88
50	166.6	196.0	215.6	245.0	264.6	10	0.84

注:(1)帮柱是混凝土或砌碹的柱子,呈方形;(2)横梁是由工字钢或16号槽钢加工的。

5. 钢筋混凝土预制支架的 $\alpha \times 10^4$ 值

钢筋混凝土预制支架的巷道 $\alpha \times 10^4$ 值为88.2~186.2 Ns^2/m^4(纵口径大,取值也大)。

6. 锚杆或喷浆巷道的 $\alpha \times 10^4$ 值

锚杆或喷浆巷道的 $\alpha \times 10^4$ 值为78.4~117.6 Ns^2/m^4。

对于装有皮带运输机的巷道 $\alpha \times 10^4$ 值可增加147~196 Ns^2/m^4。

二、井筒、暗井及溜槽

(1)无任何装备的清洁的混凝土和钢筋混凝土井筒 $\alpha \times 10^4$ 值,见附表1-6。

附表1-6 无装备混凝土井筒 $\alpha \times 10^4$ 值

井筒直径(m)	井筒断面面积(m^2)	$\alpha \times 10^4$ 值	
		平滑的混凝土	不平滑的混凝土
4	12.6	33.3	39.2
5	19.6	31.4	37.2
6	28.3	31.4	37.2
7	38.5	29.4	35.3
8	50.3	29.4	35.3

(2)砖和混凝土砖砌的无任何装备的井筒，其 $\alpha\times10^4$ 值按附表1-6增大一倍。

(3)有装备的井筒，井壁用混凝土、钢筋混凝土、混凝土砖及砖砌碹的平巷 $\alpha\times10^4$ 值为343 ~ 490 Ns^2/m^4。选取时，应考虑到罐道梁的间距、装备物纵口径以及有无梯子间规格等。

(4)木支柱的暗井和溜道 $\alpha\times10^4$ 值见附表1-7。

附表1-7　木支柱的暗井和溜道 $\alpha\times10^4$ 值

井筒特征	断面面积(m^2)	$\alpha\times10^4$ 值
人行格间有平台的溜道	9	460.6
有人行格间的溜道	1.95	196
下放煤的溜道	1.8	156.8

三、矿井巷道 $\alpha\times10^4$ 值的实际资料

沈阳煤矿设计院根据在抚顺、徐州、新汶、阳泉、大同、梅田、鹤岗7个矿务局14个矿井的实测资料，编制的供通风设计参考的 $\alpha\times10^4$ 值见附表1-8。

附表1-8　井巷摩擦阻力系数 $\alpha\times10^4$ 值

序号	巷道支护形式	巷道类别	巷道壁面特征	$\alpha\times10^4$ 值	选取参考
1	锚喷支护	轨道平巷	光面爆破，凹凸度<150 mm	50 ~ 77	断面大，巷道整洁凹凸度<50 mm，近似砌碹的取小值；新开采区巷道，断面较小的取大值；断面大而成型差，凹凸度大的取大值
			普通爆破，凹凸度>150 mm	83 ~ 103	巷道整洁，底板喷水泥抹面的取小值；无巷道碴和锚杆外露的取大值
		轨道斜巷(设有行人台阶)	光面爆破，凹凸度<150 mm	81 ~ 89	兼流水巷和无轨道的取小值
			普通爆破，凹凸度>150 mm	93 ~ 121	兼流水巷和无轨道的取小值；巷道成型不规整，底板不平的取大值
		通风行人巷(无轨道、台阶)	光面爆破，凹凸度<150 mm	68 ~ 75	地板不平，浮矸多的取大值；自然顶板层面光滑和底板积水的取小值
			普通爆破，凹凸度>150 mm	75 ~ 97	巷道平直，底板淤泥积水的取小值；四壁积尘，不整洁的老巷有少量杂物堆积的取大值
		通风行人巷(无轨道、有台阶)	光面爆破，凹凸度<150 mm	72 ~ 84	兼流水巷的取小值
			普通爆破，凹凸度>150 mm	84 ~ 110	流水冲沟使底板严重不平的 α 值大
		胶带输送机(铺轨)	光面爆破，凹凸度<150 mm	85 ~ 120	断面较大，全部喷混凝土固定道床的 $\alpha\times10^4$ 值为85 Ns^2/m^4。其余的一般均应取偏大值。吊挂胶带输送机宽为800 ~ 1 000 mm
			普通爆破，凹凸度>150 mm	119 ~ 174	巷道底平，整洁的巷道取小值；底板不平，铺轨无道碴，胶带输送机卧底，积煤泥的取大值。落地胶带输送机宽为1.2 m

续附表 1-8

序号	巷道支护形式	巷道类别	巷道壁面特征	$\alpha\times10^4$ 值	选取参考
2	喷砂浆支护	轨道平巷	普通爆破，凹凸度＞150 mm	78～81	喷砂浆支护与喷混凝土支护巷道的摩擦阻力系数相近，同种类别巷道可按锚喷的选
3	锚杆支护	轨道平巷	锚杆外露 100～200 mm，锚杆间距 600～1 000 mm	94～149	铺网规整，自然顶板平整光滑的取小值；壁面波状凹凸度＞150 mm，近似不规则的裸巷状取大值；沿煤顺槽，底板为松散浮煤，一般取中间值
		胶带输送机巷（铺轨）	锚杆外露 150～200 mm，锚杆间距 600～800 mm	127～153	落地式胶带宽为 800～1 000 mm。断面小，铺笆不规整的取大值；断面大，自然顶板平整光滑的取小值
4	料石砌碹支护	轨道平巷	壁面粗糙	49～61	断面大的取小值；断面小的取大值。巷道洒水清洁的取小值
		轨道平巷	壁面平滑	38～44	断面大的取小值；断面小的取大值。巷道洒水清洁的取小值
		胶带输送机斜巷（铺轨设有行人台阶）	壁面粗糙	100～158	钢丝绳胶带输送机宽为 1 000 mm，下限值为推测值，供选取参考
5	毛石砌碹支护	轨道平巷	壁面粗糙	60～80	
6	混凝土棚支护	轨道平巷	断面 5～9 m^2，纵口径 4～5	100～190	依纵口径、断面选取 α 值。巷道整洁的完全棚，纵口径小的取小值
7	U 型钢支护	轨道平巷	断面 5～8 m^2，纵口径 4～8	135～181	按纵口径、断面选取，纵口径大的、完全棚支护的取小值。不完全棚大于完全棚的 α
		胶带输送机巷（铺轨）	断面 9～10 m^2，纵口径 4～8	209～226	落地式胶带宽为 800～1 000 mm，包括工字钢梁 U 型钢腿的支架
8	工字钢、钢轨支护	轨道平巷	断面 4～6 m^2，纵口径 7～9	123～134	包括工字钢与钢轨的混合支架。不完全棚支护的 α 值大于完全棚的，纵口径 = 9 时取小值
		胶带输送机巷（铺轨）	断面 9～10 m^2，纵口径 4～8	209～226	工字钢与 U 型钢的混合支架与第 7 项胶带输送机巷近似，单一种支护与混合支护 α 近似
9	综采工作面	掩护式支架	采高＜2 m，德国 WS1.7 双柱式	300～330	系数值包括采煤机在工作面内的附加阻力（以下同）
			采高 2～3 m，德国 WS1.7 双柱式，德国贝考瑞特，国产 OKⅡ型	260～310	分层开采铺金属网和工作面片帮严重、堆积浮煤多的取大值
			采高＞3 m，德国 WS1.7 双柱式	220～250	支架架设不整齐，有露顶的取大值
		支撑式支架	采高 2～3 m，英国 DT，4 柱式	330～420	支架架设不整齐，则取大值
		支撑掩护式支架	采高 2～3 m，国产 ZY－3，4 柱式	320～350	采高局部有变化，支架不齐，则取大值

续附表 1-8

序号	巷道支护形式	巷道类别	巷道壁面特征	$\alpha \times 10^4$ 值	选取参考
10	普采工作面	单体液压支柱	采高 <2 m	420 ~ 500	支架排列较整齐,工作面内有少量金属支柱等堆积物可取小值
		金属摩擦支柱铰接顶梁	采高 <2 m, DY - 100 型采煤机	450 ~ 550	
		木支柱	采高 <1.2 m,木支架较乱	600 ~ 650	
11	炮采工作面	金属摩擦支柱铰接顶梁	采高 <1.8 m,支架整齐	270 ~ 350	工作面每隔 10 m 用木垛支撑的实测 $\alpha \times 10^4$ 值为 954 ~ 1 050 Ns^2/m^4
		木支柱	采高 <1.2 m,支架整齐	300 ~ 350	
			采高 <1.2 m,支架较乱	400 ~ 450	

附录二 井巷局部阻力系数ξ值表

附表 2-1 各种巷道突然扩大与突然缩小的ξ(光滑管道)

S_1/S_2	1	0.9	0.8	0.7	0.6	0.5	0.4	0.3	0.2	0.1	0.01	0
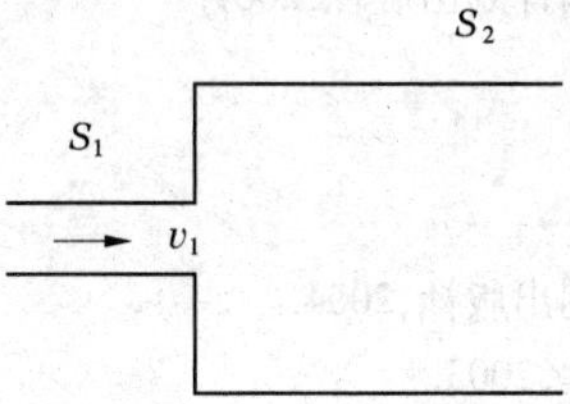 S_1 v_1 → S_2	0	0.01	0.04	0.09	0.16	0.25	0.36	0.49	0.64	0.81	0.98	1.0
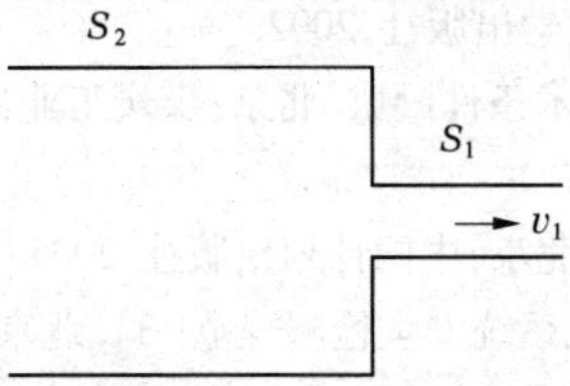 S_2 → S_1 v_1	0	0.05	0.10	0.15	0.20	0.25	0.30	0.35	0.40	0.45	0.50	

注:S 为对应巷道的断面面积,v 对应巷道中的风速,下同。

附表 2-2 其他几种局部阻力的ξ值(光滑管道)

v_1	v_1 D $R=0.1D$	v_1	b v_1 b	b R_1 v_1 b	b R_1 R_2 v_1 b
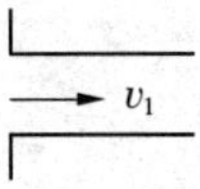 0.6	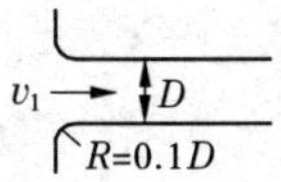 0.1	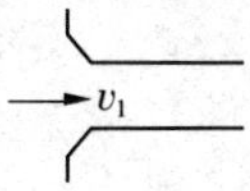 0.2	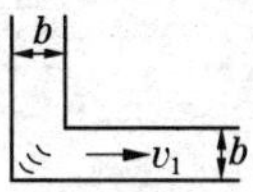 0.2(有导风板的) 1.4(无导风板的)	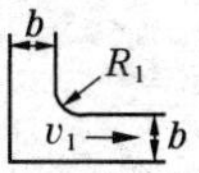 0.75(当 $R_1=1/3b$ 时) 0.52(当 $R_1=2/3b$ 时)	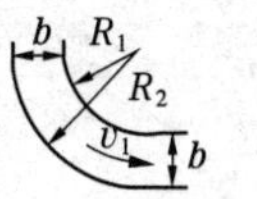 0.6(当 $R_1=1/3b$、$R_2=3/2b$ 时) 0.3(当 $R_1=2/3b$、$R_2=17/10b$ 时)
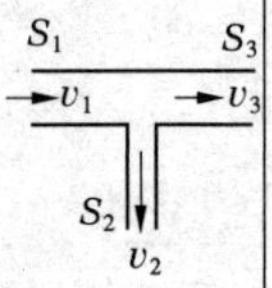 S_1 v_1 S_3 v_3 S_2 v_2	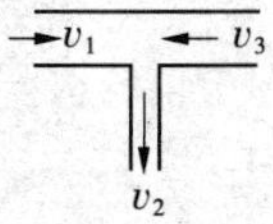 v_1 v_3 v_2	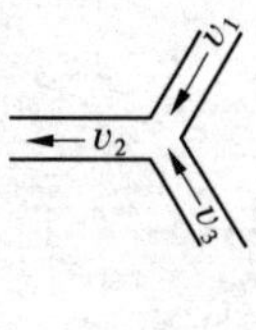 v_1 v_2 v_3	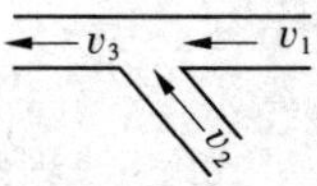 v_3 v_1 v_2	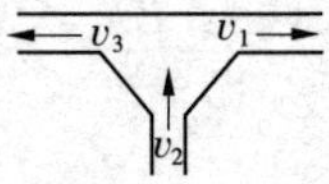 v_3 v_1 v_2	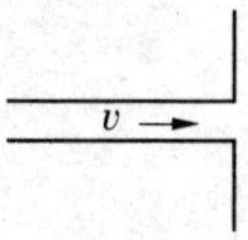 v
3.6 (当 $S_2=S_3$,$v_2=v_3$ 时)	2.0 (当风速为 v_2 时)	1.0 (当 $v_1=v_3$ 时)	1.5 (当风速为 v_2 时)	1.5 (当风速为 v_2 时)	1.0 (当风速为 v 时)

注:R 为对应巷道的拐弯半径。

参考文献

[1] 张国枢.通风安全学[M].徐州:中国矿业大学出版社,2000.
[2] 王永安.矿井通风[M].北京:煤炭工业出版社, 2005.
[3] 中华人民共和国建设部.煤炭工业小型矿井设计规范[M].北京:中国计划出版社,2007.
[4] 吴中立.矿井通风与安全[M].徐州:中国矿业大学出版社,1989.
[5] 任洞天.矿井通风与安全[M].北京:煤炭工业出版社,1993.
[6] 赵以惠.矿井通风与空气调节[M].徐州:中国矿业大学出版社,1990.
[7] 中华人民共和国煤炭工业部.煤炭工业设计规范[M].北京:中国计划出版社,2004.
[8] 张荣立,何国纬,李铎.采矿工程设计手册[M].北京:煤炭工业出版社,2003.
[9] 李学诚,王省身.中国煤矿通风安全工程图集[M].徐州:中国矿业大学出版社,2002.
[10] 国家安全生产监督管理总局. AQ 1028—2006 煤矿井工开采通风技术条件[M].北京:煤炭工业出版社,2007.
[11] 中国煤炭建设协会. GB 50215—2005 煤炭工业矿井设计规范[S].北京:中国计划出版社,2005.
[12] 国家安全生产监督管理总局. AQ 1011—2005 煤矿在用主要通风机系统安全检测规范[S].北京:煤炭工业出版社,2006.